U0567104

GREEN BOOK

智 库 成 果 出 版 与 传 播 平 台

美丽重庆绿皮书
GREEN BOOK OF BEAUTIFUL CHONGQING

重庆生态安全与绿色发展报告（2023）

ANNUAL REPORT ON ECOLOGICAL SECURITY AND GREEN DEVELOPMENT OF
CHONGQING (2023)

主　编／刘嗣方
执行主编／彭国川
副主编／朱高云　代云川　刘　强　刘晓瑜

社会科学文献出版社
SOCIAL SCIENCES ACADEMIC PRESS（CHINA）

图书在版编目（CIP）数据

重庆生态安全与绿色发展报告 . 2023 / 刘嗣方主编；
彭国川执行主编；朱高云等副主编 .--北京：社会科
学文献出版社，2024.3
　（美丽重庆绿皮书）
　ISBN 978-7-5228-3367-5

Ⅰ.①重… Ⅱ.①刘… ②彭… ③朱… Ⅲ.①生态环
境建设-研究报告-重庆-2023 Ⅳ.①X321.271.9

中国国家版本馆 CIP 数据核字（2024）第 055401 号

美丽重庆绿皮书
重庆生态安全与绿色发展报告（2023）

主　　编／刘嗣方
执行主编／彭国川
副 主 编／朱高云　代云川　刘　强　刘晓瑜

出 版 人／冀祥德
责任编辑／张　媛
责任印制／王京美

出　　版／社会科学文献出版社·皮书分社（010）59367127
　　　　　地址：北京市北三环中路甲 29 号院华龙大厦　邮编：100029
　　　　　网址：www. ssap. com. cn
发　　行／社会科学文献出版社（010）59367028
印　　装／三河市东方印刷有限公司

规　　格／开　本：787mm×1092mm　1/16
　　　　　印　张：23.25　字　数：346 千字
版　　次／2024 年 3 月第 1 版　2024 年 3 月第 1 次印刷
书　　号／ISBN 978-7-5228-3367-5
定　　价／249.00 元

读者服务电话：4008918866

美丽重庆绿皮书编委会

主要编撰者简介

刘嗣方 重庆社会科学院党组书记、院长，重庆市社会科学界联合会兼职副主席。任职城口县委副书记，先后担任中共重庆市委研究室财贸处处长、农村处（移民处）处长、专题调研处处长，中共重庆市委研究室副主任等职务。参加中央党校第四期习近平新时代中国特色社会主义思想理论研修班学习培训。长期从事市委重要文稿起草、综合性问题和重大政策研究，参与重庆直辖以来数次市党代会报告以及党代表会议文稿起草，参与若干市委全会、重要专题会议等各类文稿起草，以及重大政策性文件起草。参与协调实施多项全市重大调研任务，承担完成了10多个市级重点课题，独立、牵头或参与起草了100多篇调研报告和专项研究报告，数十篇得到市委、市政府领导同志等重要批示并转化为决策成果。在《经济日报》《学习时报》《农民日报》《重庆日报》等报刊发表数十篇文章。获第一次经济普查工作国家级先进个人、"重庆青年五四奖章"、市直机关优秀共产党员等荣誉称号。

彭国川 重庆社会科学院生态与环境资源研究所所长，重庆市首批新型重点智库生态安全与绿色发展研究中心首席专家，经济学博士、研究员。兼任重庆市数量经济学会副会长、重庆市区域经济学会常任理事。主要从事生态经济、产业经济、区域经济研究。主持国家社科基金和省部级以上项目30余项，为多个部门、区县、企业提供战略咨询。出版专著3部，学术论文30多篇；《关于建设三峡库区国家生态涵养发展示范区的建议》《关于深入推进长江上游流域综合管理的建议》《重庆筑牢长江上游重要生态屏障研究》《长江上游生态建设应构建区域合作共建机制》等 40 篇决策建议被党和国家领导人、省部级领导批示。曾获得教育部人文社科优秀成果奖一等奖 1 次，重庆发展研究奖一等奖 2 次、二等奖 4 次、三等奖 1 次，重庆市社会科学优秀成果二等奖 1 次。

朱高云 重庆社会科学院党组成员、副院长。曾在中国嘉陵集团工作，历任重庆市委办公厅信息处副处长，重庆市委办公厅信息处副处长（正处级），重庆市委办公厅秘书四处副处长（正处级），重庆市委办公厅秘书二处副处长（正处级），重庆市秀山自治县副县长，重庆市彭水自治县县委常委、组织部部长、县委副书记，重庆市南川区委常委、区生态农业园区（区中医药科技产业园区）党工委书记。参与翻译《权力伙伴》《俄罗斯的政治体制》等书籍，主持重庆市委组织部安排的"抓党建促脱贫攻坚"课题调研，组织编制秀山自治县、彭水自治县、南川区相关领域发展规划。曾获重庆市委、市政府脱贫攻坚先进个人称号。

代云川 中国林业科学研究院农学博士，重庆市首批新型重点智库生态安全与绿色发展研究中心研究员，重庆社会科学院生态与环境资源研究所副研究员，主要从事自然保护地管理与生物多样性、生态系统服务与生态补偿、资源生态与区域绿色发展等研究。担任 *Journal of Contemporary China*、*Ecology and Evolution*、*Global Ecology and Conservation* 等国际学术期刊特邀审稿专家，*Frontiers in Forests and Global Change*、*Diversity* 等国际学术期刊客座编辑，在 *Science of the Total Environment*、*Ecology and Evolution*、*Global Ecology and Conservation*、《生态学报》、《生物多样性》和《地理科学进展》等刊物发表学术论文 30 余篇，主持或主研省部级课题 10 余项，出版专著 5 部。

刘　强 重庆市生态环境监测中心主任，重庆市首批新型重点智库生态安全与绿色发展研究中心特约研究员。主要从事生态环境管理、智慧监测、现代化监测体系等研究。主持及参与"成渝$PM_{2.5}$化学组分和光化学污染立体监测网设计与建设"国家重点计划项目和"土壤中新污染物监测技术体系研究""渝西水资源配置工程生态环境风险监控体系与生态调控模式研究""大气污染天空地一体化实时监测技术应用示范"等省部级科研项目共10余项,研究并编制的国家生态环境标准《危险废物鉴别标准通则》(GB 5085.7—2019)和团体标准《废钢桶再生》(T/ZGZS 0302—2020)均得到广泛应用。发表学术论文8篇、出版专著1部。曾获重庆市科学技术科技进步奖二等奖、环境保护科学技术奖二等奖、中国表面工程协会科学技术奖一等奖等。

刘晓瑜 重庆市规划和自然资源调查监测院院长,正高级工程师、注册城乡规划师,兼任重庆市自然资源学会副理事长、重庆市测绘地理信息学会副理事长、重庆市城市规划协会常务理事。长期负责组织、研究、实施规划和自然资源调查、监测、评价、评估等事务性、技术性工作。近年来,重点组织实施了重庆市第三次国土调查、全市自然资源常规监测等重大项目,牵头建设了"渝耕保""国土空间规划一张图实施监督系统"等重大应用。参与中国工程院院地合作项目"重庆'智慧国土'体系构建与发展路径研究",为构建重庆市自然资源统一调查监测体系奠定了基础。发表多篇核心期刊论文,出版专著1部。获得市政府发展研究三等奖、中国地理信息产业科技进步特等奖、优秀工程金奖、市城市规划协会优秀城乡规划二等奖等。

序

  党的二十大报告提出，美丽中国建设是全面建成富强民主文明和谐美丽社会主义现代化强国的重要组成部分，到 2035 年要基本实现美丽中国目标。在 2023 年 7 月召开的全国生态环境保护大会上，习近平总书记指出，今后 5 年是美丽中国建设的重要时期，要把建设美丽中国摆在强国建设、民族复兴的突出位置，以更高站位、更宽视野、更大力度来谋划和推进新征程生态环境保护工作，以高品质生态环境支撑高质量发展，加快推进人与自然和谐共生的现代化，谱写新时代生态文明建设新篇章。这次会议将建设美丽中国置于强国建设和民族复兴的突出位置，再次向世界传递了中国在现代化进程中坚持人与自然和谐共生的决心和信心，为新征程推进生态文明建设提供了根本遵循和行动指南。

  重庆是长江上游生态屏障最后一道关口，在推进长江经济带绿色发展中处于独特而重要的位置。美丽重庆建设是现代化新重庆建设的重要目标，是重庆最具辨识度、最有标志性的"金名片"，建设美丽重庆是践行习近平生态文明思想、落实美丽中国建设战略的实际行动，直接关系现代化新重庆建设的底色，直接关系重庆以一域服务全局的成色，是必须坚决扛起的重大政治责任。近年来，重庆全市上下深入贯彻习近平总书记对重庆生态文明建设作出的重要指示批示精神，深入践行"绿水青山就是金山银山"的理念，推动生态环境保护各领域工作取得显著成效，打下了美丽重庆建设的坚实基础。2023 年 8 月 16 日，美丽重庆建设大会提出，要对标落实美丽中国建设的战略任务和重大举措，建设美丽中国先行区，打造人与自然和谐共生现代

化的市域范例，为美丽中国建设贡献更多重庆力量。

建设美丽重庆是践行习近平生态文明思想、落实美丽中国建设战略的实际行动，要在美丽中国建设的宏大场景中谋划美丽重庆建设的具体行动。从总体要求看，建设美丽重庆要坚决扛起在推进长江经济带绿色发展中发挥示范作用的重大使命；有效统筹高水平保护和高质量发展、高品质生活、高效能治理；迭代升级生态环境治理体系，坚决打好长江经济带污染治理和生态保护攻坚战；高标准筑牢长江上游重要生态屏障，高水平建设山清水秀美丽之地，高质效建设美丽中国先行区，奋力打造人与自然和谐共生现代化的市域范例。从发展目标看，到2027年，美丽重庆建设的整体构架全面形成，美丽重庆建设推进机制更加健全，美丽重庆建设成效显著，要实现全市域生态环境质量显著提升、城乡大美格局显著提升、绿色低碳发展水平显著提升、生态环境数智化水平显著提升，推动自然之美、城乡之美、人文之美、和谐之美、生活之美整体跃升，人与自然和谐共生的现代化取得实质性进展，在全国的美誉度、影响力持续彰显，长江上游重要生态屏障全面筑牢。到2035年，全市绿色生产生活方式全面形成，生态环境质量总体达到西部领先、全国前列，生态系统多样性稳定性持续性显著提升，生态环境治理体系和治理能力现代化基本实现，人与自然和谐共生现代化的市域范例全面呈现，高水平美丽重庆基本建成。展望21世纪中叶，全面建成人与自然和谐共生的美丽中国先行区，美丽重庆全面建成。从重点任务看，美丽重庆建设要着力深化打好蓝天碧水净土保卫战、着力实施限塑减废协同治理攻坚战、着力打造城乡风貌整体大美、着力加强生物多样性保护、着力打造绿色低碳发展高地、着力推进生态治理系统重塑、着力健全美丽重庆建设组织领导和保障体系。

美丽重庆是习近平生态文明思想的生动实践，是建设美丽中国的地方范例，蕴含着习近平生态文明思想的立场观点和方法，体现了习近平生态文明思想的普遍原理和实践要求。新征程上，系统总结美丽重庆建设的变革性实践、突破性进展、标志性成果，并进一步条理化、系统化、学理化，可为丰富习近平生态文明思想提供理论和实践素材，更好地指导美丽中国建设的实践，为全球生态治理贡献"中国智慧""中国方案"，形成向世界展示习近平生态文明思想的重要窗口，充分彰显习近平生态文明思想的真理力量和实践伟力。

重庆社会科学院生态安全与绿色发展研究中心是重庆市首批新型重点智库。长期以来，研究中心专注于生态安全与绿色发展的基础理论、应用对策和公共政策研究，持续在理论创新、咨政建言、舆论引导、社会服务等方面发挥"智囊团"和"思想库"的作用，团队多项成果被党和国家领导人、市领导批示并转化应用，有团队、有学科、有成果、有影响力的新型智库初步形成。《重庆生态安全与绿色发展报告（2023）》以"美丽重庆建设"为主题，力求全面展现在习近平生态文明思想指导和美丽中国建设总体部署下美丽重庆建设的生动实践，展现美丽重庆建设的成效、研判趋势、分析问题、提出建议，以期为各级党委政府、学界、社会提供决策和理论参考。

摘　要

重庆地处长江上游，习近平总书记要求重庆筑牢长江上游重要生态屏障，努力在长江经济带绿色发展中发挥示范作用。推动美丽重庆建设，是践行习近平生态文明思想、落实美丽中国建设战略的切实行动。美丽重庆建设直接关系到现代化新重庆建设的底色，也是重庆以一域主动服务全局的重大政治责任。

《重庆生态安全与绿色发展报告（2023）》分为总报告、生态安全篇、绿色发展篇、治理能力篇和附录五个部分。这一研究框架旨在系统性地剖析重庆的生态安全状况和绿色发展现状，探讨其治理能力，并通过具体案例提供实证支持。通过综合性分析，期望能够深入挖掘重庆在生态文明建设方面的实践经验，为生态文明理论与实践提供新的思路和范本。

本报告从多个维度对美丽重庆建设中存在问题和成绩进行总结分析，结果表明：美丽重庆建设在多个方面取得了显著进展。在思想理念方面，逐步确立了可持续发展理念，引领城市发展走向更加生态友好的方向。在生态系统修复方面，通过大力推动植被恢复和湿地保护，成功改善了生态系统的稳定性和功能。在经济绿色低碳转型方面，产业结构调整和能源利用优化取得了显著成果，为未来可持续发展奠定了基础。在生态治理体系和能力建设方面，通过完善生态治理法律法规和提升环保产业技术水平，有效增强了生态环境管理能力。尽管取得这些显著成效，但与维持长江上游乃至长江流域生态安全的要求相比仍存在一定差距。研究提出，未来重庆需进一步加强对生态系统的维护和修复，以确保其与长江流域的协调发

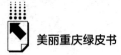

展。在经济转型方面，需加强绿色产业发展，提高资源利用效率，实现更加可持续的发展。此外，未来规划应注重治理能力的提升，以更好地满足生态环境管理的需求。

关键词： 美丽重庆　生态安全　绿色发展　治理能力

Abstract

Chongqing, located in the upper reaches of the Yangtze River, has been urged by General Secretary Xi Jinping to solidify its role as a vital ecological barrier in the upper Yangtze region and strive to set an example in promoting green development along the Yangtze Economic Belt. Driving the construction of Beautiful Chongqing is a tangible action towards implementing Xi Jinping's ecological civilization ideology and realizing the strategy of building a Beautiful China. The construction of Beautiful Chongqing is directly linked to the foundation of modernizing the new Chongqing and represents a significant political responsibility for Chongqing to proactively serve the overall agenda as a region.

Annual Report on Ecological Security of and Green Development of Chongqing (*2023*) is divided into five sections: the overall report, ecological security, green development, governance capacity, and typical cases. The research framework aims to systematically analyze Chongqing's ecological security and green development status, explore its governance capabilities, and provide empirical support through specific case studies. The analysis of this comprehensive report aims to uncover Chongqing's practical experiences in ecological civilization construction, offering new perspectives and models for ecological civilization theory and practice.

From a multidimensional perspective, our report summarizes the issues and achievements in the Beautiful Chongqing initiative. The results indicate significant progress in various aspects. In terms of ideological concepts, a sustainable development ideology has been gradually established, guiding urban development towards a more ecologically friendly direction. In the field of ecosystem restoration, significant improvements in the stability and functionality of ecosystems

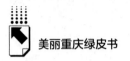
have been achieved through vigorous efforts in vegetation restoration and wetland protection. Regarding the green and low-carbon transformation of the economy, notable achievements have been made in adjusting industrial structures and optimizing energy utilization, laying the foundation for future sustainable development. In terms of ecological governance system and capacity building, the effective enhancement of ecological environment management capacity has been achieved through the improvement of ecological governance laws and regulations and the elevation of environmental protection industry technological levels. Despite these notable achievements, there still exists a certain gap when compared to the requirements for maintaining the ecological security of the upper reaches of the Yangtze River and even the entire Yangtze River basin. Our study suggests that in the future, Chongqing needs to further strengthen the maintenance and restoration of ecosystems to ensure coordinated development with the Yangtze River basin. In terms of economic transformation, there is a need to enhance the development of green industries, improve resource utilization efficiency, and achieve more sustainable development. Additionally, future planning should focus on enhancing governance capacity to better meet the requirements of ecological environment management.

Keywords: Beautiful Chongqing; Ecological Security; Green Development; Governance Capacity

目　录 ⟡

Ⅰ　总报告

Ⅱ　生态安全篇

Ⅲ 绿色发展篇

Ⅳ 治理能力篇

[皮书数据库阅读**使用指南**] 👆

CONTENTS ↰↱

I General Reports

II Ecological Security

Ⅲ　Green Development

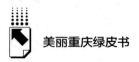
Ⅳ　Governance Capability

总 报 告

General Reports

G . 1

美丽重庆建设评价研究[*]

重庆社会科学院生态安全与绿色发展研究中心^{**}

摘　要： 美丽重庆建设是一项系统工程，本报告围绕生态自然本底、绿色
低碳转型、生态宜居家园、生态文化底蕴、生态环境治理能力等
方面建立评价指标体系，通过构建评价指数反映近年来美丽重庆
建设发展现状。研究发现，2020~2022 年美丽重庆建设指数提升
较快，增长近 37%。其中，贡献最大的是生态宜居家园，其次
是生态文化底蕴、绿色低碳转型、生态环境治理能力、生态自然
本底。为进一步加快实现美丽重庆建设目标，研究建议要扎实筑
牢长江上游重要生态屏障，打造绿色低碳发展高地，提升城乡整

---

* 本文系 2023 年度重庆社会科学院自主项目"美丽重庆建设评价研究"阶段性成果。

** 执笔人：李春艳，重庆社会科学院生态与环境资源研究所（生态安全与绿色发展研究中心）
研究员，主要从事区域经济、绿色发展等领域研究；彭国川，重庆社会科学院生态与环境资
源研究所所长，生态安全与绿色发展研究中心主任，研究员，主要从事生态经济、产业经
济、区域经济研究；孙贵艳，重庆社会科学院生态与环境资源研究所（生态安全与绿色发展
研究中心）研究员，主要从事区域经济研究；代云川，博士，重庆社会科学院生态与环境资
源研究所（生态安全与绿色发展研究中心）副研究员，主要从事自然保护地管理与生物多样
性、生态系统服务与生态补偿、资源生态与区域绿色发展研究。

体风貌，传承弘扬巴山渝水生态文化，积极探索现代生态环境
治理。

关键词： 美丽重庆建设　生态环境　绿色发展　低碳发展

　　党的二十大报告提出，美丽中国建设是全面建成富强民主文明和谐美丽
的社会主义现代化强国的重要组成部分，到 2035 年要基本实现美丽中国目
标。2023 年 7 月召开的全国生态环境保护大会，把建设美丽中国摆在强国
建设、民族复兴的突出位置，为新征程推进生态文明建设提供了根本遵循和
行动指南。美丽重庆建设大会提出，要建设美丽中国先行区，打造人与自然
和谐共生现代化的市域范例。

　　美丽重庆建设是一项系统工程，要在推进长江经济带绿色发展中发挥示
范作用，有效统筹高水平保护和高质量发展、高品质生活、高效能治理，迭
代升级治水、治气、治土、治废、治塑、治山、治岸、治城、治乡等生态环
境治理体系，坚决打好长江经济带污染治理和生态保护攻坚战，全面筑牢长
江上游重要生态屏障。课题组围绕生态自然本底、绿色低碳转型、生态宜居
家园、生态文化底蕴、生态环境治理能力等方面建立评价指标体系，通过评
价指数定量反映美丽重庆建设进展。

一　指标体系与评价方法

（一）指标体系

　　根据美丽重庆建设要求，未来 5 年，重庆要全面筑牢长江上游重要生态屏
障，实现全市域生态环境质量、城乡大美格局、绿色低碳发展水平、生态环境
数智化水平的显著提升。围绕这一目标要求，美丽重庆建设评价指标体系包括
生态自然本底、绿色低碳转型、生态宜居家园、生态文化底蕴、生态环境治理

能力等五个目标层（见表1）。生态自然本底反映长江上游重要生态屏障建设、生态环境保护情况，从生态系统和环境质量两个要素层设计指标，生态系统反映生态资源存量、生态保护和修复变化，环境质量反映城乡生态环境质量改善情况。绿色低碳转型反映经济社会绿色转型、高质量发展情况，从结构和效率两个层面选取了关键性指标，既能体现经济社会绿色转型的结构调整优化，又能体现绿色低碳转型过程中资源环境要素的效率提升水平。生态宜居家园反映城市和乡村人居环境的改善情况，选取了农村卫生厕所普及率、城市建成区绿化覆盖率、绿色社区+美丽宜居乡村等指标。生态文化底蕴反映城乡人文精神建设情况，选取了旅游总收入、历史文化名镇名村、生态环境科普基地、创新基地等指标。生态环境治理能力是持续推进生态环境建设的基本保证，主要通过生态环境治理成效类指标反映生态环境治理能力水平，如环境污染治理投资占GDP比重、水土流失治理面积、污水集中处理率、工业固体废物处置率等。

表1 美丽重庆建设评价指标体系

目标层	要素层	指标层	单位	性质
生态自然本底	生态系统	耕地面积	万公顷	正
		自然保护区面积	万公顷	正
		森林覆盖率	%	正
		湿地面积	万公顷	正
		水资源总量	亿立方米	正
	环境质量	化学需氧量排放量	万吨	负
		单位耕地面积化肥施用量	吨/公顷	负
		空气质量优良天数比例	%	正
		城市区域环境噪声平均值	分贝	负
		工业固体废物综合利用率	%	正
绿色低碳转型	绿色低碳结构	非化石能源占比	%	正
		规模以上工业战略性新兴制造业增加值占规模以上工业增加值的比重	%	正
		公共交通客运量	万人次	正
		城镇绿色建筑占新建建筑比重	%	正

续表

目标层	要素层	指标层	单位	性质
绿色低碳转型	环境生态效率	单位 GDP 能源消耗	吨标准煤/万元	负
		单位 GDP 用水量	米³/万元	负
		单位 GDP 建设用地面积	米²/万元	负
生态宜居家园	生态宜居家园	农村卫生厕所普及率	%	正
		城市建成区绿化覆盖率	%	正
		绿色社区+美丽宜居乡村	个	正
生态文化底蕴	生态文化底蕴	旅游总收入	亿元	正
		历史文化名镇名村	个	正
		生态环境科普基地	个	正
		绿水青山就是金山银山实践创新基地或国家生态文明建设示范区县+EOD（创新基地）	个	正
生态环境治理能力	生态环境治理能力	环境污染治理投资占 GDP 比重	%	正
		治理水土流失面积	平方公里	正
		污水集中处理率	%	正
		工业固体废物处置率	%	正

（二）数据来源

数据主要来源于《重庆统计年鉴》（2017～2023）、《重庆市国民经济和社会发展统计公报》（2016～2022）和《重庆市推进农业农村现代化"十四五"规划（2021—2025 年）》，部分生态自然本底数据由市规划和自然资源调查监测院提供，其他非统计数据主要来自生态环境部、市住房和城乡建设委员会、市农业农村委员会、市规划和自然资源局的网站。

（三）评价方法

1.指标权重

指标权重采用专家打分法，在全市范围内甄选 10 名来自生态环境、自然资源管理、经济、管理、统计等领域的专家，对指标进行打分并汇总。各级指标的权重见表 2。

表2　美丽重庆建设评价指标权重

目标层	权重	要素层	权重	指标层	权重
生态自然本底	2.7	生态系统	5.1	耕地面积	1.9
				自然保护区面积	2.0
				森林覆盖率	2.8
				湿地面积	1.7
				水资源总量	1.6
		环境质量	4.9	化学需氧量排放量	2.2
				单位耕地面积化肥施用量	1.9
				空气质量优良天数比例	2.3
				城市区域环境噪声平均值	1.8
				工业固体废物综合利用率	1.8
绿色低碳转型	2.2	绿色低碳结构	5.3	非化石能源占比	2.9
				规模以上工业战略性新兴制造业增加值占规模以上工业增加值的比重	3.2
				公共交通客运量	2.0
				城镇绿色建筑占新建建筑比重	1.9
		环境生态效率	4.7	单位GDP能源消耗	3.7
				单位GDP用水量	2.9
				单位GDP建设用地面积	3.4
生态宜居家园	1.6	生态宜居家园	10	农村卫生厕所普及率	3.0
				城市建成区绿化覆盖率	4.0
				绿色社区+美丽宜居乡村	3.0
生态文化底蕴	1.5	生态文化底蕴	10	旅游总收入	2.7
				历史文化名镇名村	2.3
				生态环境科普基地	2.3
				绿水青山就是金山银山实践创新基地或国家生态文明建设示范区县+EOD(创新基地)	2.7
生态环境治理能力	2	生态环境治理能力	10	环境污染治理投资占GDP比重	2.6
				治理水土流失面积	2.6
				污水集中处理率	2.6
				工业固体废物处置率	2.2

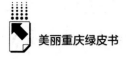

2. 数据处理

数据的无量纲化以 2016 年为基期，定基该年的数值为 1，而后每一年的数据均除以基年的数据，得到 2016~2022 年重庆市各指标的测评值。一级指标的测评值是其所包含的各指标测评值加权后的处理值，并再次以 2016 年为基期得到时间序列。评价体系中的指标有正向和逆向指标，对逆向指标选择倒数法进行方向转换的处理。计算公式为：

$$y' = \frac{1}{y}$$

其中，y' 为方向转换后的值，y 为原始值。

3. 数据计算

美丽重庆建设评价指标体系一共由 5 个一级指标、7 个二级指标、28 个三级指标构成，按照总权数为 10，专家打分法设置每级指标权重。上级指标的分数由其所包含的下级指标权重数乘以标准化后的测评值加总生成，采用指数加权法进行综合评价，得出各级指标的指数值。

计算公式为：

$$S = \sum_{i=1}^{n} y_i x_i$$

其中，S 为美丽重庆建设指数综合得分，y_i 为各指标的权重，x_i 为标准化后的各个测评值。

二 生态自然本底变化趋势

2016~2019 年生态系统指数略有下降，但环境质量指数逐年上升。2020~2022 年生态系统指数呈现波动趋势，从 2020 年的 1.08 回落至 2022 年的 0.98。环境质量指数在 2020~2022 年波动较小，整体保持在相对较高的水平。2020 年，该指数上升至 1.02，而后在 2021 年和 2022 年略有波动，达到 1.01 和 1.02（见图 1），表明重庆市在蓝天、碧水、净土三大保卫战以及柴油货车污染治理、水源地保护、城市黑臭水体治理、长江保护修复、农业农村污染治理等污染治理攻坚方面取得了一定成效。截至 2023 年 11 月 30 日，长江干流重庆段水质保持Ⅱ类 74 个国控断面水质优良比例达 100%，空气质量优良天数达 304 天。长江、嘉陵江、乌江干流 4012 个入河排污口整治完成率达 93%，评价空气质量 6 项指标全部达标，臭氧超标天数同比减少 8 天，修复污染地块 24 块，提供净地 2260 亩，重点建设用地安全利用率达 100%，建成"无废城市细胞"1500 余个，新增完成 591 个行政村（社）环境整治、31 条农村黑臭水体治理，碳市场累计成交 4593 万吨，全市公众生态环境满意度达 94%。

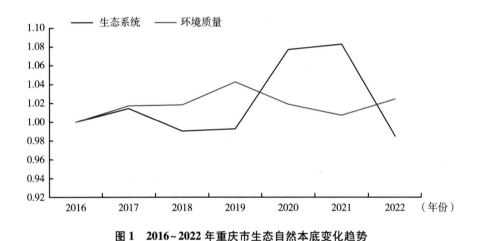

图 1　2016～2022 年重庆市生态自然本底变化趋势

（一）生态系统

2016～2019 年，耕地面积指数由 1 递减至 0.99；自然保护区面积在这个时期内保持相对稳定，指数维持在 0.98 左右的水平；森林覆盖率指数呈逐年增长趋势，由 1 上升至 1.1；湿地面积指数逐年减小，由 1 下降至 0.99；水资源总量指数波动较大。2020～2022 年，耕地面积指数继续呈逐年下降趋势，由 0.99 递减至 0.98，城市化和工业化对土地资源的压力持续增大。自然保护区面积指数仍保持在 0.98 的水平，显示政府对自然生态保护的持续承诺。森林覆盖率指数继续增加，从 2020 年的 1.16 上升至 2022 年的 1.21，表明重庆市在国土绿化提升行动、推进中心城区"两江四岸""清水绿岸""四山"生态治理中取得了显著成果。湿地面积指数由 2020 年的 0.98 下降至 2022 年的 0.97。水资源总量指数变化最大，2022 年显著下降至 0.62，这可能受到复杂的气候变化、水资源污染和管理不善等因素的影响（见图 2）。

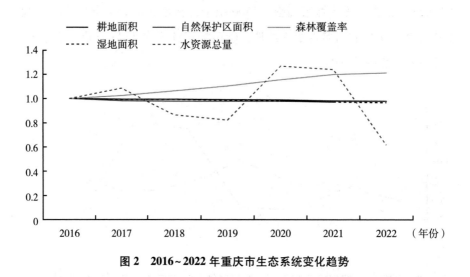

图 2　2016~2022 年重庆市生态系统变化趋势

（二）环境质量

2016~2019 年，化学需氧量排放量指数逐年上升，从 1 增至 1.05。单位耕地面积化肥施用量指数也呈逐年增加的趋势，从 2016 年的 1 上升至 2019 年的 1.06。空气质量优良天数比例在初期有所波动，整体上略有提高，但变化不大。城市区域环境噪声平均值指数在 2016~2019 年相对稳定，呈轻微波动。工业固体废物综合利用率在初期波动较大，但总体趋势相对平稳。2020~2022 年，化学需氧量排放量呈下降趋势，指数从 0.8 降至 0.78，表明重庆市第 1 号、2 号市级总河长令、污水"三排"（偷排、直排、乱排）和河道"三乱"（污水乱排、岸线乱占、河道乱建）整治成效显著。单位耕地面积化肥施用量继续上升，从 2020 年的 1.08 增至 2022 年的 1.13。空气质量优良天数比例在当前时段保持相对稳定，指数在 2022 年达到 1.11，城市在空气质量管理上取得一定成效。城市区域环境噪声平均值 2020~2022 年保持在较为稳定的水平，环境噪声控制效果相对良好。工业固体废物综合利用率在这一时段内有所波动，但整体趋势相对平稳（见图 3）。

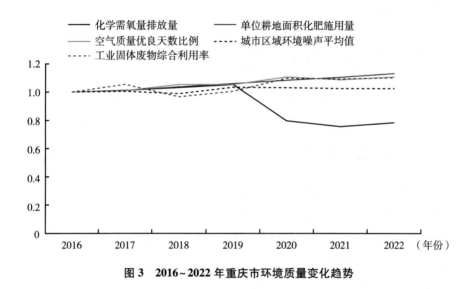

图 3　2016~2022 年重庆市环境质量变化趋势

三　绿色低碳转型变化趋势

2016~2019 年，绿色低碳结构和环境生态效率指数呈现明显的增长趋势。绿色低碳结构指数从 2016 年的 1 上升至 2019 年的 1.26，而环境生态效率指数在同一时期从 1 增至 1.26。2020~2022 年，尽管绿色低碳结构指数略有波动，但整体呈现上升趋势，由 1.32 增至 1.41。同时，环境生态效率指数持续增长，从 1.30 提升至 1.51（见图 4）。表明重庆市在提高资源利用效率和环境保护方面取得了一定成效。

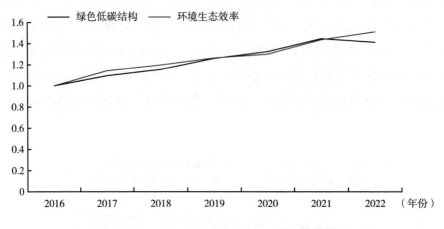

图 4　2016~2022 年重庆市绿色低碳转型变化趋势

（一）绿色低碳结构

　　绿色低碳结构指数 2016~2022 年整体稳步增长，特别是 2019~2022 年增长更为显著。在绿色、节能、降碳工作中，重庆市主要抓好四大领域，促进重点行业单位节能降耗。在推进建筑节能方面，制定发布了《重庆市绿色建材评价标识管理办法》，率先在全国建立绿色建材评价标识制度，共有 94 个建材产品获得绿色建材评价标识。在推动工业节能方面，大力构建绿色制造体系，实施"能效赶超""水效提升""清洁生产水平提升"三项行动。"十三五"期间，重庆工业领域年用能量基本稳定在 4000 万吨标准煤左右，年均增长 1.4%；单位规模工业增加值能耗累计下降 16.6%。在交通节能方面，积极建设绿色交通基础设施，高速公路隧道 LED 照明覆盖率 100%。在公共机构节能方面，印发了《重庆市公共机构节约能源资源"十三五"规划》《重庆市节约型机关创建行动方案》，深入推进节约型机关创建工作，成功创建 94 家国家级节约型公共机构示范单位，14 家公共机构被遴选为全国"能效领跑者"、20 家公共机构被遴选为市级"能效领跑者"，并安排市级财政资金 625 万元给予表彰奖励。

　　2016~2019 年，非化石能源占比指数由 1 降至 0.65。规模以上工业战略性新兴制造业增加值占规模以上工业增加值的比重指数在初期逐年上升，由2016年的1增至2019年的1.79，显示重庆市在新兴产业发展中取得了显著的进展。公共交通客运量指数在2016~2019年出现波动，2019年略有增加。城镇绿色建筑占新建建筑比重指数由2016年的1上升至2019年的1.53。2020~2022年，非化石能源占比指数略有波动，但整体保持在相对稳定的水平，2022年达到0.7。规模以上工业战略性新兴制造业增加值占规模以上工业增加值的比重指数继续增长，由2020年的2.01提升至2022年的2.07，显示重庆市在战略性新兴产业培育方面仍在积极推进。公共交通客运量指数2022年略有下降。城镇绿色建筑占新建建筑比重指数由2020年的1.69上升至2022年的2.05，表明重庆市在城市建设中绿色建筑的推广和应用力度不断加大（见图5）。

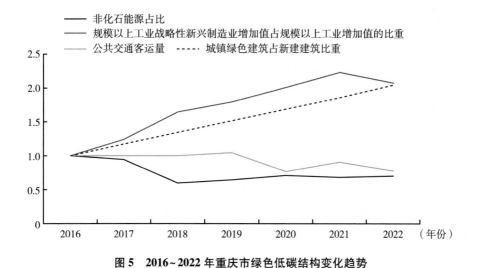

图5　2016~2022年重庆市绿色低碳结构变化趋势

（二）环境生态效率

2016~2022年环境生态效率指数持续增长，在资源集约利用方面取得佳绩成效显著，环境生态效率显著提升。重庆市以碳达峰碳中和为总抓手引领绿色转型，推动高质量发展，全方位全过程推行绿色规划、绿色设计、绿色投资、绿色建设、绿色生产、绿色流通、绿色生活、绿色消费，深化能源结构调整，推动产业结构转型，扎实推进产业生态化、生态产业化，经济社会发展全面绿色低碳转型。

2016~2019 年，单位 GDP 能源消耗指数由 1 逐年增加至 1.3；单位 GDP 用水量指数由 1 上升至 1.33；单位 GDP 建设用地面积指数整体趋势相对平稳。2020~2022 年，单位 GDP 能源消耗指数持续上升，由 1.35 增至 1.59，表明重庆市在能源利用效率方面仍面临挑战。单位 GDP 用水量指数继续增加，由 2020 年的 1.53 上升至 2022 年的 1.82，用水效率下降趋势仍在延续。单位 GDP 建设用地面积指数整体呈现缓慢增长趋势，建设用地的利用情况在当前时段保持相对平稳（见图 6）。

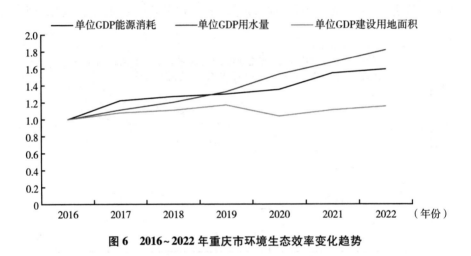

图 6　2016~2022 年重庆市环境生态效率变化趋势

四　生态宜居家园变化趋势

2016~2022 年，生态宜居家园指数保持逐年递增趋势，尤其是 2020~2022 年增长趋势较为明显。其中，农村卫生厕所普及率、绿色社区+美丽宜居乡村两个指数的得分均呈现逐年递增的趋势，特别是绿色社区+美丽宜居乡村指数 2020~2022 年增长幅度较大。城市建成区绿化覆盖率指数呈现曲折上升的趋势，特别是 2020~2022 年呈先下降后上升的态势（见图 7）。

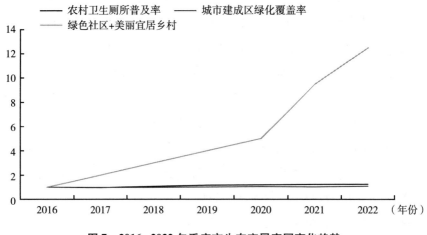

图7 2016~2022年重庆市生态宜居家园变化趋势

农村卫生厕所普及率的提高，主要在于依托重庆市农业科学院农业工程研究所组建的重庆市农村改厕技术服务中心，为全市农村改厕提供技术支撑；积极开展农村户厕调查摸底，以及农村户厕问题摸排整改，并按照户—村—乡镇—区县—市的方式，自下而上申报改厕计划，截至2022年底全市共完成农村户厕改造64422户；统筹推进农村生活污水治理与改厕工作的衔接，创新探索农村卫生厕所粪污无害化处理，人民群众卫生习惯、环境保护意识有了较大提升，农村人居环境更加优美；积极推进一批符合标准、在"干净无味、实用免费、管理有效"基础上别具特色的旅游厕所建设，截至2022年底，全市共完成旅游厕所建设4913座。重庆2023年计划新改建农村厕所5万户，持续完善农村改厕技术支撑体系，继续推进示范性旅游厕所建设等，将有序推动全市农村户厕改造完成。

绿色社区和美丽宜居乡村创建个数不断增加，主要是由于重庆自2020年起积极开展绿色社区创建行动，发布《重庆市绿色社区创建行动方案》《重庆市绿色完整社区自评表》《重庆市绿色社区、完整居住社区评价细则》等，并结合城市更新和存量住房改造提升，扎实推进绿色社区创建，截至2022年底全市绿色社区数量为1605个、占城市社区的比例为62.62%，超额完成住房和城乡建设部要求 60% 城市社区达到创建标准的目标任务。同时，重庆持续实施农村人居环境整治提升五年行动，持续推进农村改厕、生活垃圾和污水治理，实施"千村宜居"计划，按照"小组团、微田园、生态化、有特色"的思路，常态化扎实开展"村庄清洁行动"和"五清理一活动"专项行动，全力维护和打造产业兴旺、生态宜居、乡风文明、治理有效、生活富裕的和美新乡村，累计创建美丽宜居乡村 1482 个。随着重庆持续开展城市体检，持续实施"千村宜居"计划，加快推进 112 个城市更新试点示范项目建设，新开工改造城镇老旧小区 2069 个等，绿色社区和美丽宜居乡村创建个数将继续保持增加态势。

城市建成区绿化覆盖率近两年虽有所降低，但整体呈上升态势，主要是由于重庆深入开展"两岸青山·千里林带"建设，实施中心城区"两江四岸""清水绿岸""四山"治理和城市提升行动，广泛开展增绿添园、城美山青、坡坎崖绿化美化、街头绿地提质、绿化补缺提质等，加大各类城市绿地建设力度，让城市"绿肺"功能逐渐恢复。随着重庆持续推进国家生态园林城市创建，建设"两岸青山·千里林带"50 万亩，实施街头绿地提质工程 100 个，打造坡坎崖绿化美化、山城花境、山城公园等特色品牌，更新提质 41 个城市公园，增加 100 个口袋公园，城市建成区绿化覆盖率将有所提高。

五　生态文化底蕴变化趋势

2016~2022 年，重庆生态文化底蕴指数保持逐年递增趋势，特别要指出的是，2020~2022 年增长幅度有所放缓，但依然呈增长趋势。其中，旅游总收入、历史文化名镇名村、绿水青山就是金山银山实践创新基地或国家生态文明建设示范区县+EOD 三个指数均呈现逐年递增的趋势。生态环境科普基地数量在 2020 年达到 3 个后，一直没有变化（见图 8）。

旅游总收入逐年增长，主要是由于重庆面对持续的极端高温和旱灾、复杂多变的疫情等一系列严峻挑战，持续以"1+10+N"（"1"是把巴蜀文化

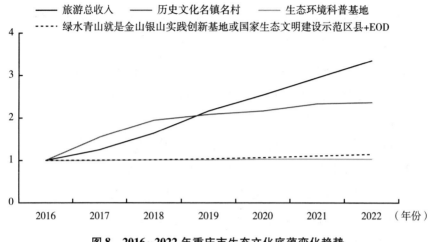

图8 2016~2022年重庆市生态文化底蕴变化趋势

旅游走廊建设工程作为全市文化和旅游工作的总抓手总牵引;"10"是实施培育世界级休闲旅游胜地、文旅赋能乡村振兴、智慧文旅建设、文化艺术创新发展、公共服务提质增效、文化遗产保护利用、文旅产业高质量发展、文化交流与宣传推广、广播电视和网络视听发展、文化旅游保障能力提升十项行动计划;"N"是逐项细化任务清单)的思路,不断推进文化强市和世界知名旅游目的地建设,中国旅游研究院调查数据显示,疫情后中国人最想去的旅游目的地城市,重庆位居第一;"2022中国城市旅游发展论坛"发布的"非凡十年·魅力二十城"榜单,重庆游客满意度综合排名居全国第一。重庆持续推进国家文化和旅游消费试点示范城市创建,支持歌乐山·磁器口大景区等创建5A级景区,打造世界知名文化旅游目的地,将吸引更多的游客来重庆旅游。

历史文化名镇名村数量稳步增加,主要是由于重庆是国家历史文化名城,坚持在城市更新中注重历史文化名城保护,在乡村振兴中注重历史文化名镇名村和传统村落保护,实施历史文化名镇保护项目100余个、历史文化名村保护项目50个和传统村落保护项目200余个,大力实施历史文化和传统风貌街区保护修缮工程,加快推进长江文化艺术湾区建设,把好山好水好

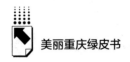

风光和历史文化元素融入城市规划建设，提质升级了一批历史文化街区、红色文化公园、名镇名村和人文景观。目前，全市有54个历史文化名镇、48个历史文化名村、231个传统村落、11个历史文化街区、777处历史建筑。重庆加快推进巴渝和美乡村创建，加强对巴山渝水生态文化的传承弘扬，将进一步促进重庆历史文化名城名镇名村的保护利用，从而促使重庆历史文化名镇名村数量不断增加。

生态环境科普基地方面，重庆积极开展国家生态环境科普基地申报，到2020年有南山植物园、三峡库区生态环境科普基地、重庆自然博物院等国家生态环境科普基地。2023年8月，重庆广阳岛获评"国家生态环境科普基地"，重庆的国家生态环境科普基地数量达到4个。绿水青山就是金山银山实践创新基地或国家生态文明建设示范区县+EOD指数的增长，主要是由于重庆以生态文明示范建设为抓手，开展类型多样、特色鲜明的实践探索，推动生态环境质量和绿色发展水平提升。重庆璧山区、北碚区、渝北区、黔江区、武隆区、城口县创建成为国家生态文明建设示范区，武隆区、广阳岛、渝北、北碚、巫山等为绿水青山就是金山银山实践创新基地。拥有重庆市经济开发区生态环境导向的开发项目、重庆江津团结湖大数据智能产业园开发项目、北碚区环缙云山生态建设及生态产业化EOD项目、重庆国际物流城大成湖滨水融合示范区生态环境导向的开发项目四个生态环境导向的开发（EOD）模式试点项目。随着2023年重庆忠县三峡橘乡田园综合体成为绿水青山就是金山银山实践创新基地，绿水青山就是金山银山实践创新基地或国家生态文明建设示范区县+EOD这一指标得分还将有所增加。

六　生态环境治理能力变化趋势

2016~2022年，重庆生态环境治理能力指数呈曲折上升态势，尤其是2020~2022年呈先下降再上升的趋势。其中环境污染治理投资占GDP比重、污水集中处理率和工业固体废物处置率三个指数整体处于曲折上升态势，治理水土流失面积指数总体处于曲折下降态势。特别要指出的是，环境污染治理投资占 GDP 比重、治理水土流失面积指数在 2020～2022 年呈先下降后上升的态势，污水集中处理率和工业固体废物处置率则在 2020～2022 年呈现先上升后下降的态势（见图9）。

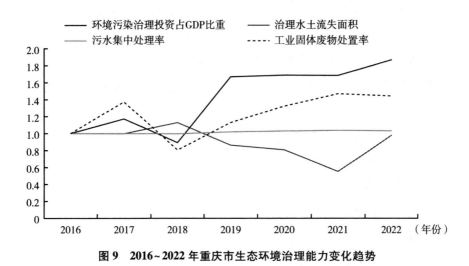

图9 2016～2022 年重庆市生态环境治理能力变化趋势

环境污染治理投资占 GDP 比重提高，主要在于重庆持续开展环境污染治理工程，国家发展改革委设立环境污染治理领域专项资金，用于支持污水处理及资源化利用、生活垃圾分类和处理、危险废物处置等。同时，重庆还加大生态环境保护资金和资源投入力度，2022 年重庆生态环境保护投入1100.2 亿元，占 GDP 的 3.8%，同比提高 0.4 个百分点，其中固定资产投资类占生态环境保护投入的 86.0%，同比增长 17.5 个百分点。重庆坚决打好长江经济带污染治理和生态保护攻坚战，持续推进治水、治气、治土、治废、治塑等，将继续加大环境污染治理投资力度。

污水集中处理率的变化，主要是基于重庆历来重视污水处理。2022 年，重庆完成西彭水厂扩建一期工程等 5 座城市水厂新（扩）建工程，完成 12 座城市污水处理厂新改扩建，城市生活污水集中收集率、集中处理率分别达到 68%、98% 以上，乡镇生活污水集中处理率达 85% 以上。与此同时，截至

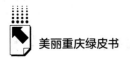

2022 年底，重庆累计建成农村生活污水处理设施 2100 余座，设计处理能力 18 万吨/天，农村生活污水治理率在中西部地区领先。随着重庆 2023 年计划新扩建城市水厂 5 座，启动农村水网建设试点等，污水集中处理率必将持续提高。

工业固体废物处置率指数波动相对较大，一方面工业固体废物统计数据口径发生变化，另一方面实施全市域"无废城市"建设，不断提升危险废物环境监管能力、利用处置能力以及环境风险防范能力。截至 2022 年底，重庆持有效危险废物经营许可证单位达 104 家，其中危险废物利用处置单位 68 家、综合收集贮存单位 24 家、废铅蓄电池收集试点单位 12 家。同时，一般工业固体废物综合利用量达 1970.78 万吨（含综合利用往年贮存量 12.23 万吨），处置量达 363.59 万吨（含处置往年贮存量 4.78 万吨），分别占产生量的 80.02%、14.76%。重庆积极打造静脉产业园和大宗固废综合利用循环示范基地，推进市级绿色工厂、绿色园区建设，将极大地提升工业固体废物处置率。

治理水土流失面积指数起伏较大，主要是 2012 年以来，重庆水土流失面积和强度持续"双下降"，到 2022 年重庆市水土流失面积达到 4390.87 平方公里，7.62 占全市土地总面积的 29.61%，比 2021 年减少了 362.05 平方公里，减少 7.62%。与此同时，重庆以长江、嘉陵江、乌江及其重要支流水土流失区、坡耕地集中区域、石漠化区域为重点，依托国家水土保持重点工程、土地整治等项目，将水土流失治理与乡村振兴、生态旅游、农村产业发展、农村人居环境整治、美丽乡村建设等有机结合起来，并通过"以奖代补""以工代赈""先建后补"等建设方式撬动社会资本投入水土流失治理。2022 年，重庆完成治理水土流失面积 1617.4 平方公里，其中，建设梯田 25102 公顷，营造水保林 23569 公顷，种植经果林 4472 公顷，种草 530 公顷，实施封禁治理 25728 公顷，其他措施 82339 公顷。随着重庆持续推动水土流失综合治理，推进沿江、沿城、沿路、沿库国家水土保持重点工程建设，综合治理水土流失面积必将持续增加。

七　美丽重庆建设总体趋势

2016～2022年，美丽重庆建设指数呈上升趋势，提高了107%，翻了一番，美丽重庆建设成效显著，尤其是2020～2022年，美丽重庆建设指数提升较快，提升了约37%，主要得益于持之以恒推进美丽重庆建设，近年来成效逐步显露（见图10）。2016年以来，重庆市委、市政府把建设山清水秀美丽之地作为重大政治责任、重大发展任务、重大民生工程摆在突出位置，建设山清水秀美丽之地已成为全市人民的政治自觉和行动自觉。成立了由党政一把手担任组长的市、区两级"深入推动长江经济带发展加快建设山清水秀美丽之地"领导小组，"党政同责、一岗双责"大环保格局逐步形成，为山清水秀美丽之地建设提供坚实的组织保障，确保党中央的决策部署一以贯之。出台《关于深入推动长江经济带发展加快建设山清水秀美丽之地的意见》，对山清水秀美丽之地建设作出战略部署和系统安排，围绕环境分区管控、生态屏障建设、污染防治攻坚战、生态优先绿色发展、碳达峰碳中和等内容出台了系列专项规划、实施方案、行动计划，确保山清水秀美丽之地战略目标落地、落实和落细。"十四五"规划纲要进一步明确了加快推动山清水秀美丽之地建设的路线图、任务书和时间表。

从各个板块的贡献看，排名第一的是生态宜居家园板块，贡献率为44%，其次是生态文化底蕴。生态宜居家园建设方面，重庆聚焦城市提升和乡村振兴两大基本面，以重点项目建设为抓手，改善城市生态，发展生态农业和乡村旅游，提升村容村貌。实施城市品质提升行动，制定实施《重庆市主城区"两江四岸"治理提升实施方案》，打造长嘉汇、广阳岛、科学城、枢纽港、智慧园、艺术湾等城市新名片。创建国家生态园林城市，开展山城公园、山城绿道、山城步道等山城系列品牌建设。立足市情农情，保护乡村自然生态景观格局和农业生产的自然肌理，打造巴渝特色美丽乡村。持续开展农村人居环境整治提升行动，重点加强农村垃圾、生活污水、厕所粪污治理。协同推进城市提升和乡村振兴，以山水为骨架、绿色为基底，逐步

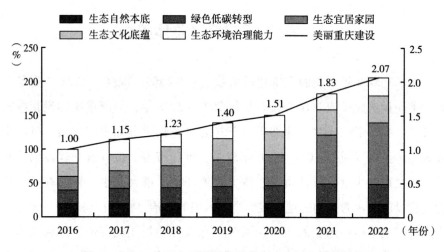

图10　2016～2022年重庆市美丽重庆建设及各维度变化

构建起全域城乡一体化绿色空间格局,城市与乡村各美其美、美美与共。生态文化底蕴方面,大力推进生态文明示范区和创新基地建设,璧山区、北碚区、渝北区、黔江区、武隆区创建成为国家生态文明建设示范区,武隆区、广阳岛被命名为绿水青山就是金山银山实践创新基地。绿色低碳转型方面,主动融入全国碳市场,重庆是西部唯一参与全国碳市场联建联维的省市。建成全国唯一涵盖碳履约、碳中和与碳普惠的"碳惠通"生态产品价值实现平台,完成渝东北、渝东南首批碳汇类生态产品开发,促成首批生态产品成交。生态环境治理能力方面,进一步加强制度保障,在全国率先启动环保机构垂直管理制度改革,市和区县均组建生态环境局和生态环境综合行政执法队伍。在全国率先启动林长制试点。率先实现市级部门和市属国有重点企业生态环保督察"两个全覆盖"。加强生态环境立法,形成以综合性环保地方性法规《重庆市环境保护条例》为核心、系列专项性法规和政府规章为配套、系列行政规范性文件为补充的环保制度体系。生态自然本底尽管对美丽重庆建设指数的贡献度不高,但相对稳定的自然生态系统,为美丽重庆建设提供了重要保障。

八　推动美丽重庆建设的建议

美丽重庆建设是现代化新重庆建设的重要目标，是重庆最具辨识度、最有标志性的"金名片"，明确了全面推进美丽重庆建设的总体要求。其中，"迭代升级生态环境治理体系，坚决打好长江经济带污染治理和生态保护攻坚战"指明了主攻方向，"高标准筑牢长江上游重要生态屏障，高水平建设山清水秀美丽之地，高质效建设美丽中国先行区，奋力打造人与自然和谐共生现代化的市域范例"明确了战略目标。

重庆在今后五年，要做到"四个显著提升"，即市域生态环境质量显著提升、城乡大美格局显著提升、绿色低碳发展水平显著提升、生态环境数智化水平显著提升。美丽重庆建设发展目标要求，到 2027 年美丽重庆建设的整体构架全面形成，全领域、全市域、全要素、全过程、全方位的美丽重庆建设推进机制更加健全，长江上游重要生态屏障全面筑牢；到 2035 年，全市绿色生产生活方式全面形成，生态环境质量总体达到西部领先、全国前列，高水平美丽重庆基本建成；到 21 世纪中叶，人与自然和谐共生的美丽中国先行区全面呈现，美丽重庆全面建成。因此，要从多个方面全力推进美丽重庆建设。

（一）扎实筑牢长江上游重要生态屏障

深化打好蓝天碧水净土保卫战，落实河湖长制，推进水环境、水资源、水生态、水安全、水文化"五水共治"，紧盯重点区域、重点时段、重点行业、重点环节，开展 $PM_{2.5}$、臭氧等污染防治攻坚行动，深化农用地土壤重金属污染源头防治，抓好建设用地安全利用和分级分类管理。实施限塑减废协同治理攻坚战，细化垃圾分类指标体系，全面提升城乡垃圾分类处置能力，建立健全源头分类、专业分拣、智能清运和资源化利用的固体废物治理体系。着力加强生物多样性保护，推动自然保护地整合优化，持续开展"绿盾"自然保护地强化监督行动，提高重要生态系统保护

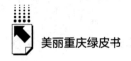

修复效能。持续抓好长江"十年禁渔",推动生态系统多样性稳定性持续性显著提升。

(二)着力打造绿色低碳发展高地

发展壮大绿色低碳产业。统筹打造"芯屏端核网"产业集群,大力发展绿色制造,做大做强智能网联新能源汽车产业,创新打造新能源及新型储能等新兴产业,建设长江上游制造业绿色低碳发展示范区。突出抓好重点领域降碳。聚焦钢铁、化工、有色金属等重点行业,加快推动园区循环化和节能降碳改造。大力发展绿色建筑,提高城镇绿色建筑占新建建筑比重。大力发展多式联运,推进"公转铁""公转水",完善公共交通绿色出行体系,创建公共领域用车电动化试点城市。加快构建绿色低碳安全高效能源体系。有序开发水电,扩大天然气、页岩气勘探利用,加快布局氢能产业,全面发展清洁能源,构建绿色低碳安全高效能源体系。加快建设绿色低碳科创高地。聚焦重点领域布局建设一批科研中心和实验室,加强重大复杂生态环境问题原理和关键核心技术研究。加快形成绿色生活方式,建立多元参与行动体系,推动党政机关和国有企事业单位走在前列,带动全市形成人人、事事、时时、处处崇尚生态文明的浓厚氛围。

(三)提升城乡整体风貌

以绣花功夫打造山地特色生态之城。实施城市品质提升工程,完善城市绿地与开敞空间,优化城区空间布局,构建绿色网络体系。开展美丽县城、美丽城镇、美丽乡村一体化示范建设。提质建设"两岸青山·千里林带"。持续开展国土绿化行动,深入实施中心城区"四山"保护提升行动,借鉴缙云山综合整治经验,持续开展"绿色矿山"建设。塑造最美岸线。严格河道水域岸线空间管控,扎实推动"两江四岸"治理、沿江化工污染治理和三峡水库消落区综合治理。加快创建巴渝和美乡村。学习运用浙江"千万工程"经验,实施巴渝和美乡村创建达标行动,全力推进农村厕所、垃圾、污水"三大革命",推动全市村居环境实现明显改善,聚力打造活力乡村。

(四)传承弘扬巴山渝水生态文化

实施长江文化保护传承弘扬规划,高质量推进长江国家文化公园(重庆段)建设,加大沿长江流域名城名镇名村保护力度,大力传播"生态优先、绿色发展"生态文化。强化精神文明家园建设,加强生态文化产品创作,打造一批承载生态价值理念、彰显巴渝地域特色的生态文化精品。加强生态环境保护和文化旅游融合发展,充分利用三峡博物馆、重庆自然博物馆等平台打造美丽重庆建设教育实践基地,传承和激发现代文化活力。全面提升社会生态价值观念和生态文明素养,让生态价值、生态道德、生态习俗成为全民行动自觉。

(五)积极探索现代生态环境治理

建立健全数字生态环保体系构架。全链条、全视角、全过程推动生态环保领域整合资源、综合集成,打造"数字生态环保大脑",形成生态环保智能化管控闭环。布局建设数字生态环保重大应用。加快推进"巴渝治水"重大应用上线运行和市、区县全面运用,全面打造水环境感知、治理、评价应用场景。构建完善数字生态环保应用跑道,进一步梳理需求、场景、改革"三张清单",加快开发"巴渝治气""巴渝无废"等应用,打造生态环保智治"全国样板"。夯实生态环境数据底座。修订生态环境数据资源管理办法,完善生态环境数据资源管理体系,多渠道动态汇集数据,深化跨区域跨部门跨层级数据共享,构建全市生态环保数据资源仓。

参考文献

生态环境部党组:《深入学习贯彻习近平生态文明思想全面建设人与自然和谐共生

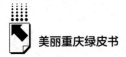

的美丽中国》，《环境保护》2023年第19期。

刘长松：《新时期全面推进美丽中国建设的战略部署——全国生态环境保护大会解读》，《世界环境》2023年第4期。

王金南：《全面推进美丽中国建设》，《红旗文稿》2023年第16期。

重庆市生态质量评价研究

重庆市生态环境监测中心*

摘　要： 为深入贯彻习近平生态文明思想，推进山水林田湖草沙一体化保护和系统修复，加强生态建设和生物多样性保护，依据《区域生态质量评价办法（试行）》，从生态系统多样性、稳定性、持续性出发，开展重庆市生态质量调查评价，探究重庆市全域及各区县生态质量及变化情况。研究表明，城镇化进程加快、极端天气影响以及城市绿化水平提升是影响 2022 年重庆市生态质量指数的主要因素。2022 年重庆市生态质量指数为 66.55，较 2021年有所下降，生态质量类型保持二类不变，全市和各区县的生态质量指数变化幅度均基本稳定，主城新区、渝东北和渝东南的生态质量总体好于中心城区。

关键词： 区域生态质量　生态质量指数　重庆

生态环境是人类赖以生存和发展的基本条件，坚持山水林田湖草沙一体化保护和系统治理是推进美丽中国建设的重要举措。党的二十大提出，要站

---

*　执笔人：杨敏，重庆市生态环境监测中心，正高级工程师，主要从事生态监测研究；唐双立，重庆市生态环境监测中心，博士后，主要从事生态质量评价研究；金旺，重庆市生态环境监测中心，高级工程师，主要从事生态质量评价研究；王陶，重庆市生态环境监测中心，硕士研究生，主要从事生态质量评价研究；张大元，重庆市生态环境监测中心，正高级工程师，主要从事生态监测研究；渠巍，重庆市生态环境监测中心，正高级工程师，主要从事生态监测研究；刘强，重庆市生态环境监测中心，正高级工程师，主要从事生态监测研究。

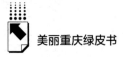

在人与自然和谐共生的高度谋划发展，提升生态系统多样性、稳定性和持续性。全面、科学、准确地对生态系统质量进行评价是进一步做好生态保护修复工作的前提和基础。

2021年11月，生态环境部印发《区域生态质量评价办法（试行）》（以下简称《评价办法》），明确规定了生态质量评价的指标体系、数据要求和具体方法，适用于开展县级及以上区域生态质量现状和变化综合评价。《评价办法》更加注重科学全面评价，更加注重尊重和顺应自然，是针对生态系统整体情况的"综合体检"。本研究在《评价办法》框架内，开展了重庆市生态质量调查评价工作，探究重庆市全域及各区县生态质量变化情况，以期为生态系统保护修复提供有力支撑。

一　评价方法与数据来源

（一）评价指标体系构建

根据《评价办法》，通过卫星遥感监测、地面监测以及资料收集等方式，获取时空可比、数据可得、质量可控的各类数据，再根据数据，构建包括生态格局、生态功能、生物多样性和生态胁迫4个一级指标，下设9个二级指标、14个三级指标的重庆市生态质量评价体系，具体见表1，进而对2021~2022年重庆市全域及38个区县（不含两江新区、高新区和万盛经开区）的生态质量评价和变化情况进行研究。

表1　生态质量评价指标体系

一级指标	二级指标	三级指标
生态格局（0.36）	生态组分（0.32）	生态用地面积比指数（1）
	生态结构（0.68）	生态保护红线面积比指数（0.1）
		生境质量指数（0.8）
		重要生态空间连通度指数（0.1）

续表

一级指标	二级指标	三级指标
生态功能（0.35）	水土保持（1）	水土保持指数（1）
	生态宜居（1）	建成区绿地率指数（0.54）
		建成区公园绿地可达指数（0.46）
	生态活力（1）	植被覆盖指数（0.6）
		水网密度指数（0.4）
生物多样性（0.19）	生物保护（0.3）	重点保护生物指数（1）
	重要生物功能群（0.7）	指示生物类群生命力指数（0.62）
		原生功能群种占比指数（0.38）
生态胁迫（0.10）	人为胁迫（0.74）	陆域开发干扰指数（1）
	自然胁迫（0.26）	自然灾害受灾指数（1）

注：各级指标括号内数字为指标权重。

1. 生态格局

生态格局 = 0.32×EL + 0.68×（0.1×ECRR + 0.8×HQI + 0.1×PC）

式中，EL——生态用地面积比指数，指评价区林地、草地、湿地、农田、沙地、近海等具有生态属性的用地面积占比情况；ECRR——生态保护红线面积比指数，指评价区生态保护红线面积占比情况；HQI——生境质量指数，指评价区由于生态系统类型不同而体现的生物栖息地质量差异（见表2）；PC——重要生态空间连通度指数，指评价区重要生态空间斑块之间的整体连通程度。

表2　生境质量指数各类型权重

指数	土地利用类型	权重
林地指数	有林地	0.6
	灌木林地	0.25
	疏林地和其他林地	0.15
草地指数	高覆盖草地	0.6
	中覆盖草地	0.3
	低覆盖草地	0.1

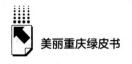

续表

指数	土地利用类型	权重
水域湿地指数	河流(渠)	0.1
	湖泊(库)	0.3
	滩涂湿地和沼泽地	0.5
	永久性冰川雪地	0.1
耕地指数	水田	0.6
	旱地	0.4
建设用地指数	城镇建设用地	0.3
	农村居民点	0.4
	其他建设用地	0.3
未利用地指数	沙地	0.2
	盐碱地	0.3
	裸土地	0.2
	裸岩石砾	0.2
	其他未利用土地	0.1

注：林地指数（SF）、草地指数（SG）、水域湿地指数（SW）、耕地指数（SC）、建设用地指数（SB）和未利用地指数（SU）由表中相应类型的面积乘以权重计算获得。

2. 生态功能

将重庆市各区县分为3类进行评价。

（1）水土保持区县

按照《全国主体功能区规划》中的主要生态功能，水土保持类型国家重点生态功能区县采用水土保持指数，即评价区植被保持土壤的能力。

（2）生态宜居区县

非主导生态功能区的地级及以上城市建成区县采用生态宜居指数。

$$生态宜居 = 0.54×UGR+0.46×UPR$$

式中，UGR——建成区绿地率指数，指评价区建成区林地、草地等各类绿地总面积占比情况；UPR——建成区公园绿地可达指数，指评价区建成区公园及周边步行10分钟（按800米算）可达范围绿地覆盖的面积占比情况。

（3）生态活力区县

其他县域采用生态活力指数。

$$生态活力 = 0.6 \times C + 0.4 \times DW$$

式中，C——植被覆盖指数，指评价区内的植被覆盖状况；DW——水网密度指数，指评价区内河流、湖泊、水库等水域面积占比情况。

3. 生物多样性

$$生物多样性 = 0.3 \times KS_r + 0.7 \times (0.62 \times Q_t + 0.38 \times B_{ps})$$

式中，KS_r——重点保护生物指数，指评价区内已记录的符合《国家重点保护野生动物名录》和《国家重点保护野生植物名录》的高等植物、哺乳类、鸟类、爬行类和两栖类的物种数，用于表征评价区生物物种被保护情况；Q_t——指示生物类群生命力指数，指评价区内已记录的野生哺乳类、鸟类、两栖类和蝶类等生态环境指示生物类群的物种多样性变化状况；B_{ps}——原生功能群种占比指数，指评价区内监测样地地带性原生生态系统群落建群种生物量（或生物个数）占样地生物量（或个数）的比例情况。

4. 生态胁迫

$$生态胁迫 = 0.74 \times LDI + 0.26 \times NDI$$

式中，LDI——陆域开发干扰指数，指评价区内开发建设用地面积占比情况；NDI——自然灾害受灾指数，指评价区内气象、地质、生物、生态环境等重大自然灾害受灾面积占比情况。

（二）综合评价与分类

1. 综合评价

$$生态质量指数 = 0.36 \times 生态格局 + 0.35 \times 生态功能 + 0.19 \times 生物多样性 + 0.10 \times (100 - 生态胁迫)$$

2. 生态质量分类

根据生态质量指数值，将生态质量类型分为五类，即一类、二类、三类、四类和五类，具体见表3。

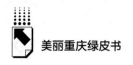

表3　生态质量分类

类别	一类	二类	三类	四类	五类
指数	EQI≥70	55≤EQI<70	40≤EQI<55	30≤EQI<40	EQI<30
描述	自然生态系统覆盖比例高,人类干扰强度低,生物多样性丰富,生态结构完整,系统稳定,生态功能完善	自然生态系统覆盖比例较高,人类干扰强度较低,生物多样性较丰富,生态结构较完整,系统较稳定,生态功能较完善	自然生态系统覆盖比例一般,受到一定程度的人类活动干扰,生物多样性丰富度一般,生态结构完整性和稳定性一般,生态功能基本完善	自然生态本底条件较差或人类干扰强度较大,自然生态系统较脆弱,生态功能较低	自然生态本底条件差或人类干扰强度大,自然生态系统脆弱,生态功能低

3.生态质量变化分级

根据生态质量指数与基准值的变化情况,将生态质量变化幅度分为三级七类。三级为"变好""基本稳定""变差";其中,"变好"包括"轻微变好""一般变好""明显变好","变差"包括"轻微变差""一般变差""明显变差",具体见表4。

表4　生态质量变化幅度分级

变化等级	变好			基本稳定	变差		
	明显变好	一般变好	轻微变好		轻微变差	一般变差	明显变差
ΔEQI	ΔEQI≥4	2≤ΔEQI<4	1≤ΔEQI<2	−1<ΔEQI<1	−2<ΔEQI≤−1	−4<ΔEQI≤−2	ΔEQI≤−4

（三）数据来源

1.定量遥感调查

（1）植被净初级生产力指数

植被净初级生产力（Net Primary Productivity，NPP）指数是指绿色植物在单位面积、单位时间内所累积的有机物数量。本研究采用年度NPP进行计算，即绿色植物在一年内所累积的有机物总量，可以直接反映植被群落在自然环境条件下的生产能力，是表征生态系统的一个质量指标。

（2）归一化差值植被指数

归一化差值植被指数（Normalized Difference Vegetation Index，NDVI）是一种反映地表植被状况的遥感指标，主要是利用绿色植被反射近红外光，吸收红光的原理，采用遥感影像近红外通道与可见光通道反射率之差与之和的商值来表示。本次研究采用5~9月即植物生长季的NDVI值进行计算，能够反映评价区域内的植被生长状态、植被覆盖度等情况。

2. 生态状况监测高分解译

（1）土地利用/覆盖数据

土地覆盖是指地球表面当前所具有的自然和人为影响所形成的覆盖物，表示地球表面存在的不同类型的覆盖特征，强调的是土地的表面形状，反映土地的自然属性。土地利用是指人类在生产活动中为达到一定的经济效益、社会效益和生态效益，对土地资源的开发、经营、使用方式的总称，反映土地的社会和经济属性。

本研究依据《全国生态遥感监测土地利用/覆盖分类体系》划分耕地、林地、草地、水域湿地、建设用地、未利用地等生态类型，通过识别土地利用类型变更情况获取本年度土地利用/覆盖数据。

（2）建成区数据

城市建成区可反映一定时间阶段城市建设用地规模、形态和实际使用情况。根据《城市规划基本术语标准》（GB/T 50280—98），建成区范围是指城市行政区内实际已成片开发建设、市政公用设施和公共设施基本具备的地区。一般是指建成区外轮廓线所能包括的地区，也即城市实际建设用地所达到的边界范围，是一个闭合的完整区域。一城多区分散布点的城市，建成区范围则可能由几个相应闭合区域组成。

本研究基于夜间灯光数据和兴趣点（POI）提取城市建成区边界，统计建成区面积；再参考城乡建设统计年报公布的建成区面积、地方发布的城市建成区面积等数据，对差异较大的建成区进一步核实空间数据，优化建成区

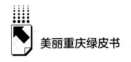

边界数据，形成建成区数据。

（3）建成区公共绿地数据

建成区公共绿地是指满足规定的日照要求、适合安排游憩活动设施、供居民共享的游憩绿地，包括居住区公园、小游园和组团绿地及其他块状带状绿地等。本次生态宜居指数考虑的绿地为地级以上城市建成区内的林地和草地等各类绿地，参考《居住区绿地设计规范》关于公共绿地的框定，结合图件制作条件和要求，本次主要提取宽度不小于8米、面积不小于400平方米的绿地（含林地和草地）。

（4）建成区公园绿地数据

建成区公园绿地是指城市中向公众开放的、以游憩为主要功能，有一定的游憩设施和服务设施，同时兼有健全生态、美化景观、科普教育、应急避险等综合作用的绿化用地。本研究计算的公园绿地可分为以下四项：综合公园、社区公园、专类公园和游园，其中专类公园又分为动物园、植物园、历史名园遗址公园、游乐公园和其他专类公园。

3. 生物多样性调查

（1）资料收集

按照《评价办法》开展重点保护物种分布信息的资料收集工作，以表征重庆市生物物种被保护情况。收集并整理《国家重点保护野生动物名录》和《国家重点保护野生植物名录》中高等植物、哺乳类、鸟类、爬行类和两栖类在重庆市的分布记录，数据来源包括中国生物物种名录（2022版）、全球生物多样性信息网络（GBIF）、世界自然保护联盟（IUCN）、中国数字植物标本馆、中国生物多样性红色名录、中国兽类名录（2021版）、中国观鸟记录中心、中国鸟类记录中心、"中国两栖类"信息系统、动植物志书及文献记录。

（2）指示类群地面调查

为反映重庆市生态环境指示生物类群的物种多样性状况，按照《评价办法》对指示生物的物种和数量进行调查。由于鸟类分布广泛，对环境变化较为敏感，分类和分布的资料较其他野生动物类群更为齐全，其种群数量与群落结构被认为是衡量生态系统状态的重要指标,常作为环境变化的指示物种,也是生物多样性监测的重要指示类群。因此,本次研究选择鸟类作为生物多样性的指示类群,开展物种组成及数量调查,记录鸟类的种类、种群数量和生境信息。

二 生态质量评价与分析

(一)全市生态质量指数及变化情况

1.总体情况

2022年,重庆市生态质量指数为66.55,生态质量类型为二类。其中,生态格局指数为60.75,生态功能指数为67.94,生物多样性指数为67.92,生态胁迫指数为20.02。

较2021年,全市生态质量指数下降0.27,生态质量变化幅度为基本稳定,生态质量类型仍保持在二类。其中,生态格局指数较2021年下降0.01;生态功能指数下降0.71,为波动幅度最大的一级指标;生物多样性指数保持不变;负向指标生态胁迫指数上升0.17(见图1)。

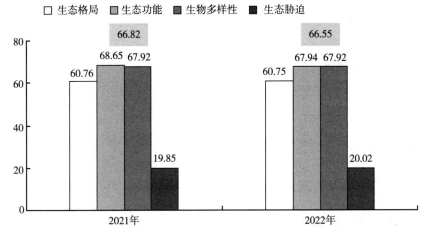

图1 2021~2022年重庆市生态质量指数及分指数情况

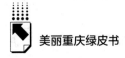

2. 生态格局指数

2022 年重庆市生态格局指数为 60.75，其中生态用地面积比指数为 76.27，生态保护红线面积比指数为 54.76，生境质量指数为 55.94，重要生态空间连通度指数为 32.14。

较 2021 年，全市生态格局指数下降 0.01。其中，生态用地面积比指数较 2021 年降低 0.04，生态保护红线面积比指数保持不变，生境质量指数下降 0.02，重要生态空间连通度指数升高 0.17（见图 2）。

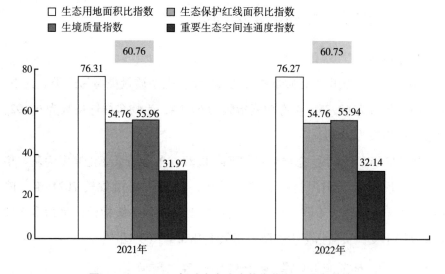

图 2　2021~2022 年重庆市生态格局指数及分指数情况

3. 生态功能指数

2022 年全市生态功能指数为 67.94，其中水土保持指数为 73.08，建成区绿地率指数为 77.38，建成区公园绿地可达指数为 61.61，植被覆盖指数为 94.91，水网密度指数为 17.39。

较 2021 年，全市生态功能指数下降 0.71。其中，全市水土保持指数和植被覆盖指数下降幅度较大，降幅分别为 2.29 和 1.98；建成区绿地率指数上升 1.09；建成区公园绿地可达指数略微下降 0.03；水网密度指数保持稳定（见图 3）。

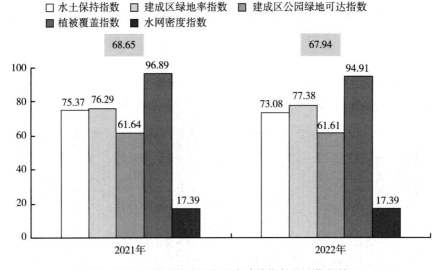

图3 2021~2022年重庆市生态功能指数及分指数情况

4.生物多样性指数

2022年全市生物多样性指数为67.92，其中重点保护生物指数为35.86，指示生物类群生命力指数为81.65。

5.生态胁迫指数

2022年重庆市生态胁迫指数为20.02，较2021年上升0.17。其中，自然灾害受灾指数暂无数据，陆域开发干扰指数较2021年上升0.17。

（二）区县生态质量指数及变化情况

1.总体情况

2022年各区县生态质量指数分布在44.58~75.90，主城新区、渝东北三峡库区城镇群（以下简称"渝东北"）和渝东南武陵山区城镇群（以下简称"渝东南"）的生态质量总体好于中心城区。生态质量类型为一类的区县主要分布在渝东北，二类区县主要集中于主城新区和渝东南，三类区县均分布在中心城区。

其中，中心城区生态质量指数均值为51.79，类型为二类和三类；主城

新区生态质量指数均值为60.83，类型均为二类；渝东北生态质量指数均值为69.85，类型为一类和二类；渝东南生态质量指数均值为68.16，类型为一类和二类（见图4）。

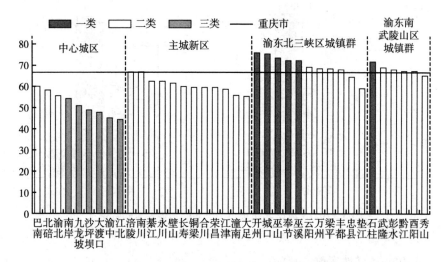

图4　2022年重庆市各区县生态质量指数

年际变化方面，2021~2022年全市38个区县生态质量指数变化范围在-0.96~0.32，变化幅度均为基本稳定。其中，16个区县下降，21个上升，1个保持不变，中心城区2022年生态质量指数较上一年均有所提升，主城新区部分区域下降，渝东北和渝东南地区普遍有所下降（见图5）。

生态质量类型方面，2021~2022年37个区县生态质量类型无变化，中心城区的南岸区、九龙坡区、沙坪坝区、大渡口区、渝中区和江北区保持在三类，渝东北的开州区、城口县、巫山县、奉节县、巫溪县和渝东南的石柱县保持在一类，其余区县均为二类。

2. 生态格局指数

2022年，各区县生态格局指数分布在19.25~85.74，渝东北、渝东南生态格局指数明显高于中心城区和主城新区。其中，中心城区生态格局指数均值为37.81，主城新区生态格局指数均值为49.02，渝东北生态格局指数均值为63.76，渝东南生态格局指数均值为67.76（见图6）。

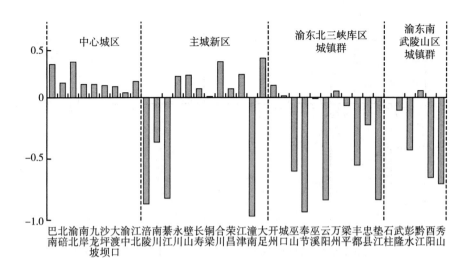

图5   2022年重庆市各区县生态质量指数变化情况

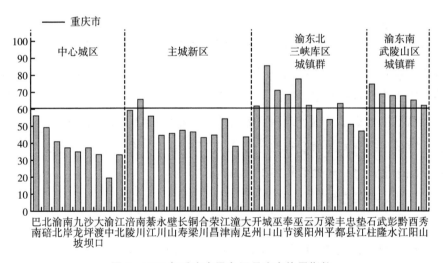

图6   2022年重庆市及各区县生态格局指数

年际变化方面，2021~2022年全市38个区县生态格局指数变化范围在-0.28~0.13，其中23个区县下降，9个上升，6个无变化，降幅较大的区县主要集中在中心城区和主城新区（见图7）。

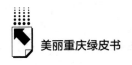

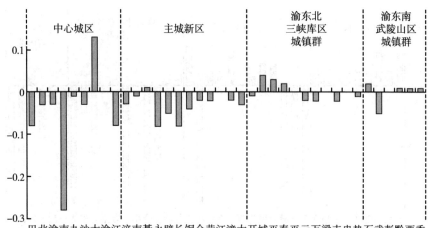

图 7　2022 年重庆市各区县生态格局指数变化情况

从三级指标上看，生态用地面积比指数分布在 26.84~93.84，指数较高的区县主要集中于渝东北地区，较低值集中于中心城区；生态保护红线面积比指数分布在 50.22~62.13，指数较高的区县主要集中于渝东北地区，较低值集中于中心城区和主城新区；生境质量指数分布在 12.38~84.05，指数较高的区县主要集中于渝东北和渝东南地区，较低值集中于中心城区和主城新区；重要生态空间连通度指数分布在 0.65~84.78，指数较高的区县主要集中于渝东北地区，较低值集中于主城新区。

3. 生态功能指数

2022 年，各区县生态功能指数分布在 55.09~91.08，渝东北高于渝东南、中心城区和主城新区。其中，中心城区均值为 68.71，主城新区均值为 67.14，渝东北均值为 72.46，渝东南均值为 62.44（见图 8）。

年际变化方面，2021~2022 年全市 38 个区县生态功能指数变化范围在－2.68~1.03，其中 15 个区县下降，20 个上升，3 个无变化，降幅较大的区县主要集中于渝东北和渝东南地区（见图 9）。

从三级指标上看，水土保持指数分布在 70.87~74.86；建成区绿地率指

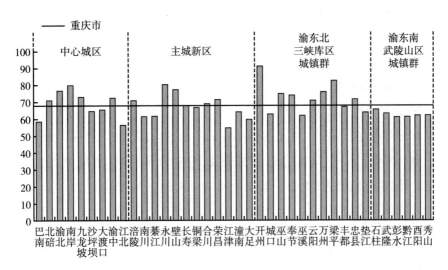

图 8　2022 年重庆市各区县生态功能指数

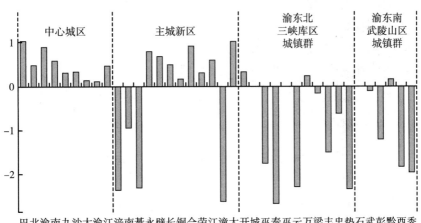

图 9　2022 年重庆市各区县生态功能指数变化情况

数分布在 53.38~96.87，指数较高的区县主要集中于主城新区和渝东北地区，较低值集中于中心城区；建成区公园绿地可达指数分布在 34.68~100，指数较高的区县主要集中于中心城区和渝东北地区，较低值集中于主城新区；植被覆盖指数分布在 83~100，指数较高的区县主要集中于渝东北地区，较低值集中于主城新区；水网密度指数分布在 5.39~45.43，指数较高的区县主要集中于主城新区。

4. 生态胁迫指数

2022 年，各区县生态胁迫指数分布在 2.64~100，生态胁迫指数最高的区县均分布在中心城区，中心城区生态胁迫指数远高于主城新区、渝东北和渝东南。其中，中心城区生态胁迫指数均值为 87.79，主城新区均值为 32.22，渝东北均值为 13.63，渝东南均值为 9.91（见图 10）。

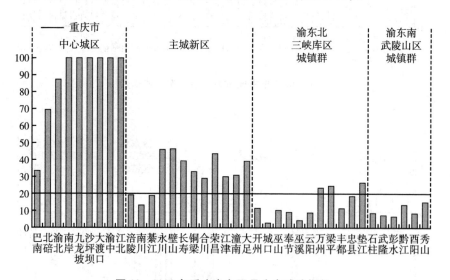

图 10　2022 年重庆市各区县生态胁迫指数

年际变化方面，2021~2022 年全市 38 个区县生态胁迫指数变化范围在 0~0.72，中心城区部分区域因已达到最大值，故无变化，其余区县均有所上升，增幅较大的主要集中在中心城区和主城新区（见图 11）。

三级指标方面，2021~2022 年，陆域开发干扰指数变化情况与生态胁迫指数一致，其中 32 个区县上升，6 个区县无变化。自然灾害受灾指数暂无相关数据。上升显著的区县主要集中在主城新区，上升幅度明显高于渝东北和渝东南。

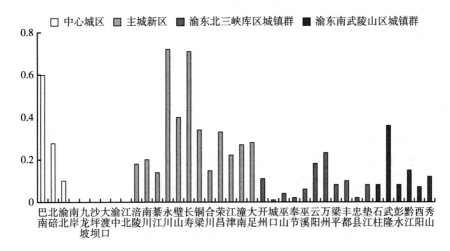

图11　2022年重庆市各区县生态胁迫指数变化情况

（三）原因分析

总体来看，2021~2022年重庆市和各区县的生态质量指数变化幅度均保持在基本稳定范围内，中心城区生态质量指数较上一年均有提升，主城新区部分区域大幅下降，渝东北和渝东南地区普遍有所下降。

从各级指数变化情况来看，三个一级指数的变化导致全市生态质量指数随之波动。其中，生态格局指数略微下降，生态功能指数下降显著，两者在生态质量指数中的权重分别为0.36和0.35，占比较高，其下降情况直接影响生态质量指数；生态胁迫指数有一定程度上升，其在生态质量指数中的权重为0.10，因其为负向指标，所以该指数上升也直接导致生态质量指数下降。影响上述指数波动的主要原因如下。

1.城镇化进程加快，建设用地不断扩张

近年来，随着重庆市社会经济不断发展，重庆市城镇化水平保持稳步上升状态，据市统计局数据，截至2022年，重庆市常住人口3213.3万人，城镇常住人口2280.32万人，城镇化率由2021年的70.32%提升至70.96%。其中，2022年中心城区城镇化率达93.30%，较2021年提高0.17个百分

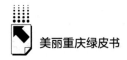

点；主城新区 66.65%，提高 0.79 个百分点；渝东北 54.51%，提高 0.73 个百分点；渝东南 51.68%，提高 0.62 个百分点。

城镇化水平提高过程中也伴随着建设用地扩张、生态属性用地缩减的情况，两者的面积和分布变化对生态质量中多项三级指标有直接影响，如生态格局指数下的生态用地面积比指数、生境质量指数和重要生态空间连通度指数，以及生态胁迫指数下的陆域开发干扰指数。其中，2022 年全市生态属性用地面积较上一年有所降低，直接导致全市生态用地面积比指数降低 0.04；城镇化率较高的中心城区和主城新区，该项指标的降幅也普遍高于渝东北和渝东南。建设用地面积的增加导致负向指标陆域开发干扰指数由 19.85 上升至 20.02，除该项指数已达到 100 的部分区县无变化外，其余区县的波动幅度为中心城区和主城新区大于渝东北和渝东南。生境质量指数是根据林地、草地、水域等不同地类面积及对应权重计算，各地类权重由高到低依次为林地、水域湿地、草地、耕地、建设用地、未利用地，其中权重较高的林地、水域湿地、草地等生态属性用地面积均有所减少，权重较低的建设用地面积增加，共同导致全市生境质量指数较 2021 年下降 0.02，各区县的波动幅度同样为中心城区和主城新区大于渝东北和渝东南。与此同时，重要生态空间连通度指数反映了评价区域林地、草地等生态空间斑块之间的整体连通程度，通过国土空间优化等措施，生态空间斑块面积逐渐扩大且集中连片，与 2021 年相比，重庆市该项指标明显上升。

2. 城市绿化水平提升，建成区绿地面积增加

生态宜居评价区域的生态功能指数变化主要受到了城市绿化水平提升的影响，其评价的三级指标为建成区绿地率指数和建成区公园绿地可达指数。建成区绿地率指数是通过城市建成区林地、草地等各类绿地总面积与建成区总面积之间的比例得到。2022 年，全市大力实施国土绿化行动，加强自然保护地监督管理，以创建国家生态园林城市为抓手，加强城市绿地建设，强化绿地建管质量，改善城市人居环境，稳步增加城市绿地面积，新增城市绿地 1500 公顷，城市建成区绿化覆盖率达到 42.53%，绿地率 39.24%，人均公园面积 16.33 平方米。绿地面积的增加，也整体提高了建成区绿地率指

数。建成区公园绿地可达指数与城市公园数量、面积及空间分布相关，2022年，重庆推进"山城公园"品牌打造，建成 73 座口袋公园，更新提质 42 座老旧公园，城市公园数量和面积提升，空间分布更为合理，从而使得重庆市及相关区县的建成区公园绿地可达指数有所增加。

21 个生态宜居评价区中，巴南区和长寿区的建成区绿地率指数和建成区公园绿地可达指数分列第一，两区均以创建国家生态园林城市为抓手，推进"拆栏透绿""融绿入城"，开展主要道路补植补栽和景观提升工程，新建一批社区小游园、口袋公园，城市绿地面积得到有效提高，城市绿地布局更优、品质更佳。

3. 极端天气影响，植被覆盖度降低

植被覆盖度是影响水土保持和生态活力评价区域生态功能指数变化的主要因素。水土保持指数反映评价区植被保持土壤的能力，评价区植被覆盖程度越高，植被净初级生产力（NPP）越强，该项指数就越高。植被覆盖指数反映评价区内植被覆盖状况，植被覆盖程度越高，归一化差值植被指数（NDVI）越高，该指数越高。

研究表明，植被覆盖度的时空分布特征受到了气候、地理、人为因素的综合影响。2022 年 7~8 月，重庆市遭遇 1961 年有完整气象观测记录以来最严重的高温天气，山林火灾多发频发，使得自然植被遭到大面积破坏，2022 年 NDVI 和 NPP 较 2021 年均有大幅下降，由此导致与此相关的水土保持指数和植被覆盖指数下降明显。因此，导致归属水土保持和生态活力评价区域的区县生态功能指数普遍出现较上一年有所下降的情况。

综上所述，城镇化进程加快、建设用地面积增加导致生态格局指数和生态胁迫指数变化明显，极端天气的影响以及城市绿化水平提升是影响生态功能指数波动的重要因素。生态功能指数是 4 个一级指标中年际变化幅度最大的指标，且由于其在生态质量指数中的权重高达 0.35，因此 2021~2022 年重庆市及各区县的生态质量变化主要受到了生态功能指数波动的影响。上述原因共同导致全市 2022 年生态质量指数较上一年小幅下降。

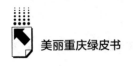

三 对策建议

优化国土空间规划。强化国土空间开发利用规划和用途管制，切实加强对土地资源的管理，集约用地；优化城市空间结构，加强城市空间开发保护的底线管控，严格控制城镇建设用地规模；加强生态建设、植树造林、退耕还林还草、水土流失治理、地质灾害治理，提高森林覆盖率。合理划定生态功能区，做好自然保护地、生态保护红线监管。筑牢绿色屏障，加强重要山体生态廊道保护，大规模开展国土绿化，实施长江重庆段"两岸青山·千里林带"。

积极应对气候变化，加强防灾减灾体系建设。严格控制温室气体排放，推动经济社会绿色低碳转型，提升基础设施、农业等重点领域适应气候变化能力。强化森林和生态系统建设，实施植树造林、天然林保护等工程，增强森林、湿地、农田等生态系统的固碳作用，提升碳汇增量，显著提升减污降碳、固碳增汇水平，提升气象监测预报预警能力，强化风险研判和防控，组织做好灾害风险防范，加强防灾减灾体系建设。

持续推进城市园林绿地建设。建立健全城市园林绿化管理制度，加大各类城市绿地建设力度，完善绿地系统；加强公园绿地建设，积极推进综合性公园、社区公园、专类公园、游园等不同类别的公园建设工作，合理布局公园绿地；持续优化城市绿地布局，建设社区公园、游园、口袋公园、小微绿地，增加公共活动空间；增加城市绿地，推进城市生态修复，对城市受损山体、水体和废弃地等进行科学复绿。

加强生物多样性保护工作。健全生物多样性保护管理体系，强化重要生态系统保护修复，增强重庆生态系统稳定性和生态服务功能。优化生物多样性保护空间格局，构建"三带四屏多廊多点"的总体生态安全格局。常态化开展生物多样性调查，对重点区域开展生态系统多样性和物种多样性固定观测。强化动植物种质资源保护，加强濒危特有物种保护与恢复，提升生物安全管理水平。建立城市生物走廊，增强城市生物多样性。

多措并举，助力创建国家生态文明建设示范区域。国家生态文明建设示范县、示范市是推进区域生态文明建设的有效载体，从生态空间、生态经济、生态环境、生态生活、生态制度、生态文化六个方面，设置建设指标，作为衡量的依据。生态质量指数作为生态环境中的一项约束性指标，对其创建有着重要的影响意义。因此，要充分落实各项改善措施，推动指标稳中向好，为创建国家生态文明建设示范区域提供支撑，助推美丽中国建设。

分区施策，有效提升区县生态质量。根据各区县生态质量各项指数变化特点和社会经济发展状况，研究制定差异化保护和管理措施，形成"一区一策"。因地制宜，分区精准调控，坚持以提升生态质量为核心，以解决生态环境突出问题为导向，系统推进生态修复与环境治理，确保生态质量稳步提升。

G.3

重庆市生态用地结构研究

陈长煜 刘晓瑜 宇德良 彭正涛 孙芬*

摘　要:　2023 年 7 月，习近平总书记在全国生态环境保护大会上强调，要全面推进美丽中国建设，加快推进人与自然和谐共生的现代化。本报告基于土地利用数据，分析了重庆市生态用地结构变化，选取生境质量指数等指标开展综合评价，旨在深入了解全市生态质量本底情况，以便更好地服务美丽重庆建设，加快建成美丽中国先行区。研究发现，2022 年度重庆市生境质量指数综合得分较 2021 年稳中有升，生态本底情况相对稳定，全市各类生态用地结构变化幅度较小，但各区县间生境质量指数变化差异较大，下一步应加强各地区生态共治共建，深化区域协调发展。

关键词:　生态用地结构　生境质量　重庆

美丽重庆建设是践行习近平生态文明思想、落实美丽中国建设战略的实际行动，直接关系现代化新重庆建设的底色，直接关系重庆以一域服务全局的成色。为加快推进市域生态环境质量、城乡大美格局、绿色低碳发展水平、

---

* 陈长煜，重庆市规划和自然资源调查监测院规划和自然资源经济研究所，主要从事自然资源政策、生态经济研究；刘晓瑜，重庆市规划和自然资源调查监测院党组副书记、院长，主要从事规划评价监测、自然资源综合性政策研究；宇德良，重庆市规划和自然资源调查监测院规划和自然资源经济研究所所长、正高级工程师，主要从事土地实证政策、土地资源利用等研究；彭正涛，重庆市规划和自然资源调查监测院基础调查所所长，主要从事国土变更调查监测、土地资源评价分析等研究；孙芬，重庆市规划和自然资源调查监测院规划和自然资源经济研究所副所长，主要从事区域经济、土地资源利用、自然资源规划与研究等领域研究。

生态环境数智化水平显著提升，课题组结合重庆生态发展实际，从全市生态用地结构变化情况、生境质量指数等角度反映美丽重庆建设成果和中央有关决策落实情况，系统展现山清水秀美丽重庆建设的自然之美、生态之美。

一　全市主要地类变化情况

（一）总体情况

2022年度国土变更调查数据显示，重庆市辖区总面积为824.03万公顷，其中自然资源各类用地面积共有787.76万公顷，约占全市土地总面积的95.60%。各主要地类按面积大小依次为林地468.98万公顷、耕地185.03万公顷、建设用地72.16万公顷、园地29.01万公顷、水域及水利设施用地26.93万公顷、草地2.51万公顷、未利用地（不含裸岩石砾）1.67万公顷、湿地1.47万公顷，占重庆国土面积比重分别为59.53%、23.49%、9.16%、3.68%、3.42%、0.32%、0.21%、0.19%（见图1）。

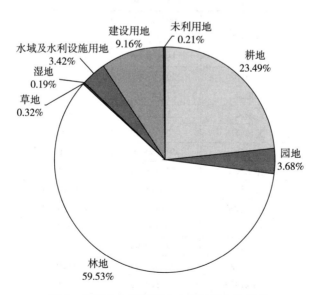

图1　重庆市自然资源各主要地类占比情况

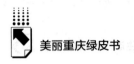

（二）全市主要地类变化情况

依据 2021 年度和 2022 年度国土变更调查数据，从全市主要地类面积变化情况来看（见表 1），草地变化幅度最大，较 2021 年度净增加了 1533.55 公顷，同比增长约 6.52%；其次是湿地，面积净减少 192.25 公顷，同比降低 1.29%，减少原因主要为 2022 年度全市持续干旱，内陆滩涂水源蒸发较多，内陆滩涂减少幅度较大；园地面积变化幅度也较大，较 2021 年度减少了 1584.62 公顷，同比下降了 0.54%，主要因为其他园地面积减少；其余地类中，除建设用地、未利用地有所增长外，水域及水利设施用地、耕地、林地面积较 2021 年均有小幅减少，且降幅均小于 0.5%。总体来看，全市生态用地变化情况总体较稳定，各地类除草地外变化幅度均较小。

表 1　2021~2022 年重庆市主要地类变化情况

单位：公顷

一级地类	二级地类	2021 年	2022 年	净增加值
耕地	小计	1853750.59	1850349.19	-3401.40
	水田	697716.90	695376.87	-2340.03
	水浇地	1206.79	1209.24	2.45
	旱地	1154826.90	1153763.08	-1063.82
园地	小计	291697.97	290113.35	-1584.62
	果园	171041.75	171080.63	38.88
	茶园	11220.22	11124.03	-96.19
	其他园地	109436.00	107908.69	-1527.31
林地	小计	4691180.60	4689770.06	-1410.54
	乔木林地	3571591.91	3568851.13	-2740.78
	竹林地	191413.69	190990.59	-423.10
	灌木林地	887615.28	888393.08	777.80
	其他林地	40559.72	41535.26	975.54
草地	小计	23529.94	25063.49	1533.55
	天然牧草地	3878.94	3850.75	-28.19
	人工牧草地	327.25	328.15	0.90
	其他草地	19323.75	20884.59	1560.84

一级地类	二级地类	2021 年	2022 年	净增加值
湿地	小计	14866.06	14673.81	-192.25
	沼泽草地	128.72	128.72	0.00
	内陆滩涂	14737.34	14544.89	-192.45
水域及水利设施用地	小计	270393.31	269307.26	-1086.05
	河流水面	84535.91	84500.84	-35.07
	水库水面	107272.17	107527.20	255.03
	坑塘水面	73310.38	71970.91	-1339.47
	沟渠	5274.85	5308.31	33.46
建设用地	小计	717343.97	721572.24	4228.27
	城镇及其他建设用地	502138.35	505780.35	3642.00
	农村居民点	215205.62	215791.89	586.27
未利用地	小计	16680.14	16685.79	5.65
	盐碱地	15811.65	15811.65	0.00
	裸岩地	868.49	874.14	5.65

二 区县用地类型变化情况

依据 2021 年度和 2022 年度国土变更调查数据，通过对比全市 39 个区县（含万盛经开区）主要地类分布及变化情况（见表 2），发现各区县用地类型变化存在以下特征。

表 2　区县主要地类面积 2022 年同比 2021 年变化情况

单位：公顷

区县	林地	耕地	园地	水域及水利设施用地	草地	湿地	建设用地
渝北区	-775.02	528.91	-377.31	12.15	78.77	-0.41	334.70
云阳县	-445.32	-142.00	209.30	38.83	81.72	-5.74	60.14
綦江区	-385.29	80.59	-202.78	52.30	57.48	-0.13	262.30
合川区	-383.61	61.89	-154.58	-54.53	28.93	-10.67	360.99

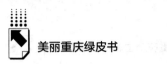

续表

区县	林地	耕地	园地	水域及水利设施用地	草地	湿地	建设用地
垫江县	−359.26	314.23	−135.53	6.10	0.17	0	24.72
永川区	−287.95	201.40	−196.02	−131.90	96.95	−0.30	213.64
巫山县	−279.68	−459.27	534.34	37.44	117.06	−8.74	58.56
璧山区	−270.55	37.72	−394.57	−72.65	21.24	0.00	643.21
涪陵区	−249.94	316.29	−389.73	12.36	10.68	−1.92	140.56
巴南区	−215.70	−58.82	−46.01	11.96	84.98	0.18	90.88
铜梁区	−194.11	18.49	−57.56	−116.29	29.76	0	257.44
石柱县	−174.41	7.38	118.85	−14.90	4.81	0.15	−6.80
江津区	−172.93	475.28	−716.34	−179.56	125.32	−44.67	356.09
武隆区	−172.11	2.50	−89.98	5.45	32.69	−1.08	136.43
南岸区	−168.69	−75.80	−27.68	−6.38	−33.98	−8.20	324.09
北碚区	−167.68	−41.80	−102.39	−5.96	119.92	−1.04	168.53
长寿区	−166.63	38.15	78.20	−50.49	41.20	−0.04	13.10
万盛经开区	−143.19	116.37	−39.56	−1.03	6.93	0.00	20.00
九龙坡区	−129.29	−9.83	−71.69	−26.19	53.18	−4.57	182.10
南川区	−103.62	48.14	−95.97	−9.39	26.61	−0.51	84.72
梁平区	−102.86	143.95	−172.99	−14.05	6.83	−0.90	−64.90
忠县	−74.66	136.33	−167.64	18.25	50.30	−0.27	−78.39
江北区	−63.68	10.67	−21.14	−0.90	118.99	−13.64	−37.38
荣昌区	−52.72	91.01	−47.32	−48.73	5.67	0.00	20.79
潼南区	−38.18	126.99	−235.54	−43.74	43.67	−41.71	150.19
开州区	−9.48	−108.82	30.38	49.01	19.95	−23.42	11.87
沙坪坝区	−6.44	−34.28	−31.02	−15.99	−14.64	−1.50	99.38
大渡口区	−6.36	−10.62	−17.16	−2.17	6.00	0	32.68
渝中区	0	0	0	−0.43	0	0	0.43
奉节县	14.27	−841.66	836.30	3.72	44.36	−2.28	1.91
大足区	41.50	383.29	−76.21	−462.72	3.81	−0.32	56.82
丰都县	106.55	−160.95	−13.83	9.47	19.95	−6.21	−9.77
城口县	209.96	−260.81	−25.78	−3.18	77.92	0.59	−11.28
黔江区	220.52	−125.48	−129.17	−3.83	13.86	−0.05	−7.88
彭水县	534.87	−401.61	−210.41	0.58	−1.34	−7.40	75.16
巫溪县	632.71	−629.08	13.60	3.85	3.08	−0.28	6.46

区县	林地	耕地	园地	水域及水利设施用地	草地	湿地	建设用地
酉阳县	709.07	−1219.14	648.35	−10.29	103.34	−1.41	−43.50
秀山县	756.21	−359.89	−419.53	−34.62	42.17	−2.79	89.37
万州区	963.16	−1601.12	611.50	−37.60	5.21	−2.97	210.91

（一）林地分布特征及变化情况分析

全市现有林地468.98万公顷，46.55%分布在渝东北三峡库区城镇群，其中城口、巫溪林地面积占本地面积比例均大于80%。与2021年相比，全市林地面积净减少1410.54公顷，林地流出的主要类型为乔木林地和竹林地，分别减少了2740.78公顷、423.10公顷，灌木林地和其他林地面积有小幅增加；分区域来看，以綦江、合川等区县为主的主城新区林地面积净减少了2407.22公顷，以秀山、酉阳、彭水等区县为主的渝东南武陵山区城镇群林地面积却净增加了2000.15公顷。近年来，渝东南武陵山区城镇群积极推进国土绿化提升行动、"两岸青山·千里林带"建设等生态工程，加快筑牢武陵山、大娄山生态屏障，石柱、秀山、酉阳、彭水等区县为创建"绿水青山就是金山银山"实践创新基地或国家生态文明建设示范县，加快推进山水林田湖草系统治理，地区生态空间持续优化，绿色创新发展价值逐步显现。

（二）耕地分布特征及变化情况分析

2022年，全市耕地现状面积为185.03万公顷，其中水田面积69.54万公顷，占耕地比重约38%。全市耕地约有45%分布在主城都市区，约35%分布在渝东北三峡库区城镇群，约20%分布在渝东南武陵山区城镇群。对比2021年度国土变更调查数据，全市耕地面积同比减少了3401.40公顷，主要为渝东北三峡库区城镇群、渝东南武陵山区城镇群耕地面积减少，同比

分别减少了 3609.20 公顷、2096.24 公顷，万州、酉阳、奉节 3 个区县减少最多，分别减少了 1601.12 公顷、1219.14 公顷、841.66 公顷。全市耕地面积较 2021 年增加最多的 3 个区县为渝北、江津、大足，分别增加了 528.91公顷、475.28 公顷、383.29 公顷。总体来看，重庆市耕地现状面积逼近《全国国土空间规划纲要（2021—2035 年）》确定的 2035 年耕地保有量177.63 万公顷，耕地保护红线即将被突破，尤其"两群"地区作为耕地流出的主力军，应坚持宜耕则耕、宜林则林、宜草则草原则，统筹耕地生态系统与林地、草地、湿地等其他生态系统保护，优化国土空间布局，以确保地区山水林田湖草生态系统均衡发展。

（三）园地分布特征及变化情况分析

2022 年全市园地面积共有 29.01 万公顷，主要分布在主城都市区，其中果园占园地面积比重最大，为 58.97%。对比 2021 年度国土变更调查数据，全市园地面积较 2021 年度净减少了 1584.62 公顷，减少最多的主要在主城新区和中心城区，分别为 2527.98 公顷、694.4 公顷，其中江津、秀山、璧山、涪陵、渝北，分别降低了 716.34 公顷、419.53 公顷、394.57 公顷、389.73 公顷、377.31 公顷；仅有渝东北三峡库区城镇群园地面积较前一年有所增加，其中增加较多的区县有奉节、酉阳、万州，同比净增加了 836.30 公顷、648.35 公顷、611.50 公顷。"十三五"期间，重庆市农业经济作物绿色高质量发展，在脱贫攻坚和乡村振兴中发挥了重要作用，但近年来随着全市打造成渝特色农业产业集群，优化农业生产力布局，部分地区由于经济农作物规模小、产业结构同质化严重、投资效益低、缺乏后期管护等问题，低效废弃园林地日益增多，农业结构调整情况较为突出。下一步，全市应着力推进农业产业融合发展，建立园地质量分等定级体系，科学规划林果种植布局、品种，强化土壤改良，持续提升农业质量效益和竞争力，促进农业高质高效、乡村宜居宜业、农民富裕富足。

（四）水域及水利设施用地分布特征及变化情况分析

2022 年，全市水域及水利设施用地面积共 26.93 万公顷，其中河流、水库、坑塘、沟渠水域面积分别为 8.45 万公顷、10.75 万公顷、7.20 万公顷、0.53 万公顷，主要分布在江津、万州、合川、涪陵等水域用地资源禀赋丰富的地区。依据 2021 年度国土变更调查数据，全市水域及水利设施用地面积较 2021 年度净减少 1086.05 公顷，主城新区减少最多，其中大足、江津、永川、铜梁、璧山 5 个区县共减少了 963.12 公顷；水域及水利设施用地面积增加的仅有渝东北三峡库区城镇群，面积同比增加了 111.84 公顷。主要原因为 2022 年重庆市持续干旱，年平均气温 31.3℃，较常年 27.7℃ 显著偏高 3.6℃；年平均降雨量仅 840 毫米，较 2021 年同期（1133.6 毫米）偏少约三成，长江、嘉陵江、乌江三条大江大河来水较多年同期偏少二至三成，中小河流来水较多年同期普遍偏少二至六成，由于主城新区水域及水利设施用地资源相对较少，受持续干旱情况影响较为严重。

（五）草地分布特征及变化情况分析

2022 年，全市共有草地 2.51 万公顷，约 50% 分布在渝东北三峡库区城镇群，草地面积排名前三的区县为巫溪、城口、彭水，但中心城区中大渡口、南岸等区县的草地占本地面积比重较大。对比 2021 年度国土变更调查数据，全市草地面积净增加了 1533.55 公顷，全市仅有南岸、沙坪坝、彭水 3 个区县草地面积净减少，分别减少了 33.98 公顷、14.64 公顷、1.34 公顷；草地增加最多的 5 个区县有江津、北碚、江北、巫山、酉阳，分别增加了 125.32 公顷、119.92 公顷、118.99 公顷、117.06 公顷、103.34 公顷。从草地增加类型来看，全市天然牧草地面积均较前一年有所减少。下一步，重庆应加强山水林田湖草系统治理，强化用途管制，严格控制耕地转为林地、草地、园地等其他农用地，促进农业绿色转型发展。

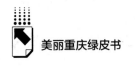

（六）湿地分布特征及变化情况分析

2022 年全市湿地面积共有 1.47 万公顷，约 53% 湿地分布在渝东北三峡库区城镇群，其中忠县、云阳、丰都等地区湿地生态禀赋较好。对比 2021 年国土变更调查数据，全市湿地面积净减少了 192.25 公顷，几乎全部为内陆滩涂。分区域来看，"一区两群"的湿地面积均有不同程度的减少，其中减少最多的在主城新区，减少面积为 100.27 公顷。分区县来看，除巴南、城口、石柱 3 个区县湿地面积有所增加外，其余区县湿地大多为减少状态，其中江津、潼南、开州湿地面积减少最多，分别减少 44.67 公顷、41.71 公顷、23.42 公顷。

（七）建设用地分布特征及变化情况分析

2022 年全市建设用地面积共有 72.16 万公顷，主要分布在人口基数大、产业发达的区县，其中渝北、江津、万州、永川、合川等 5 个区县建设面积约占全市的 1/4。对比 2021 年度国土变更调查数据，全市建设用地面积净增加了 4228.27 公顷，同比增长 0.59%，其中农村居民点、城镇及其他建设用地分别增加了 586.27 公顷、3642.00 公顷。分区县来看，增加最多的 5 个区县有璧山、合川、江津、渝北、南岸，分别增加了 643.21 公顷、360.99 公顷、356.09 公顷、334.70 公顷、324.09 公顷；减少最多的 5 个区县有忠县、梁平、酉阳、江北、城口，分别减少了 78.39 公顷、64.90 公顷、43.50 公顷、37.38 公顷、11.28 公顷。分区域来看，全市建筑面积净增加部分约有 88% 分布在主城新区和中心城区，两地区分别增加了 2517.97 公顷、1195.41 公顷。这也体现了自党中央、国务院提出推动成渝地区双城经济圈建设以来，重庆市委、市政府始终将成渝地区双城经济圈建设作为"一号工程"和全市工作总抓手总牵引，加快构建"一区两群"协调发展空间格局，大力实施西部陆海新通道建设、万达开等毗邻地区合作、永川国际开放枢纽新城、新机场临空经济区等重大项目，主城都市区龙头带动作用不断增强，渝东北三峡库区城镇群生态优先、绿色发展步伐加快，渝东南武陵山区城镇群文旅融合、城乡协同发展有力有效。

三 生境质量评价

（一）评价方法

1. 生境质量指数的内涵

生境质量指数（Habitat Quality Index）是对区域土地利用类型的生境适宜性和生境退化程度进行评价的一个无量纲综合性指标，是对区域内不同生态系统类型表现出的生物栖息地环境质量差异的量化评价。生境质量指数与生态环境密切相关，主要通过林地、草地、水域及水利设施用地、湿地、耕地、未利用地等生态指标来反映，一般来说，生境质量指数越高，生物栖息地环境越好，生物多样性就越丰富。

2. 生境质量指标体系的构建

指标选取过程中，遵循习近平生态文明思想，对标对表落实习近平总书记对重庆建设山清水秀美丽之地的重要批示指示精神，协同推进全市高质量发展和生态环境高水平保护，依据《区域生态质量评价办法（试行）》，结合重庆实际和数据的可获得性，重点选取以下指标开展评价研究（见表3）。

3. 生境质量指数的计算方法

$$HQI = A_{bio} \times (0.35 \times SF + 0.21 \times SG + 0.28 \times SW + 0.11 \times SC + 0.04 \times SB + 0.01 \times SU)/LA$$

式中，HQI——生境质量指数；A_{bio}——生境质量指数归一化系数，参考值为494.8122；SF——林地指数；SG——草地指数；SW——水域湿地指数；SC——耕地指数；SB——建设用地指数；SU——未利用地指数；LA——区域面积。

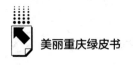

表3　重庆市生境质量指数指标

一级指标	二级指标	三级指标	权重
生境质量指数	林地指数（SF）	有林地（乔木林地）	0.6
		灌木林地	0.25
		疏林地和其他林地（园地）	0.15
	草地指数（SG）	草地	1
	水域湿地指数（SW）	河流（渠）	0.133
		湖泊（库）	0.333
		滩涂湿地和沼泽地	0.534
		永久性冰川雪地*	—
	耕地指数（SC）	水田	0.6
		旱地	0.4
	建设用地指数（SB）	城镇及其他建设用地	0.6
		农村居民点	0.4
	未利用地指数（SU）	盐碱地	0.55
		裸土地	0.45
		沙地*	—
		裸岩石砾*	—
		其他未利用地*	—

注释：①标记＊指标是指因不符合条件或缺少相关数据，在本研究过程中不参与评价；②林地指数（SF）、草地指数（SG）、水域湿地指数（SW）、耕地指数（SC）、建设用地指数（SB）和未利用地指数（SU）由表中相应类型的面积乘以权重计算获得；③由于重庆园地面积占比较大，为合理体现全市生境质量状况，将园地数据纳入其他林地中一并计算。

权重说明：①针对草地指数（SG），因缺少高、中、低覆盖度草地数据，用草地面积数据代替，赋权重值为1；②针对水域湿地指数（SW），由于重庆不存在永久性冰川雪地，将其权重平均分配至水域湿地指数中河流（渠）、湖泊（库）、滩涂湿地和沼泽地三个指标，权重分别为0.133、0.333、0.534；③针对建设用地指数（SB），因城镇建设用地与国土变更调查分类存在一定差异，故将建设用地分为城镇及其他建设用地、农村居民点两类，权重分别为0.6、0.4；④针对未利用地指数（SU），因部分数据涉及保密，只将盐碱地、裸土地两个指标纳入研究，权重分别为0.55、0.45。

（二）生境质量指数分析与结果

1.全市自然资源生境质量指数变化情况

经测算，2021年、2022年重庆市生境质量指数分别为59.16、59.24，变化幅度小于0.5%，生态环境质量较上一年度稳中有升。从生境质量指数各指标综合得分情况来看，全市 2022 年度耕地指数、林地指数、水域湿地指数较 2021 年下降了 0.18%、0.08%、0.58%，建设用地指数、草地指数、未利用地指数较 2021 年增加了 10.53%、6.12%、0.43%（见图 2）。近年来，重庆始终坚持稳中求进工作总基调，持续推动成渝地区双城经济圈建设和现代化新重庆建设，加快推进基础设施建设和产业协同发展，高质量发展高品质生活新范例建设取得积极成效。此外，重庆始终坚持生态文明建设，大力开展国土绿化提升、"四山"治理等生态保护行动，一体推进山水林田湖草系统保护，全市生态用地面积持续增加，城乡人居环境更加优美，"生态优先、绿色发展"和"共抓大保护、不搞大开发"已成为美丽重庆建设的主旋律。目前，重庆市共有璧山、城口等 6 个区县建成国家生态文明建设示范区，武隆、巫山等 5 个地区入选"绿水青山就是金山银山"实践创新基地，重庆山清水秀美丽之地建设取得重大进展，人民群众获得感、幸福感、安全感显著增强。

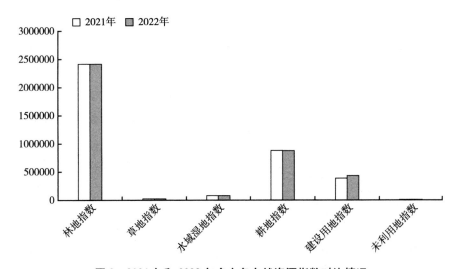

图 2　2021 年和 2022 年全市各自然资源指数对比情况

2.区县生境质量指数变化情况比较分析

依据《区域生态质量评价办法（试行）》，通过计算得到全市各区县

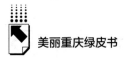

2022年度生境质量指数（见表4）：生境质量指数最高值主要分布在"两群"地区，最低值主要分布在主城都市区。排名靠前的5个区县为巫溪、石柱、巫山、城口、黔江，生境质量指数分别为81.37、76.99、75.44、73.73、72.57；排名靠后的5个区县为渝中、荣昌、大足、永川、大渡口，生境质量指数分别为19.90、31.25、32.68、34.18、35.13。其中，巫溪、巫山、城口、奉节4个区县由于其高森林覆盖率、低建设用地指数等形成生境质量指数高值区域；渝中、荣昌、大足、永川、大渡口为全市生境质量最差区域，主要原因为其林地等自然资源生态面积最小，导致总评分较低。

表4　2021年和2022年重庆市各区县生境质量指数情况

区域	区县	2021年生境质量指数	2022年生境质量指数	净增加值
中心城区	巴南区	51.50	51.57	0.07
	北碚区	42.68	42.78	0.10
	南岸区	43.23	42.59	−0.64
	江北区	38.45	38.68	0.24
	沙坪坝区	38.20	38.16	−0.03
	渝北区	38.20	38.06	−0.14
	九龙坡区	36.77	36.75	−0.03
	大渡口区	35.31	35.13	−0.18
	渝中区	19.91	19.90	−0.01
主城新区	綦江区	53.74	53.71	−0.03
	南川区	64.84	64.88	0.04
	万盛经开区	59.78	59.77	−0.01
	涪陵区	51.51	51.55	0.04
	江津区	48.29	48.38	0.10
	长寿区	41.60	41.72	0.12
	铜梁区	38.70	38.77	0.07
	璧山区	38.01	37.87	−0.15
	合川区	37.40	37.45	0.05
	潼南区	35.26	35.42	0.16
	永川区	34.04	34.18	0.13
	大足区	32.44	32.68	0.24
	荣昌区	31.08	31.25	0.17

区域	区县	2021年生境质量指数	2022年生境质量指数	净增加值
渝东北 三峡库区 城镇群	巫溪县	81.27	81.37	0.10
	巫山县	75.38	75.44	0.06
	城口县	73.68	73.73	0.05
	奉节县	70.89	70.94	0.05
	开州区	66.80	66.87	0.07
	云阳县	66.38	66.40	0.01
	丰都县	62.42	62.52	0.10
	万州区	56.92	57.20	0.28
	忠县	50.58	50.65	0.07
	梁平区	44.45	44.54	0.09
	垫江县	42.75	42.77	0.02
渝东南 武陵山区 城镇群	石柱县	77.00	76.99	-0.01
	黔江区	72.49	72.57	0.08
	武隆区	68.72	68.74	0.02
	彭水县	67.85	67.94	0.09
	酉阳县	65.97	66.07	0.10
	秀山县	62.64	62.90	0.26

对比2021年度国土变更调查数据，"一区两群"各区域生境质量指数变化幅度均低于0.5%，变化幅度较小，生态质量保持总体稳定状态。从各区县（含万盛经开区）来看，万州、秀山、大足、江北4个区县增长最多，生境质量指数分别增长了0.28、0.26、0.24、0.24；南岸、大渡口、璧山、渝北4个区县减少较多，生境质量指数分别降低了0.63、0.18、0.15、0.14。其中，南岸区草地指数下降了约7.03%、林地指数下降了约2.10%、耕地指数下降了约4.47%。近年来，南岸区持续推进重庆东站、渝湘高铁和其他重大项目建设，多种因素导致该地区林地、草地、耕地等生态资源数量减少较多，生境质量指数较2021年度有一定程度的降低。

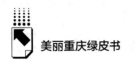

四　对策建议

总体来看，重庆市自然资源生境质量总体呈相对稳定状态，巫溪、城口、石柱、巫山等"两群"区县自然资源禀赋较好，万州、秀山、大足、江北等区县 2022 年生态环境治理提升成果较为显著，南岸、大渡口等区县需进一步加强生态文明建设，不断提升生态环境质量。建议持续健全以主城都市区为引领、渝东北三峡库区城镇群和渝东南武陵山区城镇群为支撑的协调发展格局，支持中心城区优先布局国家级重大战略性项目，强化主城新区扩容提品质，鼓励渝东北三峡库区城镇群坚持生态优先绿色发展、渝东南武陵山区城镇群推进文旅融合发展，促进全市"一区两群"生态共治共建，深化区域协调发展。

生境质量评价结果表明，重庆市 2021 年和 2022 年的综合得分差异不大，但各区县生境质量指数差异较大。为此，建议渝中、大渡口、江北、沙坪坝、九龙坡等中心城区持续开展国土绿化提升行动，推进中心城区"两江四岸""清水绿岸""四山"生态治理；荣昌、大足、永川、潼南等主城新区，加强水域、湿地、林地、耕地等自然资源生态建设；城口、巫溪、酉阳、巫山、石柱、武隆等"两群"区县在维持现有高森林覆盖率的同时，统筹耕地生态系统与林地、草地、湿地等其他生态系统的保护，实现生态保护和耕地保护的共赢。

重庆在建设山清水秀美丽之地中虽然取得了一定成效，但与《重庆市生态环境保护"十四五"规划（2021—2025 年）》中"生态环境根本好转，蓝天白云、绿水青山成为常态，长江上游重要生态屏障全面筑牢"的远景目标要求相比还有一定的差距。下一步，重庆需进一步推进山清水秀美丽之地建设，坚持以习近平生态文明思想为引领，处理好自然资源发展与生态文明建设之间的关系，以深化生态文明体制改革为动力，协同推进自然资源高质量发展和生态环境高水平保护，全面开启山清水秀美丽之地建设新征程。

生态安全篇
Ecological Security

G.4
重庆市生态保护红线现状
及保护修复建议

林勇刚 谭 淼 李爱迪*

摘 要: 生态保护红线既是保障和维护国家生态安全的底线和生命线,又是解决生态环境问题、以高品质生态环境支撑高质量发展的重要途径。当前,全国生态保护红线划定工作已全面完成,实现了一条红线管控重要生态空间,生态保护红线由"划定"转入"严守"阶段。在此背景下,本报告聚焦重庆市生态保护红线划定成果,基于第三次国土调查和最新年度变更调查数据,开展了全市生态保护红线现状及特征分析,剖析了生态保护红线面临的土地退化、开"天窗"干扰、重大项目占用等风险和问题,提出

---

* 林勇刚,博士研究生,重庆市规划和自然资源调查监测院空间评价所(生态监测所)副所长,正高级工程师,主要从事国土空间评价、国土综合整治与生态修复等研究;谭淼,重庆市规划和自然资源调查监测院空间评价所(生态监测所)工程师,主要从事国土空间评价、生态修复等研究;李爱迪,博士研究生,重庆市规划和自然资源调查监测院空间评价所(生态监测所)所长,正高级工程师,主要从事地理信息、国土空间评价等研究。

了生态保护红线分区分类分级管控、加强动态监测评估和一体化保护修复等建议。

关键词： 生态保护红线　土地利用格局　生境质量　保护修复

党的十八大以来，以习近平同志为核心的党中央把生态文明建设作为关系中华民族永续发展的根本大计，开展了一系列开创性工作，生态文明建设从理论到实践都发生了历史性、转折性、全局性变化。其中，生态保护红线就是生态文明建设的代表性成果和重大制度创新。中共中央办公厅、国务院办公厅《关于划定并严守生态保护红线的若干意见》中将生态保护红线定义为："在生态空间范围内具有特殊重要生态功能、必须强制性严格保护的区域，是保障和维护国家生态安全的底线和生命线，通常包括具有重要水源涵养、生物多样性维护、水土保持、防风固沙、海岸生态稳定等功能的生态功能重要区域，以及水土流失、土地沙化、石漠化、盐渍化等生态环境敏感脆弱区域。"生态保护红线不仅涵盖了各级各类自然保护地，还将生态功能重要区、生态环境敏感脆弱区纳入保护范围，并兼顾了重要的生态廊道。生态保护红线内的自然保护地核心保护区，原则上禁止人为活动；生态保护红线内的自然保护地核心保护区以外，禁止开发性、生产性建设活动，在符合法律法规的前提下，仅允许对生态功能不造成破坏的有限人为活动和国家重大项目占用。

2022年，经过多部门、多层级共同努力，历经全覆盖、多轮次的基础数据衔接、矛盾冲突分析、布局优化调整等工作，结合《全国国土空间规划纲要（2021—2035年）》编制，首次全面完成了全国生态保护红线的划定，并经党中央、国务院审定，实现了一条红线管控重要生态空间。划定区域全部上图入库，落到地块，并纳入国土空间规划"一张图"实施监督信息系统，实现了数字化管理。2022年9月，自然资源部办公厅印发《关于浙江等省（市）启用"三区三线"划定成果作为报批建设项目用地用海依据的函》，批准重庆市启用"三区三线"划定成果，标志着重庆市生态保护红线划定成果正式启用。

一 重庆市生态保护红线现状及特征

（一）数量分布

全市生态保护红线划定面积1.92万平方公里，占市域总面积的23.3%，主要分布在渝东南武陵山区城镇群、渝东北三峡库区城镇群以及主城"四山"地区。

1. 生态保护红线在全市各区县均有分布，渝东南区域分布最广

生态保护红线在全市38个区县和两江新区、万盛经开区均有分布。其中，渝东南武陵山区城镇群生态保护红线面积占红线总面积的比例为53.7%，主要分布在酉阳县、彭水县、石柱县等地；渝东北三峡库区城镇群生态保护红线面积占比为30.7%，主要分布在巫溪县、城口县、奉节县等地；主城都市区生态保护红线面积占比为15.6%，主要分布在江津区、南川区、渝北区、涪陵区等地。

2. 生态保护红线类型以生物多样性维护为主，水土保持与水土流失次之

全市生态保护红线涵盖水源涵养、水土流失、水土保持、石漠化、生物多样性维护以及其他生态系统服务功能重要性6种类型。其中，生物多样性维护类面积最大，有1.13万平方公里，占红线总面积的58.9%；其次是水土保持类和水土流失类，面积分别为0.42万平方公里和0.2万平方公里；其他类型面积均小于0.1万平方公里。从空间分布上看，生物多样性维护类主要分布在渝东南和渝东北区域，水土保持和水源涵养类主要分布在三峡库区地带，石漠化类主要分布在渝东南区域，其他生态系统服务功能重要性类分布较为零散。

3. 生态保护红线一半以上为自然保护地，核心保护区面积占比超过1/4

全市生态保护红线中自然保护地面积1.03万平方公里，占红线总面积

的53.6%。自然保护地中核心保护区与一般控制区的面积相差不大，分别为0.5万平方公里和0.53万平方公里，占红线总面积的26.0%和27.6%。从空间分布上看，自然保护地核心保护区集中分布在渝东北区域的城口县、巫山县和巫溪县；一般控制区主要分布在渝东南区域的彭水县、酉阳县。结合生态保护红线类型来看，自然保护地中生物多样性维护类面积最大，有0.72万平方公里，占自然保护地总面积的69.9%；其次是水土保持类有0.23万平方公里，占自然保护地总面积的22.3%（见表1）。

表1　重庆市生态保护红线分类统计

单位：平方公里

生态保护红线类型	自然保护地		其他区域	合计
	核心保护区	一般控制区		
水源涵养	70.56	283.02	394.02	747.60
水土流失	285.98	125.25	1555.76	1966.99
水土保持	985.41	1340.31	1889.49	4215.21
石漠化	0.01	19.50	165.11	184.62
生物多样性维护	3683.50	3485.50	4108.96	11277.96
其他生态系统服务功能重要性	0.00	0.14	824.08	824.22
合计	5025.46	5253.72	8937.42	19216.60

（二）土地利用格局

1. 土地利用现状以林地为主，重要生态用地基本稳定

2022年，全市生态保护红线内土地利用现状包括林地、水域湿地、耕地、园地、建设交通用地等多种用地类型。其中，林地面积最大为1.76万平方公里，占红线总面积的91.7%；其次是水域湿地和耕地，面积仅0.06万平方公里和0.056万平方公里。红线内重要生态用地（包括林地、草地、水域湿地、其他用地）面积1.83万平方公里，占红线总面积的95.3%。与2020年相比，红线内重要生态用地面积净增加15.7平方公里，仅占红线总面积的0.08%，数量整体保持稳定（见表2）。

表 2　2020~2022 年重庆市生态保护红线土地利用转移矩阵

单位：平方公里

地类	耕地	园地	林地	草地	水域湿地	建设交通用地	特殊用地	其他用地	2020 年
耕地	550.61	2.39	33.03	0.31	0.38	0.98	0.01	0.14	587.85
园地	1.40	153.41	0.28	0.04	0.03	0.26	0.00	0.02	155.44
林地	6.17	6.05	17571.98	1.55	0.43	6.63	0.05	0.60	17593.46
草地	0.24	0.06	2.38	97.28	0.03	0.08	0.01	0.01	100.09
水域湿地	0.64	0.02	0.09	0.01	602.83	0.22	0.00	0.01	603.82
建设交通用地	1.13	0.06	0.95	0.64	0.06	153.26	0.01	0.04	156.14
特殊用地	0.00	0.00	0.00	0.00	0.00	0.00	1.81	0.00	1.81
其他用地	0.01	0.00	0.63	0.04	0.00	0.04	0.00	17.26	17.98
2022 年	560.20	161.99	17609.34	99.87	603.78	161.47	1.89	18.08	19216.60

2. 土地利用动态度整体较小，耕地流入林地量最大，建设交通用地主要由林地及耕地流入

2020~2022 年，全市生态保护红线内各地类存在相互转移的现象，但土地利用动态变化量整体较小，地类流入流出趋势相近。其中，耕地变化量最大为 27.65 平方公里，土地利用动态度为 4.7%；其次为林地 15.88 平方公里、园地 6.55 平方公里、建设交通用地 5.33 平方公里，土地利用动态度分别为 0.1%、4.2% 和 3.4%。耕地主要流出为林地，流出量最大为 33.03 平方公里；其次流出为园地 2.39 平方公里、建设交通用地 0.98 平方公里。林地主要流出为建设交通用地 6.63 平方公里、耕地 6.17 平方公里、园地 6.05 平方公里，流出为草地 1.55 平方公里。园地、草地、水域湿地和建设交通用地整体流出量均较小，园地主要流出为耕地 1.40 平方公里，草地主要流出为林地 2.38 平方公里，水域湿地主要流出为耕地 0.64 平方公里，建设交通用地主要流出为耕地 1.13 平方公里和林地 0.95 平方公里。

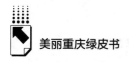

3. 土地类型破碎度降低，斑块聚合结构更加紧凑，优势斑块更加明显，连通性增强

2020~2022 年，全市生态保护红线内景观形状指数（LSI）逐年减小，红线内地类斑块形状不规则化得到逐步改善。聚合度指数（AI）整体处在 50 以上，红线内斑块聚合结构聚合情况一般，但指数值逐年增加，斑块呈现逐渐紧凑的趋势。斑块内聚力指数（COHESION）均保持在 90 以上，红线内景观连通度情况较好，并表现为逐年增加的态势。此外，蔓延度指数（CONTAG）逐年增加，红线内景观小斑块逐渐减少，加强了以林地为主的优势斑块。香农多样性指数（SHDI）整体呈现下降趋势，红线内土地利用丰富度减弱，景观异质性程度降低（见表3）。总体而言，全市生态保护红线划定保护后，红线内的地类景观斑块逐步得到优化，景观破碎度逐渐减小，地类的集中程度更高，更加有利于发挥重要生态系统生态服务功能。

表3　2020~2022 年重庆市生态保护红线景观格局指数

年份	景观格局指数				
	LSI	AI	COHESION	CONTAG	SHDI
2020	36. 1617	53. 799	92. 1375	80. 0944	0. 423
2021	36. 0595	54. 0266	92. 2144	82. 1124	0. 4067
2022	36. 0476	54. 0559	92. 226	82. 1254	0. 4068

（三）生境质量状况

1. 生境质量状况总体较好，且趋于稳定

2020 年，全市生态保护红线内生境质量指数值为 0.8429，2021 年、2022 年生境质量指数值稳定在 0.8430，生态质量状况总体较好（见表4）。连续三年基本稳定的生境质量分值也表明，在有限人为活动与自然环境共同作用下，红线内的土地利用对整体生境质量影响较小，生态保护红线未遭受严重的生态破坏，生态环境状况稳定向好。

表 4　2020~2022 年重庆市生态保护红线生境质量指数

地类	土地利用类型分值	生境质量指数		
		2020 年	2021 年	2022 年
乔木林地、竹林地	1	0.7538	0.7537	0.7537
沼泽、滩涂、湿地	0.667	0.0019	0.0019	0.0019
灌木林地、园地	0.417	0.0693	0.0696	0.0698
湖泊、水库、坑塘	0.4	0.0064	0.0064	0.0064
草地	0.35	0.0018	0.0018	0.0018
水浇地	0.262	0.0000	0.0000	
水田	0.314	0.0005	0.0005	0.0005
其他林地	0.25	0.0009	0.0009	0.0009
旱地	0.21	0.0061	0.0060	0.0058
河流、沟渠、水工建筑用地、冰川及永久积雪	0.133	0.0017	0.0017	0.0017
村庄建设用地	0.076	0.0001	0.0001	0.0001
城镇建设用地,商服、工矿、公共管理与公共服务用地,交通运输用地,特殊用地	0.057	0.0004	0.0004	0.0004
空闲地、设施农用地	0.02	0.0000	0.0000	0.0000
沙地、裸土地、裸岩石砾	0.01	0.0000	0.0000	0.0000
合计		0.8429	0.8430	0.8430

2. 土地利用变化整体影响较小，其中灌木林地、园地及旱地变化贡献度最高

2020~2022 年，全市生态保护红线内土地利用变化量仅 32.26 平方公里，不到红线总面积的 0.2%，对整体生境质量的影响较小。经测算，基于土地利用变化，红线内生境质量指数值共计提高 0.0498，其中土地利用正增长增加指数值 0.3266，土地利用负增长减少指数值 0.2768。从具体地类来看，灌木林地、园地增长量最大，其对生境质量正向贡献度最高；旱地减少量最大，其对生境质量负向贡献度最高（见表 5）。

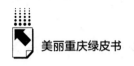

表5 2020~2022年重庆市生态保护红线生境质量指数变化分析

单位：平方公里，%

地类	土地利用类型分值	土地利用变化量	比例	生境质量指数变化
灌木林地、园地	0.417	21.91	67.91	0.2832
湖泊、水库、坑塘	0.4	0.74	2.28	0.0091
其他林地	0.25	2.98	9.23	0.0231
城镇建设用地，商服、工矿、公共管理与公共服务用地，交通运输用地，特殊用地	0.057	6.16	19.11	0.0109
空闲地、设施农用地	0.02	0.47	1.46	0.0003
土地利用正增长合计		32.26	100	0.3266
乔木林地、竹林地	1	−2.45	−7.59	−0.0759
沼泽、滩涂、湿地	0.667	−0.59	−1.83	−0.0122
草地	0.35	−0.22	−0.68	−0.0024
水田	0.314	−1.2	−3.71	−0.0117
旱地	0.21	−26.45	−82.00	−0.1722
河流、沟渠、水工建筑用地、冰川及永久积雪	0.133	−0.05	−0.15	−0.0002
村庄建设用地	0.076	−0.91	−2.83	−0.0021
沙地、裸土地、裸岩石砾	0.01	−0.39	−1.22	−0.0001
土地利用负增长合计		−32.26	−100	−0.2768
土地利用变化合计		0	0	0.0498

二 重庆市生态保护红线面临的风险问题

（一）局部区域存在石漠化问题，土地退化风险不容忽视

根据第三次石漠化监测数据分析，全市生态保护红线内石漠化土地面积约0.27万平方公里，占红线总面积的13.8%。其中，中度及以上石漠化土地面积约0.15万平方公里，占红线总面积的7.7%，主要分布在奉节县、巫

溪县、巫山县、酉阳县等地（见表6）。此外，红线内还存在潜在石漠化土地面积约0.45万平方公里，占红线总面积的23.4%，石漠化与潜在石漠化土地的面积占比接近40%，红线内的土地退化风险仍然突出。

表6　重庆市生态保护红线石漠化情况统计

单位：平方公里，%

石漠化程度	面积	占石漠化面积比例	占红线面积比例
轻度石漠化	1185.06	44.6	6.2
中度石漠化	1250.90	47.0	6.5
重度石漠化	202.05	7.6	1.1
极重度石漠化	21.61	0.8	0.1
合计	2659.62	100.0	13.8

（二）红线范围存在一定数量的"天窗"，局部生态系统稳定性易受干扰

在生态保护红线划定过程中，国家允许将自然保护地核心保护区外集中连片的永久基本农田和可以长期稳定利用耕地、人工商品林、重大建设项目、矿业权等调出，以开"天窗"的形式存在。目前，全市生态保护红线范围内存在"天窗"数量4.64万个，总面积达0.14万平方公里，占生态保护红线最外围封闭区域的6.8%。红线内"天窗"空间分布密度约2.4个/平方公里，平均面积0.03平方公里/个，在一定程度上可能影响局部生态系统完整性和生态格局稳定性，不利于生态系统服务功能的更好发挥。同时，"天窗"内土地利用现状以耕地、林地、建设交通用地为主，三类面积占比达95.7%，人为活动较为频繁，可能会给周边生态环境带来干扰，存在潜在生态风险（见表7）。

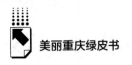

表7　重庆市生态保护红线"天窗"内土地利用现状

单位：平方公里，%

地类名称	面积	比例
耕地	708.48	50.7
园地	36.28	2.6
林地	554.44	39.7
草地	6.21	0.4
水域湿地	13.60	1.0
建设交通用地	74.91	5.4
特殊用地	1.35	0.1
其他用地	2.60	0.2
合计	1397.87	100.0

（三）重大项目占用未建立调整补划机制，局部生态质量存在降低风险

根据现行生态保护红线管理规定，生态保护红线内仅允许对生态功能不造成破坏的有限人为活动和国家重大项目占用，确需占用生态保护红线的国家重大项目（不含新增填海造地和新增用岛），要求开展不可避让论证，说明占用生态保护红线的必要性、节约集约和减缓生态环境影响的措施。国家重大项目新增填海造地、新增用岛确需在生态保护红线内实施的，要求同步编制生态保护红线调整方案。2020~2022年，因交通建设、水库扩建等国家重大项目建设，全市生态保护红线内建设交通用地增加8.21平方公里，其中自然保护地内的增量占比近70%，由林地等重要生态用地流入的增量占比近85%。目前，红线内建设交通用地面积共计161.47平方公里，占红线总面积的0.8%，虽然总规模及占比不算高，但是由于缺少生态保护红线占用调整补划机制，新增建设用地均未开展调整补划，在局部区域存在重要生态用地减少、重要生态空间割裂、人为活动干扰加剧等问题，可能导致生态质量降低的风险。

三　重庆市生态保护红线保护修复建议

（一）加强生态保护红线分区分类分级管控

应充分考虑不同类型区域特征、不同人为活动特点及其对生态环境的影响，科学合理地确定生态保护红线管控内容、规则及方式。一是开展基于多元目标的分区管理，根据生态保护红线生态本底条件和保护目标划分不同区域加以管控。重要生态功能区应着重提升区域的水源涵养、水土保持、防风固沙等能力；生态敏感脆弱区结构稳定性较差，自我修复能力弱，应以保护修复为主；人为活动干扰区受生产生活影响大，应在人为活动不扩大的条件下控制人为活动强度，甚至有序退出。如，红线内保留的一般耕地，可按照生态退耕政策逐步有序转为生态用地；红线内的零星村庄，可结合乡镇国土空间规划和村庄规划编制，科学评估村庄现状，合理划分村庄类别，实施分类引导。二是开展基于主导生态功能的分类管理，结合重庆市不同类型生态保护红线划分成果，以区域主要生态系统功能为导向，重点且优先关注相应的生态风险问题，保障主导生态功能有效发挥。三是开展基于优先级别的分级管理，充分考虑生态保护红线划定时涉及的核心管控区、一般管控区、国家级保护区、地方保护区域以及其他重要性划分因素，制定差别化的生态保护红线区域管理等级，合理区分不同等级下"禁止"和"限制"的管控要求。四是对于已经调出生态保护红线的永久基本农田、人工商品林、重大建设项目、矿业权等"天窗"区域，探索实施生态化管控措施，减少人为活动对生态系统的扰动。如，对生态保护红线周边的永久基本农田，应引导农民实施生态种植，严格控制农药和化肥的使用；对人工商品林，鼓励有条件的地方通过租赁、置换、赎买等方式实行统一管护，并将重要生态区位的人工商品林按规定逐步转为公益林；对重大建设项目，加强工程边坡、临时用地等生态损毁区域的近自然修复，注重恢复受损生态系统功能。

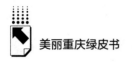

（二）开展生态保护红线定期监测及保护成效评估

准确高效的定期监测和保护成效评估体系是严守生态保护红线的重要支撑。以自然资源调查监测体系为基础，结合国土空间规划实施评估等要求，围绕生态系统结构、布局、质量、功能和风险等研究构建生态保护红线监测指标体系，监测生态保护红线范围内各类用地变化及人为活动情况，分析生态状况变化趋势，并探索开展包括生态保护红线生态状况评估和生态风险预警在内的保护成效评估。同时，充分发挥现有自然资源、生态环境、水土保持、农业环境等监测网络和监测基础作用，纵向构建市、县协同的动态监测体系，横向按照市级部门政务数据共享相关规定建立部门间监测数据交换共享机制，及时掌握生态保护红线各生态要素在数量和质量上的变化情况，准确高效地实现红线动态监测评估。建立生态保护红线公报制度，定期向社会公开全市生态保护红线分布、监测、保护状况等信息，激发社会公众保护生态的自觉意识和内生动力，增强居民对美好生态的获得感和认同感，加快形成生态环境共保共治共享的良好局面。

（三）建立生态保护红线优化调整及保护补偿机制

建立建设占用生态保护红线调整补划机制，确需占用生态保护红线的国家重大项目应编制生态保护红线调整方案，以同等生态区位或生态功能为前提开展占用补划，确保红线内重要生态用地数量不减少、质量和功能不降低。将生态保护红线保护成效评估成果作为对重点生态功能区财政转移支付的重要依据，加大对生态保护红线覆盖面积较大地区的转移支付力度。与此同时，探索建立生态保护红线所在地区和受益地区的横向补偿机制，通过利益调节增强生态保护区域的主动性和积极性。同时，积极探索生态产品价值实现路径，扩大生态产品交易品类，逐步推进生态产品经营权的市场化，不断加强生态保护事业的内生动力和长效保障机制。

（四）加强生态保护红线一体化保护修复

生态保护红线是自然生态系统中最重要的区域，但也不是独立存在的，自然地理单元的连续性、生态系统的整体性、生态系统服务的空间溢出效应，决定了应将生态保护红线的保护修复作为一个共同体来统筹考虑。生态保护红线的保护不应局限于红线内生态环境的保护优化，还应遵循自然资源和生态系统的有机联系与发展规律，以系统治理为目标，统筹考虑生态保护红线与生态保护红线辐射范围的生态要素，深入研究区域生态保护修复要素间的互馈关系，因地制宜确定要素保护与开发利用统筹管治策略。以耦合视角统筹各类资源要素，在严守区域生态保护红线、自然保护地体系的基础上，围绕构建全市"三带四屏多廊多点"的生态安全总体格局，统筹实施山水林田湖草沙一体化保护修复工程，实现重要生态功能区和重要生态系统整体保护、系统修复、综合治理，助力建设山清水秀美丽之地，进一步筑牢长江上游重要生态屏障。

参考文献

中共中央办公厅、国务院办公厅：《关于划定并严守生态保护红线的若干意见》（厅字〔2017〕2号），2017年2月。

张雪飞、王传胜、李萌：《国土空间规划中生态空间和生态保护红线的划定》，《地理研究》2019年第10期。

燕守广、李辉、李海东、张银龙：《基于土地利用与景观格局的生态保护红线生态系统健康评价方法——以南京市为例》，《自然资源学报》2020年第5期。

曹书舸、陈爽：《江苏重要生态功能区质量演变及红线管控效应》，《生态学报》2023年第21期。

田春华、陈瑜琦、吕春艳、孟超：《生态保护红线管控思路探讨》，《中国土地》2023年第6期。

G.5
重庆市生物资源保护
与可持续利用现状与趋势

彭国川　王欢欢*

摘　要： 生物资源是国家重要的战略资源，能为农业和粮食安全提供重要
本底保障。以生物资源为依托的生物经济是当前国内外产业布局
和竞争的焦点，将成为推动高质量发展的强劲动力。重庆是全国
生物多样性关键区域，生物资源战略地位突出。目前，重庆市生
物资源保护与利用面临生物多样性下降、生物资源收集保存工作
滞后、生物资源开发利用不够等挑战，应加强重庆市生物资源保
护与利用。

关键词： 生物资源　可持续利用　生物经济　重庆

习近平总书记指出，"生物多样性使地球充满生机，也是人类生存和
发展的基础"。中共中央办公厅、国务院办公厅 2021 年 10 月印发《关于
进一步加强生物多样性保护的意见》，指出"要确保重要生态系统、生物
物种和生物遗传资源得到全面保护，将生物多样性保护理念融入生态文明
建设全过程"。国家发展和改革委员会 2022 年 5 月印发《"十四五"生物
经济发展规划》，提出"要在京津冀、长三角、粤港澳大湾区、成渝地区
双城经济圈等区域，打造具有全球竞争力和影响力的生物经济创新极和生

---

* 彭国川，重庆社会科学院生态与环境资源研究所所长，生态安全与绿色发展研究中心主任、
研究员，主要从事生态经济、产业经济、区域经济研究；王欢欢，重庆财经学院讲师，主要
从事区域经济、公共管理研究。

物产业创新高地"。加强重庆市生物资源保护与可持续利用，是推动重庆市生命科学与生物技术发展的迫切需要，也是实现经济发展与生态保护平衡的重要途径。

一 保护和利用好生物资源具有重大的战略意义

生物资源是生物技术发展的物质基础，也是保障人口健康、控制重大疾病的物质基础，更是国家的重要战略资源，与国计民生息息相关。进入 21 世纪后，在市场需求和国际竞争的拉动下，一场以发展生物产业、抢占生物经济制高点确保国家安全为内容的生物科技革命和产业革命正在世界范围内展开，面对 21 世纪经济发展的机遇和挑战，以现代生物技术为基础的生物资源的保护和开发成为未来全球生物资源竞争的战略重点之一，生物资源已被世界各国定义为重要的国家战略资源，其有效利用已经上升为国民经济可持续发展不可或缺的条件之一，直接影响国家未来的发展潜力。

1. 生物资源为支撑与保障农业和粮食安全提供了资源保障

植物遗传多样性是种植业原始创新的物质基础。据统计，全球 30% 的作物增产得益于野生近缘种在作物育种中的利用，如我国科学家利用水稻野败型细胞不育基因资源创制的"三系"杂交水稻，使我国的水稻育种与生产技术处于世界领先水平，目前，良种在我国农业增产中的贡献率达 45% 以上。长江流域拥有丰富的生物多样性，是世界著名的农作物起源中心之一。有 124 种原产地来自我国的粮食、蔬菜、果树和经济作物，其中，有 58 种（占全国 46.8%）来自长江流域选育与利用；水稻、荞麦等粮食作物占 33.3%，果树作物占 51.4%，蔬菜作物占 41.9%，经济作物占 50%。

2. 以生物资源的保护和应用为核心的生物经济将转变为驱动高质量发展的重要因素

生物经济是以生命科学和生物技术的发展进步为动力，以保护开发利用生物资源为基础，并广泛深度融合医药、健康、农业、林业、能源、环保等

产业的经济，具有科技含量高、市场大、壁垒高和利润丰厚等特点，蕴藏着巨大的经济、社会潜能，也被视为继农业经济、工业经济、信息经济之后，人类经济社会发展的第四次浪潮。据统计，全球生物产业销售金额呈现每5年就翻一番的现象，年增长率可达30%，世界经济增长率仅为其1/10，已成为增长速度领先的经济领域。

二 重庆生物资源总体概况

重庆位于中国内陆西南部、三峡库区腹地，是长江上游重要生态屏障，在全国生态安全格局中占据重要位置。全市地质地貌复杂，山地丘陵和河流众多，环境异质性高，水热条件充沛，气候垂直差异显著，造就了丰富的生物多样性。重庆作为第四纪冰川时期优良的生物避难所，是我国重要的自然物种资源宝库，素有"绿色宝库""物种基因库"之美誉，保存了大量珍稀、濒危和特有动植物，是全球34个生物多样性关键地区之一，其中渝东北（大巴山区）和渝东南（武陵山区）是国家35个生物多样性保护优先区，也是我国特有植物及濒危植物分布最丰富、最集中的地区之一。

1. 生境与生态系统复杂多样

生境是物种或物种群体赖以生存、繁衍的生态环境，生境具有多样化特征，其是生物多样性保持的前提条件和首要保障。重庆是一个典型的大山区大库区，具有多维而复杂的地形地貌结构，多样化的景观单元，垂直与水平分异而呈多样性分布的气候、植被与土壤类型（见表1），这些环境要素共同构成了库区多样化的生境与生态系统，为生物多样性提供了赖以生存、繁衍的生态环境，不同的生物适应于不同的生存环境，是维持生物多样性的必要前提和重要保证。重庆主要有森林、河流、湿地、草甸、灌丛、农田和城市等生态系统，其中自然生态系统以森林为主，森林覆盖率达55.04%。

表1　重庆的生境多样性

内容	类型
地貌多样性	山地、丘陵、盆地、平原、谷地、河流、湖泊
气候多样性	亚热带湿润气候、亚热带大陆性季风气候、山地垂直气候、局地地形小气候(如焚风、地形雨等)
植被多样性	类型:常绿阔叶林、叶阔混交林、亚高山针叶林、草灌、栽培植物(经济林、农作物)
土壤多样性	地理成分:中国特有成分、东亚成分、热带成分、温带成分、世界广布成分、库区特有成分、地中海及中亚成分。水平方向:红壤—黄壤—黄棕壤;紫色土、石灰土、水稻土、潮土。垂直方向:红壤—黄壤—(暗)棕壤—山地草甸土
生态系统多样性	森林生态系统、草灌疏林生态系统、农田生态系统、荒山草坡生态系统、湖泊生态系统、河流生态系统、湿地生态系统

2. 物种多样性资源丰富

重庆是中国17个生物多样性关键地区和全球34个物种最丰富的热点地区叠加的重要区域。全市共有217个自然保护地（占重庆市总面积的15.4%），6000多种野生维管植物，800多种陆生野生脊椎动物，生物丰度指数达到56。野生维管植物隶属于227科、1302属，蕨类植物631种、裸子植物42种、被子植物5217种，且有665种植物都是在重庆范围内采集的模式标本。其中有3500余种是药用植物，610种是食用植物，566种是油脂植物，500多种是观赏植物，250多种是纤维植物，300多种是用材树种，136种是防护林和绿肥植物，50多种是染料植物，41种是橡胶植物，480种是其他用途植物。野生脊椎动物865种，其中有172种是鱼类，54种是两栖动物，61种是爬行动物，432种是鸟类，146种是兽类。

3. 特有和珍稀濒危动植物资源丰富

重庆市域内分布有天然原生国家重点保护野生植物84种，其中国家一级保护野生植物有8种，包括崖柏、银杉、水杉、银杏、红豆杉等；国家二级保护野生植物有76种，包括穗花杉、秦岭冷杉、鹅掌楸、油樟、润楠、花榈木等。

在调整后的《国家重点保护野生动物目录》中，重庆共列入野生动物

980 种，686 种为陆生类别的野生动物。大灵猫、金雕、中华秋沙鸭、林麝、小灵猫、黑叶猴等 20 多种属于国家一级重点保护的陆生类别的野生动物；红腹锦鸡、猕猴、豹猫、黑熊、凤头蜂鹰等 100 多种属于国家二级重点保护的陆生类别的野生动物。另外，根据正在开展的重庆市全域性林木种质资源普查结果，发现珙桐、银杉、穗花杉等珍稀濒危物种，青篱柴、铁杉、白花龙船花、马蹄参、鸡骨常山、中华叉柱兰等新分布物种以及部分疑似新物种等合计 232 个。

其中，三峡库区拥有珍稀植物 47 种、珍稀陆生脊椎动物 32 种、珍稀鸟类 19 种及珍稀鱼类 16 种，其中珍稀鱼类占库区同类生物总数的比例最高，有 11.4%（见表 2）。三峡区域地理环境独特，是我国重要的自然物种资源宝库，也是我国特有植物及濒危植物分布最丰富、最集中的地区之一。

表 2　三峡库区珍稀生物种类

单位：种，%

种类	珍稀植物	珍稀陆生脊椎动物	珍稀鸟类	珍稀鱼类
数量	47	32	19	16
占库区同类生物总数的比例	47/3014 1.6	32/369 8.7	19/237 8.0	16/140 11.4

4. 农作物种质资源丰富

根据"第三次全国农作物种质资源普查与收集行动"相关数据，重庆已经完成种质资源普查与征集 2797 份，涵盖 37 科、89 属、109 种。在这些资源中，有 1179 份是粮食作物，307 份是经济作物，768 份是蔬菜，472 份是果树，71 份是牧草；已移交国家有关资源库（圃）资源 719 份，其中粮食作物 479 份、蔬菜 194 份、牧草 26 份、经济作物 20 份，全部为国家资源库（圃）中没有重复的新资源。同时，拥有一批珍稀资源，如花椒野生种质资源已经发现油叶花椒、竹叶花椒、刺壳花椒、异叶花椒、狭叶花椒等16 种；城口火罐柿填补了国家资源圃空白；在南川金佛山海拔 1200 米和奉节高山区都发现了国家二级保护植物野生宜昌橙；在城口海拔 1400 米周溪乡发现了食用块茎的野生豇豆属资源；在石柱枫木乡发现了万亩连片野生猕猴桃原生境。

三 重庆生物资源保护与利用的现状与问题

（一）重庆生物资源保护与利用的现状

近年来，在重庆筑牢长江上游重要生态屏障过程中，生物资源领域日益受到关注，保护能力与研究水平同步大幅提升。

2022 年 8 月，市政府办公厅印发《重庆市生物多样性保护行动计划（2022—2025 年）》，明确了未来一段时间重庆市生物资源保护与可持续利用的重点方向和任务，并成立生物多样性保护委员会，成员由市规划和自然资源局、市生态环境局、市林业局、市农业农村委等 17 个市级部门组成，完善生物多样性保护格局，统筹推进全市生物多样性保护工作。

1. 加强生态保护和修复

加强生物资源保护与可持续利用，在全市国土空间总体规划实践探索中提出强化国土空间资源全要素管控，构建生物多样性保护空间。基于全域自然资源本底，以长江、嘉陵江、乌江三大水系生态涵养带和大巴山、巫山、武陵山、大娄山四大山系生态屏障为主体，以平行山岭、次级河流、交通廊道为主脉，重要独立山体、大中型水库以及各类自然保护地为补充，构建"三带四屏多廊多点"复合型、立体化、网络化的总体生态安全格局。形成以自然保护区为基础、各类自然公园为补充的自然保护地管理体系。面向提升森林、耕地、湿地、草地、矿产资源的保护利用水平，重点加强对林地的保护，严格限制林地转为建设用地和其他农用地，推动坡耕地的退耕还林，同步强化生物多样性保护，划定大巴山常绿阔叶落叶林、金佛山常绿阔叶林、四面山常绿阔叶林、方斗山—七曜山常绿阔叶林和亚高山草甸、长江干支流湿地与河流等 5 类生物多样性保护关键区域，加强对珍稀濒危动植物栖息地、

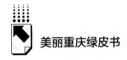

洄游通道、迁徙廊道的保护，构建山水林田湖草生命共同体。

2. 初步建立生物资源名录

修订完成《重庆市重点保护野生动物名录》《重庆市重点保护野生植物名录》，共收录市重点保护野生动物 79 种、野生植物 69 种。实施江津区、云阳县、彭水县等 10 余个区县县域国家重点保护野生动植物资源调查和林麝、黑叶猴专项调查，建立全市陆生野生动植物资源数据库。完成黔江、奉节、云阳、垫江、秀山、梁平、武隆等县域生物多样性本底调查，分别在巫溪阴条岭、黔江武陵山、南川金佛山建设生物多样性综合观测站，持续开展生物多样性观测站日常基底调查、数据收集等工作。在南川、武隆、石柱、开州、万州等 16 个区县农业野生植物资源富集区开展重点调查，完善农业野生植物资源数据库，完成重庆市野生动植物名录中农业农村部门主管物种的修订。

3. 推进长江流域种质资源保护

完成长江、嘉陵江、乌江干流 135 个产卵场调查，积极推进以长江鲟为代表的珍稀濒危水生生物保护行动，开展圆口铜鱼、长鳍吻鮈人工繁育研究，配合建设接力保种基地，在市内 14 条重要河流"三场一通道"布设站点 41 个，开展生物多样性监测评价，监测数据显示，重庆市水生生物资源量较禁捕前明显增加，鱼类种群结构有所改善，珍稀濒危物种出现频率明显增高。实施资源调查监测、植物扩繁中心建设、濒危物种保护研究等子项目 30 余个，升级改造野生动物收容救护中心 3 个，建成银杉、水杉等扩繁基地 7 个。

4. 加快培育生物育种产业

在完成全市第三次畜禽遗传资源面上调查任务基础上，加快推进普查数据核实、资源性能测定和新发现资源市级鉴定等工作，2022 年新收集农作物种质资源 2402 份，完成秀山鸡等 5 个畜禽新资源鉴定并上报国家鉴定，完成畜禽和水产种质资源核查登记，基本摸清三大种质资源种类、数量和分布情况。依托 42 家市级农业种质资源保护单位，落实专项资金 1570 万元，支持相关区县和单位开展荣昌猪、大足黑山羊、城口山地鸡等地方种质资源保护，强化种质资源保护属地责任和主体责任，提升种质资源保护能力。依托现代种业提升工程建设项目，加快推进国家重点区域畜禽基因库建设，目前已基本完成项目建设任务，正在开展项目验收前准备工作。大力推进动植物良种创新，研发种子生产和质量控制全流程的大规模繁种/制种关键核心技术。重点搜集鉴定动植物种质资源6000份以上，创制育种新材料400份以上，完成规模化创制新种质素材8000个以上，形成育种新技术60套以上，挖掘重要功能基因50个以上，培育和示范推广具有重大应用前景、自主知识产权和核心竞争力的动植物优良品种50个以上。

（二）重庆生物资源保护与利用面临的挑战

由于生物资源的收集和保护工作开展较晚，生物资源保护和使用仍旧面临很多严酷考验，特别是生物遗传资源全面保存、数字化几近空白，基因资源流失风险高。

1. 生物多样性下降的趋势仍未根本转变

1956~2014年，重庆市地方或野生品种、特殊用途品种消亡了1630个，消亡比例为41%。近几年，重庆市减少的珍稀动物主要有1种爬行类、12种鸟类及5种哺乳类，其中鸟类物种减少最多（见表3）。此外，有22种渐危植物、5种濒危植物（见表4），其中荷叶铁线蕨（在世界自然保护联盟濒危物种红色名录中位列"极危"）经过大力保护已转为渐危植物。

表3　重庆减少的珍稀动物物种名录

单位：种

纲别	数量	种类
爬行纲	1	蟒蛇
鸟纲	12	白鹳、白鹤、天鹅、金雕、白鹏、兰马鸡、苍鹰、花尾榛鸡、勺鸡、秃鹫、红角鸮、鹦鹉
哺乳纲	5	梅花鹿、藏羚、棕熊、马鹿、石貂

资料来源：《中国濒危动物红皮书》。

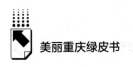

表4 重庆濒危植物物种名录

单位：种

类别	数量	种类
渐危植物	22	狭叶瓶尔小草、荷叶铁线蕨、桫椤、篦子三尖杉、秦岭冷杉、麦吊云杉、黄杉、穗花杉、八角莲、华榛、七子花、胡桃、闽楠、楠木、野大豆、红豆树、白辛树、长瓣短柱茶、紫茎、延龄草、龙眼、荔枝
濒危植物	5	大果青杉、厚朴、巴东木莲、小勾儿茶、天麻

资料来源：《中国植物红皮书——稀有濒危植物》。

2. 生物资源收集保存工作滞后

重庆市虽然初步建成了珍稀濒危动植物抢救、繁育及迁地保护中心，进行了野生动植物的迁地保护；市动物园、市野生动物园、市南山植物园等在野生动植物的繁育及迁地保护方面发挥了重要作用。但总体来看，在生物资源的收集保存工作中，高等植物和大型动物方面比较集中，针对微生物、昆虫等其他生物资源、特种物种、特殊生境这几方面的认知、搜集、保存和使用严重缺乏，珍稀濒危植物也未能实现迁地保护全覆盖。

3. 生物资源开发利用不够

在开发利用生物资源方面集中于主要的经济作物和动物品种，对野生动植物资源的评价和挖掘重视不够，对具有潜在经济价值的物种和基因的研究尚在起步阶段。总体上看，重庆市野生动植物产业发展水平不高，产业规模小、科技含量和产品附加值低，野生动植物驯养繁殖缺乏技术指导和服务，"大资源、小产业"的矛盾仍然比较突出。

四 加强重庆生物资源保护与利用的对策建议

1. 加强顶层设计，统筹推进生物资源保护和利用

主动融入和服务国家生物安全大局，立足重庆生物资源分布特征和基础条件，将生物多样性保护理念融入生态文明建设全过程。加快编制全市生物资源保护和利用战略规划，围绕生物资源保护和生物产业的创新链、产业链、人才链、资金链加强顶层设计。建立适应生物资源保护和利用的管理体系，建立健全涵盖生态环境、规划自然资源、发改、经信、科技、商务、农业农村、财政、金融、卫生等部门的跨部门协调工作机制，形成生物资源保护与生物经济发展合力。

2. 建立生物种质资源保护体系，增强生物资源战略性储备和供给能力

一是加强生物资源监测体系建设。进一步强化各级各类自然保护地监督管理，推进重点区域"天空地"监测网络建设，持续改善野生动植物栖息地环境，完善生物资源监测体系。持续开展野生动植物资源调查和动态监测，加强农业野生动植物资源和种质资源保护，健全完善全市野生动植物资源数据库，推进资源数据集成和共享。持续组织实施珍稀植物扩繁基地建设、动物救护机构能力提升等生物多样性保护工程，促进珍稀濒危野生动植物种群恢复增长。

二是实施好农业种质资源普查工作。充分运用全国农业种质资源普查成果，尽快摸清重庆市农作物、畜禽、水产、中药材等种质资源基本情况。科学评估资源特征特性和动态变化情况，抢救性保护一批珍稀、濒危资源，发掘鉴定一批新的种质资源，推进农业种质资源的有效保护，确保资源不丧失。

三是建立生物资源数据库。建立全市生物资源目录，集成生物标本资源、植物资源、生物遗传资源、实验动物资源及生物多样性监测网络资源等数据，促进生物资源数据的集成、共享以及对生物产业发展的支撑。

四是建立长江流域种质资源库。以重庆地方特色作物种质资源、重点畜禽遗传资源、四大家鱼水产种质资源和微生物菌种种质资源等战略生物资源为重点，加大珍稀、濒危、特有、独占性资源与地方特色品种收集力度，建立重庆地方特色种质资源库。在此基础上，系统调查收集长江流域水生物种、珍稀植物物种和特色植物、花卉苗木等种质资源，建立长江流域种质资源库。

3. 以"生物技术+信息技术"推进种质资源创制与应用，抢占生物经济战略制高点

一是建设长江流域生物基因数据库。推进长江流域动植物基因资源收

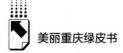

集、保存、扩繁，推进珍稀濒危物种基因抢救性收集、整理和保存，分阶段、多层次、集中构建包括活体库、组织库、基因库及综合数据库在内的长江流域生物基因数据库。开展长江流域特色种质资源全基因组测序及干细胞研究，提高动植物遗传资源样本和基因信息数据的储存、分析、管理和应用能力。

二是加快培育生物育种产业。加强遗传资源保护与可持续利用，启动全市植物种质资源收集、保存和扩繁，培育绿色优质高效水稻、地方鸡、特色养殖水产等新品种，着重开展珍稀濒危特色物种保护利用和长江上游特色物种种质创制工程，推动实现"种业科技自立自强、种源自主可控"。依托西部（重庆）科学城种质创制大科学中心，充分发掘长江流域生物遗传资源，强化全基因组选择、细胞工程等生物育种前沿技术创新，构建分子标记、基因编辑、全基因组育种、航天诱变育种与传统育种融合技术体系，大力发展高端基因育种、非转基因分子育种。重点围绕荣昌猪、柑橘、水稻、油菜、棉花、马铃薯、甘薯、罗非鱼、茶树、黄连、花卉苗木等物种，推进优质、高产、营养、安全的新品种规模化、智能化的种质创制。激励育繁一体化类型的企业开展种质资源搜集、鉴定和创制，渐渐成为种质创新运用的主体，发展一批种业企业，以特色地方品种开发为主，促使资源优势转变为产业优势。

参考文献

王茹俊、王丹：《共建地球生命共同体：内涵、价值与路向》，《石河子大学学报》（哲学社会科学版）2023年第3期。

于文轩、胡泽弘：《生态文明语境下生物多样性法治的完善策略》，《北京理工大学学报》（社会科学版）2022年第2期。

王彩娜：《生物经济先导区：城市竞争新势力》，《中国经济时报》2022年5月20日。

段子渊、黄宏文、刘杰等：《保存国家战略生物资源的科学思考与举措》，《中国科学院院刊》2007年第4期。

赵耀、李耕耘、杨继：《栽培植物野生近缘种的保护与利用》，《生物多样性》2018年第4期。

陈怡：《长江大保护应重视植物遗传多样性保护和可持续利用》，《上海科技报》2020年10月21日。

G.6
重庆农村生活污水治理的问题及对策[*]

孙贵艳^{**}

摘　要： 农村生活污水治理是农村人居环境整治提升的重要内容，是推进实施乡村振兴战略的重要举措。重庆通过实施摸底数、编规划、定标准等措施，使其农村生活污水治理水平居中西部地区领先地位。但在调查中发现，依然存在村民环保意识不强、治理体制机制不完善、治理设施建设不健全、资金保障力度不足、运维监管水平不高等问题，为此，亟须增强村民对乡村生活污水治理的认识、建立健全治理体制机制、加快污水治理设施建设与维护、加强分区县施策分类治理、建立多元化经费投入体系、强化污水治理运维监管等。

关键词： 农村生活污水　环境治理　重庆

　　党的二十大报告提出，"建设宜居宜业和美乡村"。良好的人居环境，是广大农村居民的殷切期盼。农村生活污水治理是改善农村人居环境的重要内容，是提升农村居民获得感幸福感、建设美丽中国的内在要求，对于促进乡村生态振兴和农村生态文明建设具有重要作用。2023年中央一号文件提出，"以人口集中村镇和水源保护区周边村庄为重点，分类梯次推进农村生活污水治理"。农业农村部一号文件也提出，"加力推进农村生活污水处理，

---

　　* 本文系国家社科基金一般项目（编号：21BJY170）阶段性成果。
　　** 孙贵艳，重庆社会科学院生态与环境资源研究所（生态安全与绿色发展研究中心）研究员，主要从事区域经济研究。

因地制宜探索集中处理、管网截污、分散处置、生态治污等技术模式"。近年来，重庆认真贯彻落实党中央、国务院决策部署，积极推动农村生活污水治理，取得了一定成效，对改善农村生态环境、提升农民生活品质、促进农业农村现代化发挥了重要作用。但也要看到，长江流域农村生活污水治理仍然是农村人居环境最突出的短板，面临农村居民环保意识有待提升、治理体制机制不完善、治理设施建设不健全、区域治理水平不平衡、资金保障力度不足、运维监管水平不高等问题。

一 重庆农村生活污水产排及治理现状

农村生活污水是指农村居民生活中所产生的污水，一般可以分为黑水及灰水两种，其中黑水是指厕所排放的粪便和冲厕污水；灰水是指家庭的厨房污水（洗碗、洗菜水等）、生活洗涤污水（洗衣水等）和淋浴污水等。黑水主要污染物为氨氮（NH3-N）、总氮（TN）、总磷（TP）、有机物（COD、BOD5）和 SS 等，灰水中还含有 LAS、动植物油，一般都不含对生物体有毒有害的物质。根据第二次全国污染源普查结果，重庆农村生活源水污染物排放量：化学需氧量 13.32 万吨，氨氮 1.58 万吨，总氮 3.07 万吨，总磷 0.27 万吨，动植物油 1.15 万吨。

（一）治理工作推进情况

重视顶层设计。重庆市委一号文件连续 6 年对农村污水治理作出安排，成立由市长担任组长的农村人居环境整治工作领导小组，出台《重庆市深入打好污染防治攻坚战实施方案》《重庆市农业农村污染治理攻坚战行动方案（2021—2025 年）》，对农村污水治理工作进行专门安排，明确指标、细化责任、分解任务，每年开展治理成效评估和设施正常运行率核算，并将结果纳入污染防治攻坚战进行考核。

坚持摸清底数。重庆以行政村社为基本单元，印发《关于开展农村生活污水治理情况摸底调查的通知》，开展全市农村常住人口生活污水治理现

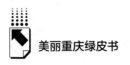
状和设施运行情况全口径摸底调查，摸清全市农村生活污水处理设施年度运行状况、监测情况、运维费用保障情况、三方运维建立情况，搭建农村生活污水智慧监管系统。

开展分类施策。重庆以建制乡镇、撤并场镇、人口集中的农民新村和高山生态扶贫搬迁聚居点等区域为重点，优先对"三区"（自然保护区、风景名胜区、饮用水水源保护区）和"五沿"（沿高铁两线、沿高速两旁、沿江两岸、沿旅游景区周边以及沿城郊环线）区域，因地制宜采用纳管、集中、分散、资源化利用模式实施农村生活污水治理。如：合川区对靠近重要水体、出水水质要求较高的区域，采取以 A^2/O 等活性污泥法为主的处理工艺，保障出水的持续稳定达标；对村民聚居点，聚焦水质水量波动性大、进水浓度低等特点，经充分比选、试点研判，选取以"淋滤塔+生物滤床"等生物膜法为主的处理工艺。涪陵区对小聚集点的农户污水加以收集后通过管网输送至田边微动力生态调控池，并配套建设还田管网，用于农田灌溉，这种农村生活污水达标与资源化利用模式入选生态环境部全国示范案例。

坚持规划引领。重庆出台《关于开展区县农村生活污水治理专项规划编制工作的通知》《关于推进农村生活污水治理的指导意见》等，指导全市 39 个涉农区县完成"十四五"农村生活污水治理专项规划编制。重庆发布《重庆市农村生活污水集中处理设施提质增效实施方案》，对运行负荷异常、水质不达标、管网破损、停运等农村生活污水处理设施，按照"一站一策"要求，按期整改。重庆编发《重庆市山地农村生活污水处理适宜模式与工艺汇编》，指导区县合理选择治理模式及技术，还印发《重庆市农村生活污水资源化利用指南（试行）》，总结了土地灌溉、生态补水、农肥利用、农资产品、水培产品等 5 种典型模式；提供了梁平区紫照镇青峰社区、涪陵区石岭村、江津区石门镇李家村敬老院、九龙坡区等 4 个典型参考案例，为各区县选择适宜的农村生活污水资源化利用模式提供技术支撑。

坚持建管并重。重庆积极探索构建"政府主导+企业主体"的农村生活污水治理保障机制，39个涉农区县1252座农村生活污水处理设施，由重庆环投集团、各区县第三方平台等91家专业化平台公司实施"投、建、管、运"一体化运营，2022年该模式覆盖率达73%。重庆市、区两级财政共投入8677万元，用于支持农村生活污水治理设施运营维护。重庆出台《重庆市农村生活污水处理设施运营管理办法（试行）》，加强对农村生活污水处理设施的监督管理，还在全市范围内组织开展全市日处理能力20吨以上的农村生活污水处理设施运维单位自测及区县生态环境局监督性监测。同时，通过下乡帮扶、党员在线教育等方式，引导村民参与监督农村生活污水治理工作。

强化考核评估。重庆开展农村集中式生活污水处理设施出水水质监测，修订《农村生活污水集中处理设施水污染物排放标准》，进一步细化重庆农村生活污水处理设施排水要求。重庆发布《重庆市农村环境整治成效评估细则（试行）》《重庆市农村生活污水处理设施正常运行率核算细则（试行）》《重庆市农村生活污水处理绩效评估指南（试行）》，将评估及核算结果纳入污染防治攻坚战考核，并作为中央农村环境整治资金及市级"以奖促治"资金分配的重要依据。重庆连续发布总河长令，将农村生活污水治理作为查河、治河、管河的重点任务予以推进。

加强协调联动。市生态环境局、农业农村委、文化旅游委、卫生健康委等职能部门间加强联系，协同推进农村生活污水治理。重庆印发《关于加强农村生活污水治理与改厕工作衔接的通知》，鼓励改厕与生活污水治理同步设计、同步建设、同步运营，统筹推进农村生活污水治理和改厕工作，推进农村生活污水"黑灰分离、粪污还田、源头减量"。

（二）治理取得的进展

2018年以来，重庆积极争取中央农村环境整治资金支持，用以支持区县开展农村饮用水水源保护和污水、垃圾、畜禽养殖污染治理。截至2022年底，重庆累计建成2100余座农村生活污水处理设施，基本实现农村常住人口1000人以上的聚居点污水处理设施全覆盖，设计处理能力18万吨/天，

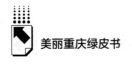

配套管网 3900 公里，农村生活污水治理率由 2020 年的 28.6% 提升至 2022 年的 39.7%，比全国高 8 个百分点，在中西部地区领先，多次在全国及部级会议上做经验交流。

二 重庆农村生活污水治理存在的问题

（一）对生活污水治理的认识有待提升

村民是生活污水的制造者，也是污水治理的关键主体。经过多年的生态环境保护宣传引导，农村居民已初步形成了绿色环保的生活方式。但调查中发现，部分村民对于农村污水乱排乱放的危害性以及开展生活污水治理的重要性，依然认识不足、重视不够，日常生活中随意倾倒排放生活污水的现象时有发生。同时，受长期固有生活习惯的影响，部分村民会习惯性地将生活污水用于清洗房前屋后的地面或浇灌果园菜地，既造成了农村土壤和地下水的污染，又影响了管网收集率和污水处理率。此外，生活污水治理设施建设过程中，由于入户处理设施建设还需自身出钱，部分农村居民对于生活污水治理工作存在一定的排斥。最后，少数乡镇领导干部在具体的农村生活污水治理工作中，统筹部署不够及时，对治理任务执行不够到位，存在畏难情绪和"等靠要"思想。

（二）治理体制机制不完善

目前，我国形成了以《中华人民共和国宪法》为统领，《中华人民共和国环境保护法》为指引，《中华人民共和国水污染防治法》为主体，其他相关法律法规相互补充、衔接的法律体系，尚未对农村生活污水治理进行专门立法，相关农村生活污水治理的法律条文多分散在不同法律法规之中，涉及的相关规定也多是原则性、方向性的，缺乏与农村污水治理直接相关的具体内容和刚性规定，也没有相关的相应罚则。重庆还没有农村生活污水治理相关的地方性法规。农村生活污水治理是一项系统工程，涉及住建、水利、发改、财政、自然资源、农业农村和生态环境等多个部门，部分地区部门间未形成合力，存在协调机制不健全、各部门职能分工不够细化明确、相互推诿、各建各管等现象，特别是针对污水处理运维第三方的考核机制不健全。

（三）治理设施建设不健全

当前，全市城市、乡镇、村社的污水处理厂及污水管网存在多头建设、多头管理、多个业主的问题，造成管理错位、污水处理厂及污水管网功能发挥受限等。除集镇和大型村落外，大部分分散村落没有系统的排水管网规划和建设。在实地调研中发现，农村生活污水治理在实际操作中，简单套用"城镇治理模式"，部分乡镇（街道）农村生活污水集中处理设施的收集率较低，之前修建的农村生活污水配套管网，由于多数根据户籍人口修建，缺乏总体规划，以及受到建设标准、工艺和运行成本等限制，污水处理设施建设不规范不合理，存在部分排水口未全部纳入、部分污水管道没有接入污水处理主管网等现象，再加上农村"空心化"现象严重、设施老化和损坏等原因，最终产生设施运行不正常、雨污分流不彻底、收集率较低、运行负荷过大、处理能力有限、出水达标率下降等问题，如石柱县黄水镇万胜村污水处理设施原设计日处理量为 70 立方米，在旅游高峰期时，常住人口陡增，存在生活污水溢流风险，农村生活污水管网需提档升级改造、部分农村污水处理设施需扩容改造等。

（四）区域治理水平不平衡

重庆各区县因地理气候、经济社会发展水平和农民生产生活习惯的不同，农村生活污水治理水平差异较大，如 2022 年农村生活污水治理率达39.7%，而万州的农村生活污水治理率为 27.5%，与全市平均水平仍有较大差距。与之对应的是，各区县农村生活污水治理目标也存在很大的差异，如2025 年底重庆农村生活污水治理率达到 40% 以上，渝北农村生活污水治理率达到 65%，涪陵农村生活污水治理率达到 40%。同一个区域内，还因地

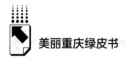

形地貌、人口分布规模等的不同，而采取不同的农村生活污水治理模式与工艺。

（五）资金保障力度不足

目前，农村生活污水治理经费主要来源于政府各级财政资金，重庆农村生活污水治理资金，主要涉及生态环境部门负责的中央农村环境整治资金、农业农村部门负责的农村人居环境整治资金、规划和自然资源部门负责的山水林田湖草沙一体化保护和修复资金，以及市级生态环境保护"以奖促治"资金与各区县财政收入。其中，中央及市级农村生活污水整治资金专用于污水处理设施和配套管网建设，设施运维资金多由县级财政负责。受新冠疫情及经济下行影响，县级财政收支压力大幅上涨，部分区县虽然有国家财政补贴和补助资金，但缺少建设污水管网的地方财政配套资金，也没有资金和技术保障后期的运营管理工作，加上农村生活污水治理的公益性质，地方政府不重视市场培育，社会资本参与的积极性不高，农村生活污水治理仍然面临建设、投资、运维等资金缺口较大的实际问题。如调查发现，铜梁没有将农村污水处理设施运营纳入区财政预算，未建立稳定的资金保障机制；巫山县农村生活污水处理设施运行年费，包括药剂费、电费、污泥处置费、水质监测费、人工工资、办公费、站内设备维修保养费等约 105 万元，运行经费没有财政保障。

（六）运维监管水平不高

农村污水处理设施规模相对较小，且点多面广，部分区县尚未形成适宜的农村生活污水处理设施运行管护机制，设施设备更新维护、人员工资、电费等后期运行及维护资金无法保障，也未将管网设施、设备正常运维纳入年度政府目标责任考核范围，致使污水处理设施经常处于无人看管的状态，出现"建得起、用不起"现象。如人工湿地这种无动力污水处理设施，在部分村庄的日常管理中，存在污水管网中垃圾、泥沙等杂物无人清理，人工湿地的植物无人更新，部分设施设备损坏后维修不及时等问题，导致处理设施的出水不达标或设备无法正常运行。此外，部分运维人员因缺乏相应的专业知识、设备维护不及时、管护技术不高、应急处置能力不足等，巡查维护力度还有待加强，出水超标问题时有发生。

三 重庆农村生活污水治理的对策建议

（一）强化村民对农村生活污水治理的认识

发挥镇街、村委会在农村居民聚居区生活污水治理工作中的带动作用，发挥村民主体作用，将农村生活污水治理纳入村规民约。利用电视报刊、"三微一端"等宣传平台，通过开设知识讲座、发放宣传资料等方式，加强农村生活污水治理案例宣传。充分发挥村党组织战斗堡垒作用、党员干部模范带头作用，鼓励引导村民以适当付费、投工投劳等方式参与农村生活污水治理规划、建设、运营、管理。鼓励动员广大村民、群团组织、企业、志愿者踊跃参与到农村生活污水治理的规划设计、建设施工、运行维护、监督管理等多项工作中。同时，设立群众举报平台和举报电话，主动接受广大群众、媒体的监督。积极挖掘农村污水治理工作中出现的好典型、好经验、好做法，坚决曝光各类妨碍农村污水治理、破坏农村水环境的违法违规行为，大力营造社会各界支持、参与农村生活污水治理的浓厚氛围。

（二）建立健全污水治理体制机制

从国家层面，尽快推进制定"中国农村人居环境整治法"，进而制定"中国农村生活污水防治法"，并以此为核心围绕农村污水处理设施建设、运行和维护的技术指导、市场监管、治理目标考核等，建立更加完善的农村生活污水治理法律法规体系。重庆加快制定覆盖农村生活污水治理设施安装、维护、清理、检查等全方位的条例。根据实际情况厘清明确政府各部门的职责分工、权力边界以及法律责任，建立城乡建设、农业农村、生态环

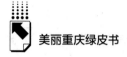
境、财政等多部门工作协调机制，统筹农村生活污水处理设施的建设、运维、水质监测、资金保障等。积极推动建立以属地政府为责任主体、主管部门为监管主体、乡镇（街道办事处）和村级组织为协助管理落实主体、农户为受益主体、第三方专业服务机构为服务主体的"六位一体"农村生活污水处理设施运行维护管理体系，以"专业化、市场化、智能化"为导向，全面推行农村污水处理设施统一运行、统一管理。总结推广建设费用合理、运行费用低、管护简便、效果稳定的达标排放和资源化利用技术模式。

（三）加快污水治理设施建设与维护

深入学习浙江"千万工程"经验做法，持续推进全市农村聚居点污水处理配套设施建设。积极运用委托第三方现场调研、抽查核实等方式，定期摸底排查现有农村生活污水收集管网情况，重点查看村庄雨污分流实施情况、污水入户接管和黑灰水分类收集情况，以及管网检查井、设备终端、现场环境和进出水水质、运维情况。加大乡镇及以下二三级污水管网建设、污水处理提标改造、污泥无害化处置等环保基础设施建设力度，实现所有建制乡镇、中心村、集中居民点污水处理设施全覆盖、真覆盖，解决农村污水处理的"最后一公里"问题。对因人口大幅减少导致集中收集处理已不必要、因城乡规划调整或征地拆迁等客观原因确已停运或拆除的设施，完善报废程序。

（四）加强分区县施策、分类治理

引导各区县，根据实际情况，合理确定并细化不同区域、不同类型村庄农村生活污水治理目标和要求，强化农村生活污水资源化应用的引导，进一步推进改厕改圈与农村生活污水治理有机衔接，梯次推进农村生活污水治理。针对不同地理环境、经济条件、人口分布和污水规模、来源、流向等的区域，因地制宜确定资源化利用、纳入城镇污水管网、建设污水处理站或一体化污水处理设施集中处理、分散式处理+资源化利用等农村生活污水治理模式，灵活运用沼气池、活性污泥法、人工湿地、生物膜法以及一些组合工艺等,分阶段对农村生活污水应管尽管、应治尽治,让农村生活污水治理更加生态化、资源化、标准化。如在人口密集、建有集中式污水处理设施和配套管网的农村区域,强化纳管集中处理,在人口相对分散、环境敏感、未建集中式污水处理设施的农村区域,结合卫生改厕等工作将粪污进行资源化利用,采取分散处理技术和模式。

(五)建立多元化经费投入体系

积极争取中央资金支持,加大省级在农村环境整治方面的资金投入。鼓励引导和支持企业、社会团体、个人等社会力量参与农村生活污水治理设施建设运维,建立地方为主、中央补助、社会参与的资金筹措机制,彻底解决农村生活污水"无人管"问题,全面提升农村污水治理率。鼓励各区县将除环投管理以外其他农村生活污水处理设施纳入财政预算,保障必要的运维资金,保证设施设备正常运行。拓宽治理资金筹集渠道,在借鉴城镇污水处理经验的基础上,在市县财政预算管理中纳入农村生活污水治理内容;设立农村生活污水治理补贴或者奖金,对于财政压力比较大的区县给予支持。同时,还可通过融资贷款、收取污水排放费等多种方式筹集建设资金,如鼓励有条件的区县探索建立污水处理受益农户付费制度。加大对农村污水处理市场化的扶持力度,积极引导利用政府购买服务、特许经营、股权合作等方式吸纳社会资本参与治理,鼓励专业化、市场化建设和运行维护。

(六)加强污水治理运维监管

将农村生活污水治理工作持续纳入乡村振兴、农村人居环境整治、生态宜居美丽乡村示范建设等考核评选体系。加强对农村生活污水治理规划、建设、验收移交和运维等的全过程监管,强化运维企业、各职能部门及各乡镇(街道)间的沟通,建立建管护一体的联动机制。引导各区县建立农村生活污水治理巡查管理制度,采用长期监管、不定期抽查、全面巡查、重点巡查等不同方式,对农村生活污水治理设施进行巡查。积极探索制定运维第三方考核办法,对以政府购买服务的方式接受委托的第三方专业运维机构,派遣

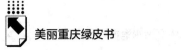

专职运维人员长期驻站，并明确巡查检查、清渣清淤、设备检测维修、出水水质、运行维护费用、违约责任等。借助移动互联网、云计算、大数据等，构建具有基础信息管理、综合监督、养护管理、检查管理、监督考核、水质管理、智能预警等多种功能的农村生活污水处理设施信息化监管平台。适时开展农村生活污水处理技能帮扶指导，提升运维人员的业务技能、管理水平和协调处理能力，保障农村污水治理设施能够长期稳定运转。

参考文献

鞠昌华、张卫东、朱琳等：《我国农村生活污水治理问题及对策研究》，《环境保护》2016 年第 6 期。

高生旺、黄治平、夏训峰等：《农村生活污水治理调研及对策建议》，《农业资源与环境学报》2022 年第 2 期。

孟杰：《农村生活污水治理存在的主要难点及对策分析》，《清洗世界》2022 年第 10 期。

李怀正、金伟、张文灿等：《我国农村生活污水综合治理研究》，《中国工程科学》2022 年第 5 期。

贺玉晓、杨璐、任玉芬等：《农村生活污水治理存在问题及对策》，《市政技术》2023 年第 10 期。

王波、何军、车璐璐等：《农村生活污水资源利用：进展、困境与路径》，《农业资源与环境学报》2023 年第 5 期。

重庆市大宗工业固废综合利用
现状与对策研究

范例 袁胜 甘伟 宾灯辉 王健*

摘　要： 为深入贯彻落实习近平生态文明思想，推进"无废城市"建设，
提高大宗工业固废综合利用效率，本文分析了重庆市大宗工业固
体废物产生分布以及各类别综合利用现状，并对 2017～2021 年
大宗工业固废产生和综合利用开展趋势分析。研究表明，随着重
庆市经济社会不断发展，大宗工业固体废物产生量、综合利用量
均呈增长趋势。但目前仍存在新增量及历史堆存量大、综合利用
方式单一、部分类别利用率低、综合利用技术及标准体系不健全
等问题，提出强化区域产业协同处置和产废企业责任意识、加强
综合利用技术研究和政策引导监督、提高产业准入门槛、拓宽多
元化利用途径和综合利用资金渠道等对策建议。

关键词： 工业固体废物　无废城市　重庆

　　大宗工业固体废物综合利用是实施可持续发展战略，发展循环经济，建
设"无废城市"的重要内容。大宗工业固体废物综合利用对改善生态环境
质量、提高资源综合利用效率、促进经济社会绿色发展具有重要意义。重庆

---

* 范例，博士研究生，重庆市生态环境科学研究院土壤中心主任，教授级高级工程师，主要从
事土壤和固体废物污染防治研究；袁胜，高级工程师，主要从事固体废物污染防治与资源化
利用技术研究；甘伟，主要从事固体废弃物处置及资源化利用研究；宾灯辉，工程师，主要
从事固体废弃物处置及资源化利用研究；王健，工程师，主要从事土壤污染防治研究。

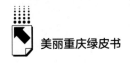

市作为全国首批"无废城市"建设试点城市，正全力推进全域"无废城市"建设和成渝地区双城经济圈"无废城市"建设，推进大宗工业固体废物综合利用对建设"无废城市"具有重要意义。大宗工业固体废物指单一种类年产生量在1亿吨以上的工业固体废弃物，包括煤矸石、粉煤灰、尾矿、工业副产石膏、冶炼渣等五个品类，是资源综合利用重点领域。

一 重庆大宗工业固体废物产生分布情况

（一）全市产生情况综述

重庆市大宗工业固体废物的产生主要涉及电力、热力生产和供应业，黑色金属冶炼和压延加工业，有色金属冶炼和压延加工业，化学原料和化学制品制造业，造纸和纸制品业，非金属矿物制品业，石油、煤炭及其他燃料加工业等七大行业，2021年产量达到约1806万吨。

2017~2021年重庆市大宗工业固体废物产生量情况见图1。其间，重庆市大宗工业固体废物产生量呈先增加后降低的趋势；相比2017年，2018年大宗工业固体废物产生量增长了27.15%，2020年和2021年大宗工业固体废物产生量相比2019年分别减少了2.52%和6.61%，可能各企业受疫情影响，产能略微缩减。

（二）各区县产生情况

2021年重庆市各区县大宗工业固体废物分布情况如图2所示。重庆市各区县大宗工业固体废物产生量由大到小依次为（仅列出占比超过2.5%的区县）：长寿区、南川区、江津区、綦江区、涪陵区、合川区、万盛经开区、奉节县、万州区、石柱县、永川区，占全市大宗工业固体废物产生量的92.54%。其中长寿区大宗工业固体废物产生量最大，占全市大宗工业固体废物产生量的25.88%，这是因为长寿化工园区主要涉及黑色金属冶炼和压延加工业，电力、热力生产和供应业，化学原料和化学制品制造业等主要产废行业。

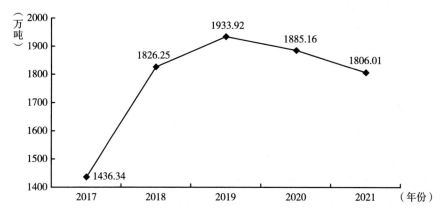

图 1　2017~2021 年重庆市大宗工业固体废物产生量

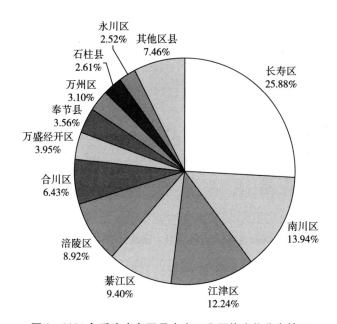

图 2　2021 年重庆市各区县大宗工业固体废物分布情况

　　2021 年重庆市各区县大宗工业固体废物产生量情况如图 3 所示。2021 年长寿区大宗工业固体废物产生量为 467.35 万吨，远超重庆市其他各区县，其中产废较多的企业有重庆钢铁股份有限公司（冶炼废渣、脱硫石膏）、中国石化集团重庆川维化工有限公司（粉煤灰、脱硫石膏、炉渣）和重庆化医恩力吉投资有限责任公司（粉煤灰、脱硫石膏、炉渣）等。除此之外，大宗工业固体废物产生量超过200万吨的区县有南川区和江津区，南川区产废最多的两家企业分别是重庆市南川区先锋氧化铝有限公司和重庆市南川区水江氧化铝有限公司，主要产废类型均为赤泥，产量为174.10万吨；江津区产废最多的企业是华能重庆珞璜发电有限责任公司（粉煤灰、炉渣、脱硫石膏），产废总量为163.91万吨，占江津区产废总量的74.15%。产生量在100万~200万吨的区县有綦江区、涪陵区、合川区，产生量在50万~100万吨的区县有万盛经开区、奉节县、万州区。

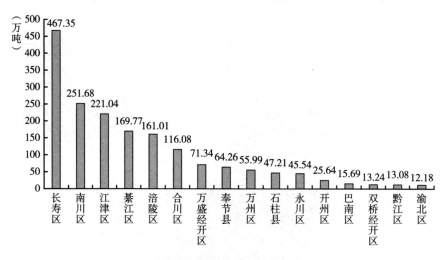

图3　2021年重庆市各区县大宗工业固体废物产生量

（三）各类废物产生情况

2021年重庆市各类别大宗工业固体废物产生量和分布情况分别如图4和图5所示。2021年重庆市产生的大宗工业固体废物有粉煤灰、冶炼废渣、炉渣、脱硫石膏、赤泥、尾矿、煤矸石等7类，其中粉煤灰产生量最多，为589.74万吨，占全市大宗工业固体废物产生量的32.65%，也是我国当前产生量较大的工业废渣之一，这与我国以煤为主要能源有关；冶炼废渣产生量为 472.98 万吨，占全市产生量的 26.19%；炉渣产生量为 281.85 万吨，占全市产生量的 15.61%；脱硫石膏产生量为 256.97 万吨，占全市产生量的 14.23%，以上四类大宗工业固体废物占全市总产生量的 88.68%，这与重庆市产业结构密切相关。

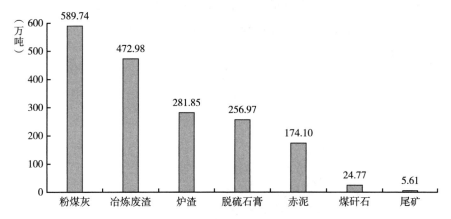

图 4   2021 年重庆市各类别大宗工业固体废物产生量

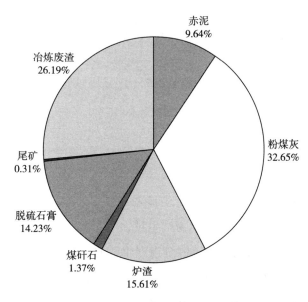

图 5   2021 年重庆市各类别大宗工业固体废物分布情况

（四）各行业产废情况

参考《国民经济行业分类》（GB/T 4754-2017）将重庆市大宗工业固体废物产生企业按行业分类，2021 年重庆市产生大宗工业固体废物的企业共涉及 23 个行业，其中产量超过 1 万吨的行业共有 12 个。2021 年重庆市各行业大宗工业固体废物分布情况和产生量分别如图 6 和图 7 所示。

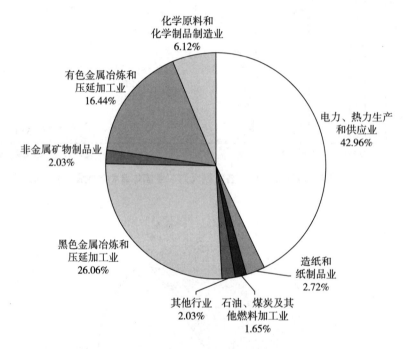

图6 2021 年重庆市各行业大宗工业固体废物分布情况

不同行业大宗工业固体废物产生量差别很大。2021 年重庆市电力、热力生产和供应业大宗工业固体废物产生量为 775.80 万吨，是重庆市大宗工业固体废物产生量最大的行业，占全市产生量的 42.96%；黑色金属冶炼和压延加工业产生量为 470.59 万吨，占全市产生量的 26.06%。全市大宗工业固体废物主要分布于电力、热力生产和供应业，黑色金属冶炼和压延加工业，有色金属冶炼和压延加工业，化学原料和化学制品制造业，造纸和纸制

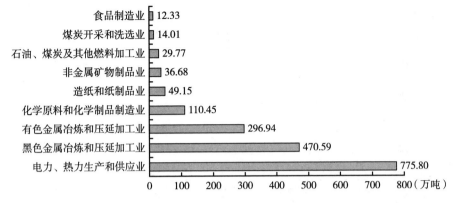

图 7　2021 年重庆市各行业大宗工业固体废物产生量

品业，非金属矿物制品业，石油、煤炭及其他燃料加工业等重庆市传统优势行业，以上 7 个行业产生量占全市的 97.97%。

二　重庆大宗工业固体废物综合利用进展

（一）全市综合利用情况综述

固体废物综合利用是通过原料回收、加工再用、转化利用、废物交换等方式，从固体废物中提取或使其转化为可利用的资源、能源和其他原材料的活动。随着生态文明建设的深入推进，大宗工业固体废物综合利用显得愈加重要。化废物为资源、变包袱为财富，是固体废物综合利用的必由之路，也是生态文明建设的迫切需求。

2017~2021 年重庆市大宗工业固体废物综合利用量情况如图 8 所示。2017~2021 年，重庆市大宗工业固体废物综合利用量总体呈增长趋势，2020 年大宗工业固体废物综合利用量突破 1600 万吨。

2017~2021 年重庆市大宗工业固体废物综合利用率情况如图 9 所示。近五年来，重庆市大宗工业固体废物综合利用率变化趋势与综合利用量变化趋

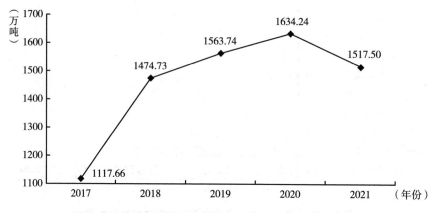

图 8　2017~2021 年重庆市大宗工业固体废物综合利用量

势相似，即整体呈增长趋势；相比 2019 年，2020 年和 2021 年利用率分别增长了 6.99 个百分点和 3.91 个百分点，已突破 80%。表明近两年重庆市大宗工业固体废物的利用程度显著提高，利用渠道和利用方式较为稳定。

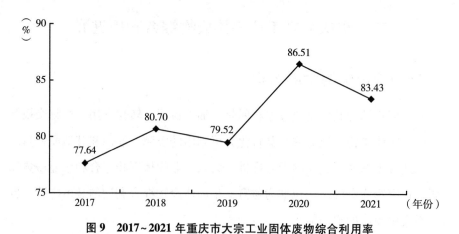

图 9　2017~2021 年重庆市大宗工业固体废物综合利用率

（二）各区县利用情况

2021 年重庆市各区县大宗工业固体废物综合利用量情况如图 10 所示，全市大宗工业固体废物综合利用量超过 100 万吨的区县有合川区、涪陵区、綦江区、江津区、长寿区等 5 个区县，均分布于主城周边区域，其中 2021 年长寿区大宗工业固体废物综合利用量最高。

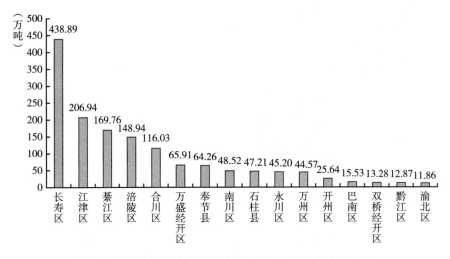

图 10　2021 年重庆市各区县大宗工业固体废物综合利用量

2021 年重庆市各区县大宗工业固体废物综合利用率情况如图 11 所示。综合利用率低于 80% 的有万州区、潼南区、南岸区、南川区、九龙坡区、秀山县、大渡口区、两江新区等 8 个区县。其中 2021 年南川区大宗工业固体废物产量居第 2 位，达到 251.68 万吨，但其综合利用率仅有 19.28%，居倒数第 5 位，主要是因为赤泥产量占南川区总产量的 69.18%，而赤泥综合利用率不足 40%。因此，赤泥综合利用技术的研发及应用是进一步提高重庆市大宗工业固体废物综合利用率的关键举措。

（三）各类废物利用情况

2021 年重庆市各类别大宗工业固体废物综合利用量和利用率情况如图 12 和图 13 所示，重庆市各类别大宗工业固体废物综合利用量从高到低依次是粉煤灰、冶炼废渣、脱硫石膏、炉渣、赤泥、煤矸石、尾矿、磷石膏，其中粉煤灰和冶炼废渣综合利用量分别超过 400 万吨。

从综合利用率来看，尾矿、煤矸石和冶炼废渣的综合利用率分别为

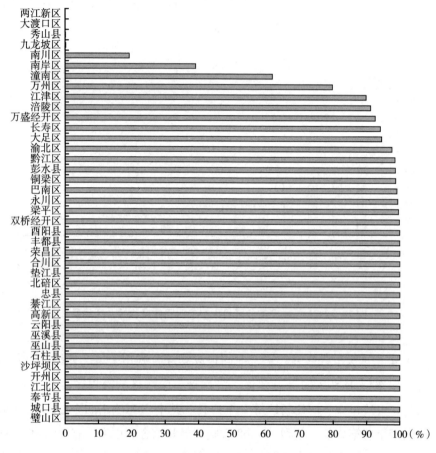

图 11　2021 年重庆市各区县大宗工业固体废物综合利用率

99.18%、99.14% 和 98.29%，几乎实现全量综合利用。粉煤灰产量最高，且综合利用率为 91.04%，综合利用程度较高。赤泥综合利用率仅为 23.91%，综合利用方式是进行有效成分回收或制水泥。

《重庆市"十四五"大宗固体废弃物综合利用实施方案》中明确指出，要构建粉煤灰、冶炼渣、煤矸石、工业副产石膏、尾矿等固体废弃物贮存处置总量趋零增长的工业经济发展模式，大宗固体废物资源化利用率达到 80%。因此，目前重庆市炉渣、赤泥两种大宗工业固体废物亟须进一步拓展利用渠道，促使综合利用率提高。

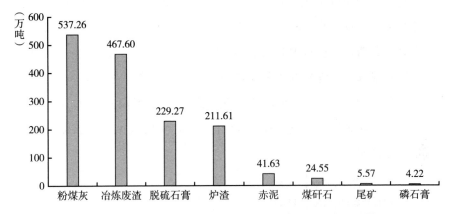

图 12 2021 年重庆市各类别大宗工业固体废物综合利用量

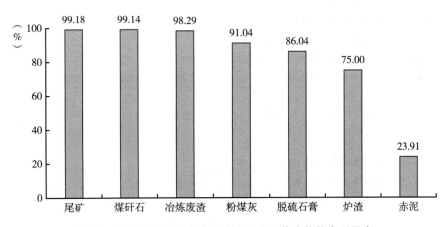

图 13 2021 年重庆市各类别大宗工业固体废物综合利用率

（四）各行业利用情况

2021 年重庆市各行业大宗工业固体废物综合利用量和利用率情况如图 14 和图 15 所示。电力、热力生产和供应业与黑色金属冶炼和压延加工业综合利用量分别为 685.02 万吨和 462.60 万吨，占全市大宗工业固体废物综合利用总量的 75.63%，综合利用率分别为 87.25% 和 97.74%，这是因为电力、热力生产和供应业产生的大宗工业固体废物主要是粉煤灰和脱硫石膏，黑色金属冶炼和压延加工业产生的大宗工业固体废物主要是钢渣和高炉矿渣，综合利用率均较高。石油、煤炭及其他燃料加工业，计算机、通信和其他电子设备制造业，医药制造业，木材加工和木、竹、藤、棕、草制品业，有色金属矿采选业，煤炭开采和洗选业，废弃资源综合利用业，非金属矿采选业，食品制造业，橡胶和塑料制品业，黑色金属冶炼和压延加工业，造纸和纸制品业，非金属矿物制品业等13个行业产生的大宗工业固体废物综合利用率均超过90%。

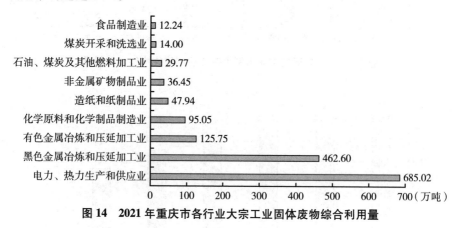

图14 2021年重庆市各行业大宗工业固体废物综合利用量

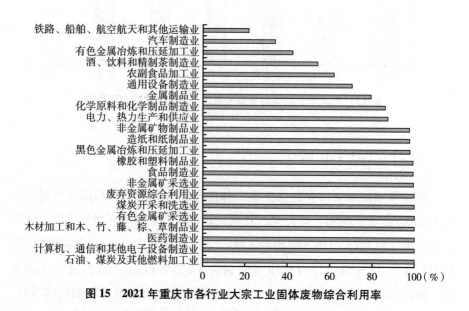

图15 2021年重庆市各行业大宗工业固体废物综合利用率

值得关注的是，有色金属冶炼和压延加工业大宗工业固体废物产量为296.94万吨，居所有产废行业第3位，但综合利用率仅有42.35%，这是因为赤泥产量占该行业产量的58.63%，而综合利用率仅为23.91%。

三 存在的问题和挑战

（一）新增量大，周边区域固体废物同质化程度高

2021年，重庆市新产生大宗工业固体废物约1806吨。同时，周边湖北、四川、贵州等省份大宗工业固体废物产生量均比较高，片区工业固体废物同质化聚集度高，如贵州、湖北、四川均为磷石膏产生大省。在终端需求规模有限的情况下，受价格、运距等因素影响，重庆市部分综合利用企业更愿意接收周边省份的大宗工业固体废物，间接影响重庆市大宗工业固体废物综合利用。

（二）历史堆存量大，潜在环境风险大

截至2021年，全市主要大宗工业固体废物填埋量约1亿吨，主要分布在涪陵、南川、万州、秀山、开州、綦江、巴南、秀山等区县。且重庆市堆存的大宗工业固体废物以较难以利用的磷石膏、钛石膏、赤泥、电解锰渣为主，均为Ⅱ类一般工业固体废物。大宗工业固体废物的大量填埋处置会占用大量土地，且固体废物在长时间堆放的过程中可能造成环境污染。如磷石膏、赤泥、电解锰渣中的重金属等有害物质随着雨水下渗，可能会导致土壤和地下水环境污染，带来环境隐患。

（三）利用方式单一，受经济环境影响大

目前，重庆市大宗工业固体废物综合利用方式较为单一，以建材利用为主。建材产品市场容量受区域经济发展因素影响较大。受宏观经济环境影响，建材销量受限，导致贮存量难以快速有效消纳。此外，建材产品附加值

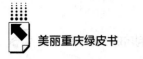
不高，受成本控制和运输路线制约严重；新兴市场开拓难，尚未完全形成绿色消费观念，综合利用产品宣传、推广缺乏成功模式和经验；综合利用相关产品标准规范配套体系不完善，产业政策障碍尚未打通；优惠政策的激励作用发挥不充分。

（四）部分固体废物利用水平低，标准体系及技术亟待突破

2021年赤泥工业固体废物产生量达到174.10万吨，综合利用率仅23.91%，远低于全市大宗工业固体废物综合利用率。随着中化涪陵的复产和新建氧化铝项目的投产，磷石膏和赤泥产生量将激增，全市大宗工业固体废物综合利用的压力进一步加大。而目前大宗工业固体废物综合利用标准体系不健全，如磷石膏、赤泥等固体废物综合利用产品标准体系和利用处置技术规范尚未建立，缺少可以参考执行的技术标准及技术方案。产废企业对大宗工业固体废物的综合利用技术研发投入也不足，缺少可提高综合利用率的技术。

（五）高附加值产品少，综合利用产品产能过剩

受产废行业特性限制，将大宗工业固体废物作为原料制备高端产品难度高，仅部分冶炼废渣、尾矿能提取出有价值的金属或产品，但其消纳能力有限。而水泥、混凝土等建材行业虽然消纳固体废物能力强，但因产能过剩，综合利用的固体废物量未有显著提升。此外，随着环保标准和建材标准的不断提高，为保证产品质量和减少环境风险，大宗工业固体废物的掺和比例也受到严格控制。

（六）固定资产投资较大，企业资金筹备难度大

目前，全市大宗工业固体废物综合利用企业以中小企业为主，中小企业在项目建设过程中资金筹集难度大，且中小企业抗风险能力较差。而大型综合利用项目对设备和土地要求较高，导致项目投资金额较高，部分可至几亿元甚至更高。但银行低息贷款对大宗工业固体废物综合利用支持较少，仅靠

企业自身融资推动项目建设难度较高，导致项目搁置很久或者难以长期有效运转。

（七）市场促进机制有待完善

重庆市印发了《重庆市产业技术创新专项资金管理暂行办法》《重庆市科技投融资专项补助资金管理办法》等政策文件，但未面向大宗工业固体废物综合利用领域，对大宗工业固体废物综合利用激励效果不明显。

四　对策建议

（一）强化区域产业协同处置

全市大宗工业固体废物产生量多、堆存量大、种类复杂，为促进其规模化利用，需强化区域协同处置利用。建议以推进重庆全域和成渝地区双城经济圈"无废城市"共建为契机，强化区域交流合作，深化联防联控，推动大宗工业固体废物集中利用处置设施共建共享。推进大宗工业固体废物综合利用产业与上游煤电、钢铁、有色等产业协同发展，与下游建筑、建材、市政、交通、环境治理等产品应用领域深度融合。

（二）加强综合利用技术研究应用

以"无废城市"建设为契机，开展赤泥、磷石膏、钛石膏等工业固体废物资源化利用技术研究，推动难利用工业固体废物的综合利用技术升级，开展工业固体废物利用处置技术和资源化利用产品质量标准研究。依托自主创新示范区等各类创新平台、"重庆英才计划"等各类人才计划，夯实固体废物处置与资源化利用领域的专业人才培养与人才梯队建设，为重庆大宗工业固体废物综合利用处置提供智力支撑。鼓励企业建立技术研发平台，加大关键技术研发投入力度，重点突破源头减量减害与高质综合利用关键核心技

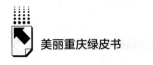

术和装备，推动大宗工业固体废物利用过程风险控制的关键技术研发，强化先进适用技术推广应用与集成示范。

（三）强化主要产废企业责任主体意识

提高产废企业对排污许可、生产者责任延伸等制度的认知。针对赤泥、磷石膏、钛石膏等综合利用率低的大宗工业固体废物，探索"以废定产"试点，倒逼产废企业绿色转型发展；落实产废企业生产者责任，对产生量大、利用率低的行业加强专项督察，强化监督管理。区域内重点工业固体废物产生单位应建立专项技术研发平台，引入专业技术团队，推广新工艺、新设备、新技术，切实解决综合利用技术难题，实现高质量资源化发展。

（四）加强综合利用政策引导及监督

为深入学习贯彻习近平生态文明思想及实现"3060"双碳目标，应按规定落实固体废弃物资源综合利用的环境保护税优惠政策，以及增值税、企业所得税等相关产业扶持优惠政策。加强资金统筹，对符合要求的大宗工业固体废物综合利用项目给予重点支持。针对磷石膏、钛石膏、赤泥、冶炼锰渣等较难利用的大宗工业固体废物开展专题研究，加大支持力度，统筹要素保障，激发综合利用企业积极性。加大以大宗工业固体废物为原料的企业产品推广使用力度，助推综合利用产品的广泛应用。鼓励绿色信贷，支持综合利用企业发放绿色债券。完善市场准入制度，营造公平竞争市场环境，加强事中事后监管，鼓励支持资源综合利用产业发展。

（五）提高产业准入门槛，倒逼绿色升级

严格环境准入，推行绿色设计、清洁生产和绿色开采，依法依规实施强制性清洁生产审核。探索典型大宗工业固体废物"以废定产"策略，倒逼企业主动消纳产生的固体废物，促进工业发展循环可持续；积极引导固体废物产生企业建立完善内部激励机制，以企业为主体，支持固体废物利用企业

和项目建设，推动企业采用先进的清洁生产技术，从源头减少固体废物产生量。

（六）拓宽多元化利用途径，推动存量固体废物有序消纳

以产生量较大、利用成熟度高的粉煤灰、炉渣、脱硫石膏为重点，持续推进跨区域协同利用，支持粉煤灰在大掺量混凝土材料、道路材料、高强石膏、装配式建筑部品部件等新型建材中的应用示范。鼓励脱硫石膏用于生产建筑用高强石膏、自流平石膏等附加值较高的新型建材和绿色建材，推进大宗工业固体废物综合利用水平稳步提升。以"处置存量、消纳增量"为目标，推动赤泥、磷石膏等工业固体废物的综合利用。开展赤泥与其他固体废物的成分配伍，推动其在生产装配式建材、道路材料、陶粒、岩板等建筑外装饰材料中的应用示范，实现多种固体废物的协同处置。推动磷石膏替代天然石膏生产水泥缓凝剂、高强石膏板、石膏砌块、道路材料等新型建材领域的应用。以绿色矿山建设为抓手，在确保安全环保的前提下，推动存量大宗工业固体废物在塌陷区治理、矿井充填及土地生态修复等领域的应用。研发、引进、推广电解锰渣资源化无害化利用技术，鼓励用于制砖、微粉、道路路面基层材料等资源化利用途径。推动钛石膏、磷石膏在生产高强石膏粉及制品、复合胶凝材料、水泥缓凝剂、道路材料等方面的综合利用，实现存量工业固体废物的规模化消纳。

（七）激发市场活力，拓宽综合利用资金渠道

坚持政府引导、市场为主、社会参与的原则，充分利用市场机制推动大宗工业固体废物综合利用，不断营造公平竞争市场环境，增强综合利用产业投资吸引力，建立政府、企业、社会多元化投资机制，鼓励银行等金融机构为资源综合利用项目提供信贷支持，引导金融机构加大融资支持力度，拓宽融资渠道，鼓励支持社会资本参与固体废物综合利用，推进综合利用重点项目实施，实现政府、企业、社会投资等多元化有效投资格局。

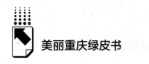

参考文献

周云刚、何宾宾：《我国磷石膏综合利用现状与建议》，《磷肥与复肥》2023 年第 5 期。

吴昊、刘宏博、蔡洪英等：《"无废城市"建设背景下一般工业固废管理对策——以重庆市主城区为例》，《环境与可持续发展》2021 年第 4 期。

国家发展改革委等：《关于"十四五"大宗固体废弃物综合利用的指导意见》（发改环资〔2021〕381 号），2021 年 3 月 18 日。

重庆市生态环境局：《2017 年重庆市环境统计年报》，2018 年 12 月 19 日。

重庆市生态环境局：《2018 年重庆市环境统计年报》，2020 年 1 月 9 日。

重庆市生态环境局：《2019 年重庆市环境统计年报》，2021 年 9 月 15 日。

重庆市生态环境局：《2020 年重庆市环境统计年报》，2022 年 1 月 24 日。

重庆市生态环境局：《2021 年重庆市生态环境统计年报》，2022 年 12 月 28 日。

G.8
三峡水库消落区生态保护与修复研究

李姗泽　王雨春　吴雷祥　包宇飞　温　洁*

摘　要： 三峡水库消落区被誉为"金腰带"，也是三峡水库重要的生态屏
障带。在国家政策的大力支持下，在各级政府管理部门的高度重
视下，在多家高校及科研院所的艰苦探索下，针对三峡水库消落
区的生态系统保护与植被修复开展了大量探索和科学研究，成效
显著，发布了一系列消落区生态保护相关的管理办法和技术规
程，形成了多个消落区生态修复示范案例，在消落区的生态修复
与管理方面积累了宝贵经验。水库消落区生态系统的演化过程漫
长且复杂，受区域内人类活动的持续干扰，面对日益增长的区域
发展要求，仍需要进一步加强消落区的长期监测、精准管理和科
学研究，要敬畏自然，不断调整人的行为、纠正人的错误行为，
共促人与自然和谐共生。

关键词： 三峡水库消落区　生态修复　关键技术　综合治理

　　水库消落区是因人为水位调蓄而形成的特殊区域，通常位于最低水

---

　*　李姗泽，博士，中国水利水电科学研究院水生态环境研究所，高级工程师，主要从事流
域生态保护与修复研究；王雨春，博士，中国水利水电科学研究院水生态环境研究所副
所长，正高级工程师，主要从事深大水库生物地球化学循环研究；吴雷祥，博士，中国
水利水电科学研究院水生态环境研究所，室主任、正高级工程师，主要从事水生态修复
与水污染控制技术研究；包宇飞，博士，中国水利水电科学研究院水生态环境研究所，
高级工程师，主要从事流域生源物质地球化学循环研究；温洁，博士，中国水利水电科
学研究院水生态环境研究所，高级工程师，主要从事污染物运移、水生态监测与评价、
监测设备维护与研发等研究。

位线和最高水位线之间，具有重要的水域生态屏障作用。三峡水库消落区水位落差高达 30 米，面积为 284.65 平方千米①，承载了三峡库区重要的面源污染截留，为多种生物提供了宝贵的栖息场所，也是非常重要的水域和陆域之间的缓冲过渡区，因此三峡水库消落区的生态安全和科学管理是当前水库生态环境保护修复与绿色可持续发展研究的重要关注点。

一　三峡水库消落区面临的生态问题

三峡水库消落区长时间水位逆自然节律涨落，原有的陆地生态系统被彻底破坏，形成了特殊的"逆自然水位变动"的水陆交错生态系统。三峡工程自 2003 年建设运行以来，各级领导及管理部门高度重视三峡水库消落区的生态环境保护与管理，开展了大量生态治理与修复工程，但消落区生态系统仍面临诸多问题，主要体现在以下几方面。

一是消落区生态保护修复与环境管理等方面的协同联动机制尚不完善。据 2022 年统计，三峡库区生产总值 12103.26 亿元，同比增长 11.53%，库区常住人口 1543.22 万人，比上年增加 3.74 万人；其中城镇常住人口 988.02 万人，较上年增加 16.45 万人；农村人口 555.20 万人，较上年减少 12.71 万人；城镇化率为 64.02%，比上年末提高 0.91 个百分点，城镇化水平不断提升。消落区库岸城镇密集，人口众多，人地矛盾突出，经济发展与生态保护相制约。消落区综合治理体系有待健全，消落区生态修复与岸线划定及管控、防洪库容管理协调不够充分。

二是消落区拦截流域面源污染的生态屏障功能缺乏稳定性。2022 年，库区 19 个区县农用化肥施用量（折纯）共 534.84 万吨，农药使用量为 9368 吨，分别比 2021 年减少了 0.56% 和 0.97%。② 消落区是陆域污染物迁

---

① 资料来源：《三峡工程公报 2022》。
② 资源来源：《重庆统计年鉴 2023》《重庆统计年鉴 2022》《宜昌统计年鉴 2023》《宜昌统计年鉴 2022》《恩施州统计年鉴 2022》《恩施州统计年鉴 2021》。

移入库的最后一道屏障，受水位涨落波动影响，消落区物质循环过程复杂。尤其在城集镇、农村居民点等人口较为密集区域的人工边坡消落区，面源污染较严重，这些消落区土壤中的氮磷无法通过植物吸收进入自然循环过程，难以形成有效的生态屏障，不能有效拦截人类活动所形成的污染物。降雨或水位波动冲刷导致这些污染物更易进入库区水体，给水库水质安全带来较大风险。

三是消落区生态保护中植被碳汇管理有待进一步加强。2022年对三峡水库消落区监测点位的监测结果显示，植物物种数为40科116属142种，较2021年减少24种，主要减少的是一年生草本植物，这主要与2022年高温干旱不利于植物生长有关。目前在推进消落区生态保护修复工程的规划、组织和实践中，多以简单的植被恢复为主，"重修复、轻管护"所积累的矛盾突出，缺乏水库消落区植被碳核算和碳管理，对消落区植被固碳潜力及实现路径缺乏量化认识，消落区碳中和的生态功能发挥不充分。

四是部分消落区存在岸坡稳定风险。2022年，库区发生地质灾害灾（险）情8起，其中湖北省5起，重庆市3起，转移避险20户49人。消落区人类扰动频繁，加上其水陆交错的特殊环境条件，进一步加剧了消落区的脆弱性和复杂性。2022年，对库区兴山县、巫山县、涪陵区等8个区县小流域、径流小区和库区水土流失遥感监测的结果表明，三峡库区水土流失面积18259.72平方公里，占土地总面积的31.65%。其中，轻度侵蚀13777.92平方公里，占水土流失面积的75.46%；中度侵蚀2441.22平方公里，占比13.37%；强烈侵蚀1487.77平方公里，占比8.15%；极强烈侵蚀519.22平方公里，占比2.84%；剧烈侵蚀33.59平方公里，占比0.18%。三峡库区地质条件较差，在水库水位周期性升降影响下，库岸岩体劣化程度逐年加深。受极端气象事件（如暴雨）频发影响，库区地质灾害风险将长期存在，对库区人民生命安全构成威胁。

二 三峡水库消落区保护、修复与管理的关键技术应用

（一）水库消落区发布的相关法律法规及标准规范

为了加强三峡水库消落区的保护和管理，重庆市和湖北省分别出台了三峡水库消落区管理办法和相关通知，也有一系列水库消落带生态修复技术规程和生态保护技术导则等可供参考。

《重庆市三峡水库消落区管理办法》自2023年5月1日起施行。本办法所称消落区指三峡水库正常蓄水位175米的库区土地征用线以下，因水库调度运用导致库区临时性出露的陆地。其指出水行政主管部门是消落区的主管机关。鼓励高等院校和科研机构开展消落区地质结构、水土保持和生态修复等方面的科学研究。消落区综合治理实施方案应与长江流域生态环境修复规划以及国家、本市相关保护和发展规划相衔接，与库区生态保护红线的划定相协调。

《湖北省人民政府办公厅关于加强三峡水库消落区管理的通知》（鄂政办函〔2019〕1号）提出，基本原则为坚持保障水库运行安全、生态环境保护优先，自然保护和生态修复为主、工程治理措施为辅，科学利用岸线资源，综合管理与部门监督指导相结合。主要目标为消落区环境保护措施得到有效落实，水库防洪库容得到严格保护，生态修复取得明显成效，土地和岸线等资源利用规范有序，为水库运行安全和水质安全提供保障。

《三峡库区消落带植被生态修复技术规程》（LY/T 2964-2018）为林业行业标准，规定了三峡库区消落带植被生态修复的原则、技术、整地和栽植技术、管护和档案管理。强调植被生态修复的基本原则为生态优先，植物多样，因地制宜，适地适植，乡土植物为主，保障生态安全。植物种类的选择原则为耐淹能力强，能耐受夏季伏旱；根系发达，固土能力强的多年生植物；耐贫瘠，易成活，具有较强的萌芽更新能力，优先选择实生苗。

《水库消落区生态保护与综合利用设计导则》 （T/CWHIDA 0012-2020）团体标准旨在规范水库消落区各类生态保护与综合利用工程的规划设计，使之既符合水库的运行要求，又能在切实保护生态环境的前提下合理利用消落区土地，更好地发挥水库综合效益。其内容涵盖了水资源保护、生态修复与环境保护、土地利用、渔业发展、旅游、航运、新能源、卫生防疫、采砂取土及管理—监督—监测等。该团标指出消落区综合利用规划的项目应对防洪安全、河势稳定、供水安全、卫生防疫与河流健康等做出综合评价。

（二）三峡水库消落区修复关键技术应用案例

1. 澎溪河流域消落区生态修复工程

澎溪河位于三峡库区库腹，发源于重庆市开州北部，是长江左岸一级支流，干流全长 182.40 公里，流域面积 5173.12 平方公里。消落区面积约为 55.47 平方公里，消落区的平均宽度 1.06 公里，是三峡水库消落区面积最大、类型最多的河流。澎溪河的支流有南河、普里河和白夹溪。在澎溪河流域的消落区修复工程包括白夹溪消落区修复工程、汉丰湖消落区治理提升工程等，采用了多种关键技术，如适生植物筛选技术、种源建库技术、植物群落趋自然化构建技术、多功能基塘修复技术、复合林泽修复技术、多维湿地修复技术以及多要素协同修复技术（见表1）。

表1 澎溪河消落区生态修复工程关键技术要点

关键技术	技术要点
适生植物筛选	通过现场调查监测和模拟实验,筛选本地适应于水库水位变动、耐淹耐旱植物物种
种源建库	建立种苗繁育驯化实验基地,开展原位试种、室内模拟试验及相关指标的定量测试,包括水位波动、长期没顶淹没模拟、水下低温、黑暗逆境的环境适生性、生理生态分析等
植物群落趋自然化构建	开展近自然生态稳定的植物群落配置和构建研究:①多层复合混交群落配置;②复合林泽群落配置;③林网—基塘群落配置

续表

关键技术	技术要点
多功能基塘修复	针对缓坡消落区(坡度<15°),在坡面上结合原有地形地貌特征,设计开挖基塘,形状因地制宜,塘平均大小10~60平方米,塘基宽度平均50~80厘米,塘的深浅80~200厘米不等。塘内种植耐深水淹没的湿地植物,如菱角、荷花、慈姑、荸荠、水生美人蕉、茭白等
复合林泽修复	聚焦于165~175米的消落区,种植耐水淹的乔木和灌木,如池杉、落羽杉、乌桕、杨树等乔木,秋华柳、小梾木、中华蚊母等灌木。①耐淹乔木混交;②耐淹乔木+灌木;③耐淹乔木+灌木+草本植物;④林泽+基塘;⑤多带多功能缓冲系统
多维湿地修复	145~175米"林泽+基塘"符合系统,175~180米小微湿地群,180~185米野花草甸系统
多要素协同修复	按消落区高程和水位变化梯度,结合消落区地形地貌和底质类型(土质、卵石、砂石等),配置适生植物群落,营造不同动物(无脊椎动物、鱼类、鸟类、小型兽类等)的栖息环境

2. 重庆江北城段消落区综合治理工程

重庆江北城段消落区综合治理工程是主城区"两江四岸"治理提升的重要节点性工程,也是江北嘴江滩公园生态绿色岸线塑造的重要措施。项目位于江北区长江及嘉陵江北岸,起于嘉陵江长安码头,止于长江北岸塔子山南麓观音寺,岸线全长5.9公里。该工程以"千年江北城,美丽滨水岸"为设计主题,以建设山清水秀生态带、便捷共享游憩带、人文荟萃风貌带、立体城市景观带特色景观为目标,按照"水退人进、水进人退"的思路,充分挖掘江北沿江岸线生态机理,实施江北嘴大台阶生态化改造,治理消落区,柔化滨江岸线,优化景观小品、景观照明、植物配置。以绿脉串文脉,以文脉融古今。打造极具功能性和文化彰显力的世界级滨江亲水岸线,助推重庆建设"山水之城·美丽之地"城市品牌。

江滩公园消落区治理工程的关键技术为打造"立体生态"公园,所种植的植物品种重复适应洪水淹没频率。在高程175米以下,重点选择狗牙根、卡开芦、白茅等消落区植物,保障洪水后迅速复绿;在高程175~185米,选择粉黛乱子草、狼尾草等植被,目的是打造干净整洁、生态自然的植物群落结构；在高程 185 米以上，以种植蓝花楹、垂丝海棠、红梅、水杉等为主，旨在打造四季常绿、三季有花的滨江空间，其植被景观格局可供参考（见表 2）。

表 2　江北嘴江滩公园景观植物分区设计

区域位置	水位高程	主要植物物种
嘉陵江段	161~177 米	扁穗牛鞭草、狗牙根、白茅、甜根子草、芦苇等
	177~182 米	粉黛乱子草、紫叶狼尾草、半细叶结缕草、枫杨林等
	182~187 米	金叶女贞—红檵木、羊蹄甲开花乔木
	187~192 米	红叶李、南迎春、羊蹄甲、垂柳、日本晚樱、黄葛树、刚竹、丛生茶条槭、垂丝海棠、蓝花楹、爬山虎等
江北嘴及两翼段	161~165 米	狗牙根（保留自然砂石、滩涂等）
	165~175 米	芦苇为主，搭配芦竹、甜根子草、白茅、扁穗牛鞭草、块茎苔草、小梾木、秋华柳、狗牙根等品种的消落带适应性观赏草类植物
	176~180 米	枫杨林为主，搭配千屈菜、小梾木、杭子稍、马蔺、细叶芒等植被
	180~192 米	黄葛树、香樟、水杉、蓝花楹、紫娇花、宜昌黄杨、柳叶马鞭草、紫穗狼尾草、五节芒等
长江段	161~172 米	主要选择消落带适应性植物：芦苇、白茅、扁穗牛鞭草、五节芒、野地瓜藤、枸杞、狗牙根、秋华柳等
	172~186 米	粉黛乱子草、紫穗狼尾草、白茅等
	186~192 米	羊蹄甲、栾树、黄葛树、红梅、日本珊瑚、蔷薇、柳枝稷、萼距花、紫娇花等

3. 万州消落区生态修复工程

重庆市万州消落区由长江干流消落区和苎溪河、瀼渡河、石桥河等支流消落区组成，面积约 25.14 平方公里，岸线长度约 349.29 公里。万州区打造了以大周镇等为代表的消落区生态修复示范工程。

消落区位于水陆交错带，毗连城镇与乡村，其生态安全关乎上下游、左

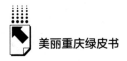

右岸。万州区先行编制了《重庆市万州区三峡水库消落区综合治理实施方案》，提出将消落带打造成生态带、安全带、休闲带、景观带的总体目标，明确了"因地制宜，分类施策"的治理原则和总体思路，将万州消落区划分为保留保护区、生态修复区和工程治理区3类80段。其中，保留保护区27段，面积15.08平方公里，岸线长度201.49公里；生态修复区18段，面积5.09平方公里，岸线长度66.94公里；工程治理区35段，面积4.97平方公里，岸线长度80.86公里。对每个区域的消落带制定了针对性的治理策略，使消落带的治理有规可依、有章可循，从而有序推进万州消落区开展综合治理。

2002年起，万州区开始探索中山杉118良种试种，在长江库岸消落区进行淹没浸泡试验。中山杉是落羽杉属的种间杂交种优良无性系的总称，由南京植物研究所引进培育而成，具有根系发达、速生、耐水湿、病虫害少等优良特性，是三峡水库消落区造林绿化的优良树种之一。经过十多年的努力，取得了初步成效，2014年，中山杉118品种通过了重庆市林业局林木品种审定委员会林木良种认定，2019年通过了国家林木良种审定。实验表明，每年在淹没5个月的情况下，中山杉表现出较强的耐水性和适水性，目前已进入大面积推广阶段。截至2023年，全区共栽植中山杉3250余亩，绿化库岸70余公里，在长江两岸形成一道亮丽的"水上森林"景观，昔日的滩涂裸地变得绿意森森，不仅促进了水土保持，还为野生动物提供了良好的栖息环境，生物多样性得到了有效保护，生态修复成效明显。但是从行洪安全的角度来讲，应将中山杉种植在水库最高水位线以上。

值得提倡的经验模式之一是万州区建立了生态修复司法保护示范林。2014年3月14日，习近平总书记在中央财经领导小组第五次会议上讲话指出，"要从改变自然、征服自然转向调整人的行为、纠正人的错误行为"。该区启动了"三峡库区环境公益诉讼专家咨询机制"，试行环保禁止令和"生态环境修复令"等生态补偿机制。率先探索了综合审判方式，全面、统一追究环境违法行为人的多重责任，包括环境刑事、行政和民事法律责任。2015年起，指导协助区司法部门在大周镇铺垭村和五土村消落区栽植中山杉生态修护司法保护示范林 200 余亩。初步探索了"以补代罚"的生态司法修复机制。针对滥伐、盗伐林木的，按"伐一补十"的方式来植树补偿。在审判过程中以教育和倡导破坏三峡库区生态环境的人自愿认捐生态修复费等方式为主。这也高度符合水利部李国英部长在 2023 年联合国大会提出的四大倡议之一，"尊重自然界河流生存的基本权利，把河流视作生命体，建构河流伦理，维护河流健康生命，实现与河流和谐共生"。

4.忠县石宝镇消落区植被重建与生态修复工程

忠县位于重庆市东部，石宝镇被称为忠县的东大门。石宝镇消落区的母岩以紫色贝岩和砂岩为主；当地植被以亚热带常绿阔叶林为主，但经过长时间"冬蓄夏排"的水位淹没后，原陆生植物乔灌木已消失殆尽，仅有少量的一年生草本植物存活，如狗尾草、马唐、苍耳、稗草等。针对忠县石宝镇缓坡消落带采取的生态修复措施如表 3 所示。

表 3　缓坡消落带生态修复措施

水位高程	生态修复措施	种植植物类别
145~156 米	沿等高线修筑堤坝，落淤造田。在坡度较陡或无法修筑堤坝的区域，通过喷洒草种进行坡面绿化，利用生物固坡，增加植被盖度	狗牙根、稗草、牛筋草
156~170 米	在小于 30°的坡面，沿等高线修筑堤坝，落淤造田。在坡度较陡的区域，如果土壤肥沃，可以播种牧草	狗牙根、苍耳、狗尾草、稗草、牛筋草、莎草、水虱草
170~175 米	采用鱼鳞坑、水平截流沟等工程措施，截短坡长，阻断径流，缓解径流冲刷，集中收集分散的坡面径流，预防并治理滑坡，维护库岸稳定性。沿高程梯度平行栽种 2~3 行护坡林带，美化库周林带	苍耳、大狼把草、水蓼、石荠苎、莲子草、酸模叶蓼、竹柳、桑

当前，在国家政策的大力支持下，在各级政府管理部门的高度重视下，在多方科研院所的艰苦探索下，围绕三峡水库消落区综合管理及生态修复开展了大量探索和科学研究，发布了一系列消落区生态保护相关的管理办法和

技术规程，形成了多个消落区生态修复示范案例，在消落区的生态修复与管理方面积累了宝贵经验。然而目前所推进的消落区生态保护修复工程的规划、组织和实践中，多以简单的植被恢复为主，"重修复、轻管护"所积累的矛盾突出，同时水库消落区生态系统的演化过程漫长而复杂，水库消落区的综合管理与生态修复仍存在许多需要改进的地方。

三　三峡水库消落区生态保护与修复建议

加强并完善消落区长期综合监测体系。三峡水库消落区生态系统演变是一个长期过程，消落区逆自然水位变动、物质冲淤交换复杂、植物群落结构趋于简单，使得三峡水库消落区生态系统演变过程存在诸多不确定性，十分有必要加强生态环境监测研究及拦污降碳效能评估，建立健全消落区生态系统健康评价技术体系，研究建立"空—地—水"一体化生态环境监测系统，综合运用遥感、无人机航拍、原位观测等手段，对消落区生态系统生境安全和稳定性进行全方位调查评价、预警预测，规范监测指标、监测方法，确保监测数据具有可比性，掌握消落区的生态环境状况，从而更好地发挥消落区的生态功能和作用。

建立健全消落区横向生态保护补偿制度。以往补偿机制主要依靠自主磋商建立，而作为平行主体在磋商过程中所持观点趋于多元化，在区域选取、补偿方式、补偿依据、补偿额度、安排时序等方面存在较多分歧，且因机制本身牵涉利益分配问题，难以达成一致。建议强化中央统筹，改变当前横向补偿以协商为主、落实较难的状况。进一步丰富和健全横向生态补偿机制内容，使重要生态功能地区的支出责任更为合理地在受益地区间分担。

探索消落区"占补平衡"保护与利用动态平衡机制。根据《中华人民共和国防洪法》（2016 年修正）第二章第十七条，在江河、湖泊上建设防洪工程和其他水工程、水电站等，应当符合防洪规划的要求；水库应当按照防洪规划的要求留足防洪库容。第五章第四十四条，在汛期，水库不得擅自在汛期限制水位以上蓄水，其汛期限制水位以上的防洪库容的运用，必须服从防汛指挥机构的调度指挥和监督。在不违背《中华人民共和国防洪法》的前提基础上，地方经济要发展，需要一定的土地利用，倘若占用了部分岸段的消落区，同时在本行政区内其他岸段进行相应的库容补偿，可论证该机制是否具有可行性。

坚持部门联动，强化消落区综合监督与智慧化管理。建立健全三峡水库消落区生态环保的政策及法规体系。建立三峡水库消落区保护与管理工作领导小组，负责顶层设计、政策发布、规划计划和专项方案制定，以及督促督办、考核检查等。针对水库消落区的管理，需要统筹上下游各水库管理部门，建立健全三峡水库消落区保护与管理联席会议制度，破除行政壁垒，推动相关省市合作研究并落实有关重要政策、重点任务和重大项目等，实现三峡水库各地区间的高效协作及生态环境联建联防联治。

凝聚力量，深入开展消落区综合保护和治理研究。坚持以问题和需求为导向，实施生态治理，确定系统治理方案和措施，在自然立地条件较好的区域，重点加强管护，减少对植被恢复的人工干预，全面优化消落区植被生态系统的自恢复和自稳态维持机制，加强消落区拦污、固碳的生态功能。统筹各方资源，听取专家意见，凝心聚力，潜心开展长期、系统、深入的消落区保护与治理研究，搭建消落区生态保护修复技术应用平台，贡献成功的消落区生态修复经验模式，为大型水库消落区生态环境保护与治理研究提供先行示范。

参考文献

黄世友、马立辉、方文等：《三峡库区消落带植被重建与生态修复技术研究》，《西南林业大学学报》2013年第3期。

李姗泽、邓玥、施凤宁等：《水库消落带研究进展》，《湿地科学》2019年第6期。

秦东旭：《三峡库区消落带生态恢复模式及其生态效应对比分析》，湖北工业大学硕士学位论文，2018。

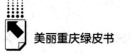
袁兴中：《三峡库区澎溪河消落带生态系统修复实践探索》，《长江科学院院报》2022年第1期。

中国水利水电科学研究院：《三峡工程运行安全综合监测系统2022年度技术报告》，2022。

中华人民共和国水利部：《三峡工程公报2022》，2022。

G.9
重庆渝东北人兽冲突现状与缓解策略

代云川 于 兰*

摘　要： 本报告以重庆市城口县人兽冲突为研究对象，通过对 2021 年 10 月 1 日至 2022 年 9 月 30 日 449 起赔偿案例的详细分析，揭示了野生动物致害的现状、空间差异、季节变化及其原因。其中，野猪（Sus scrofa）和亚洲黑熊（Ursus thibetanus）是主要致害动物，造成 97717 元的经济损失。研究发现，不同乡镇在应对野生动物致害事件时经济负担不同，且存在季节差异，夏季是野猪和亚洲黑熊致害的高峰期。人兽冲突驱动机制受特殊的生态环境、农业结构和野生动物行为等多个因素的影响。渝东北人兽冲突缓解的对策应综合考虑野生动物保护、农业管理和社区教育等方面的因素，以降低人兽冲突的发生概率，减少经济损失，保障当地社区的安全和可持续发展。

关键词： 人兽冲突　野生动物　亚洲黑熊　缓解策略　城口县

　　党中央把生态文明建设提升到国家总体布局的重要战略地位，野生动物作为维系生态系统平衡的重要组成部分，也得到了党和国家前所未有

---

* 代云川，博士，重庆社会科学院（重庆市人民政府发展研究中心）生态与环境资源研究所副研究员，主要从事自然保护地管理与生物多样性、生态系统服务与生态补偿、资源生态与区域绿色发展研究；于兰，重庆市城口县林业局工作人员，主要从事野生动物致害防控、野生动物收容救助、生物多样性保护工作。

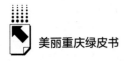
的关心和重视，因此，保护野生动物是生态文明建设的重要环节。党的二十大报告着眼全面建设社会主义现代化国家全局，部署了推进生态文明建设的战略任务和重大举措，指出要"提升生态系统多样性、稳定性、持续性"。生物多样性是生物及其环境形成的生态复合体以及与此相关的各种生态过程的综合，对生态系统功能发挥和结构稳定起着决定性作用。实施生物多样性保护重大工程，需要优化就地保护体系，完善迁地保护体系，加强生物多样性保护优先区域的保护监管，填补重要区域和重要物种迁地保护空缺，构筑生物多样性保护网络。保护野生动物意义重大。野生动物的存在，能够让生态系统中的物质和能量不断循环流动，保持区域生态系统的动态平衡。

一　人兽冲突研究的意义

　　野生动物与人类共同生活在地球上，是自然生态系统的重要组成部分，更是大自然赋予人类的宝贵自然资源，对人类生存的生态系统、社会经济、科学教育、文化娱乐等方面具有重要价值。人兽冲突研究作为生态学、社会学和可持续发展领域的重要分支，旨在深入探讨在人类居住区域与野生动物栖息地相互交叉的情境下，由资源争夺、栖息地减少等因素引发的复杂冲突现象。人兽冲突问题是全球性的热点问题和难题，在我国西部地区尤为明显，呈现分布范围广、发生强度大、危害程度高、日趋严重等特点和趋势。人兽冲突导致当地农牧民牲畜、房屋财产的损失以及人身伤害，将不断突破当地社区和民众的容忍度，直接影响社区居民保护野生动物的积极性，其消极效果极其严重。解决人与野生动物之间的冲突问题是人类与野生动物和谐共处的关键。探索和发展非伤害性的防止野生动物伤害家畜的方法，缓解或解决人兽冲突问题将有助于实现民生保障和生态保护的双赢，有助于形成人与自然和谐发展的新模式。

二　研究区与数据来源

（一）研究区概况

城口位于大巴山南麓，属大巴山弧形断褶带的南缘部分，由一系列西北至东西走向的雁列式褶皱和冲断层组成。褶皱紧密，断层密集，岩层走向为北西至南东向，并向南弧形凸出。境内计有第四系、三迭系、二迭系、志留系、奥陶系、寒武系、震旦系7个第，37个组、群的地层。最新地层为第四系的新冲积，最老地层为震旦系南沱组或跃岭河群。分布面积以寒武系地层最广，其次是三迭系地层。城口属四川盆地北亚热带山地气候，系亚热带季风气候区。由于山高谷深，高差大，具有山区立体气候的特征。主要气候特点是气候温和，雨量充沛，日照较足，四季分明，冬长夏短。春季气温回升快，但不稳定，常有"倒春寒"天气出现；夏季降水集中，七、八月多干旱，伏前、伏后多洪涝；秋季降温快，多连阴雨天气；冬季时间较长、气温低。常年平均气温13.8℃，年际变化比较稳定。年均最高气温为14.5℃，最低气温为13.0℃。平均无霜期234天，年均降雨日166天，常年平均日照时数为1534小时；年均降水量1261.4毫米，降水趋势由西南向东北渐少，年均风速为0.2米/秒，风向多为西南风。城口县有各类植物3800余种，其中国家重点保护植物197种，国家一级保护植物有琪桐、光叶琪桐、红豆杉、南方红豆杉、银杏、独叶草6种，二级保护植物有鹅掌楸、巴山榧等191种。有野生动物1278种，其中国家重点保护野生动物44种，列为国家一级的有豹、云豹、金雕、林麝、东方白鹳5种，二级保护的有猕猴、黑熊、水獭、金猫等39种。城口县拥有丰富的野生动物资源，生态环境优越，然而，与之相伴而生的问题却是野生动物致害频繁。为深入了解和解决这一问题，本研究以城口县为案例，着重探讨渝东北地区因野生动物活动引发的人兽冲突现象。通过翔实的调查和分析，旨在为未来制定更有效的野生动物管理和人兽冲突防范策略提供科学依据。

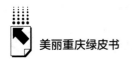

（二）数据来源

城口县林业局综合了四川省青川县、陕西省岚皋县野生动物致害政府救助责任保险情况，制定了《城口县野生动物致害政府救助责任保险方案（试行）》并在城口县境内试行，以林业局为投保人，由中国人民财产保险股份有限公司城口支公司（以下简称人保财险）、中国人寿财产保险股份有限公司重庆市城口县支公司（以下简称人寿财险）共同承保，保费 20 万元，全年累计赔偿限额 200 万元，保险期限为一年，即 2021 年 10 月 1 日至 2022 年 9 月 30 日。保险赔偿的野生动物为亚洲黑熊（Ursus thibetanus）和野猪（Sus scrofa）。保障范围为致害发生时处于城口县行政区域内的所有自然人，包括户籍人口、常住人口，临时到城口县出差、旅游、务工的人员及抢险救灾、救援人员等；以及致害造成城口县行政区域内的房屋及附属设施损失、农作物和经济作物损失、养殖业损失。

三　人兽冲突现状分析

（一）野生动物致害补偿现状

2021 年 10 月 1 日至 2022 年 9 月 30 日，城口县共发生了 449 起因野生动物致害而需要赔偿的案件，累计赔偿金额高达 160851 元。值得关注的是，这些案件中以涉及野猪致害事件最多，总计 368 起，给当地经济造成了总额 97717 元的巨大损失。亚洲黑熊引发的事件也相当显著，共计 81 起，导致总损失 63134 元。在这一背景下，野猪成为主要的责任方，对农作物造成了大量的损害，特别是对玉米和土豆等作物的影响更为明显。野猪的频繁活动不仅威胁着当地的农业生产，而且对农民的生计造成了直接的影响。其破坏性行为不仅限于破坏庄稼，还可能导致土地的劣化和生态平衡的紊乱。与此同时，亚洲黑熊主要以摧毁蜂箱为目标，表现出对蜜蜂饲养业的偏好。这一偏好性行为也给当地的养蜂业带来了一定的经济损失。农民们不得不采取措施，加强对农田和蜂箱的防护，以减少因野生动物致害而引发的经济损失。

（二）野生动物致害的空间差异

在城口县的 25 个乡镇中，对野生动物致害案例的报告显示，21 个乡镇都曾发生过此类事件。引人注目的是，其中有 15 个乡镇报告了既涉及野猪又涉及亚洲黑熊的事件，凸显了这两种野生动物对当地社区的潜在威胁。通过对报告并成功评估的案例进行综合分析，排名前五的乡镇分别是福兴、高燕、高观、修齐和双河，分别发生了 73、58、44、35 和 32 起事件。在赔偿金额方面，高燕、福兴、东安、北屏和高观相比其他乡镇更多，其相应的赔偿金额分别为 20460 元、20120 元、17587 元、12417 元和 12350 元。这一数据反映了这些乡镇在应对野生动物致害事件时所面临的经济负担，同时也凸显了野生动物致害对当地社区的普遍性和复杂性。这些统计结果为进一步研究野生动物致害事件的影响提供了基础。深入了解具体乡镇的情况，包括地理特征、农业结构以及野生动物栖息地的分布，将有助于制定更为精准和可行的防范策略，减少经济损失，同时确保与野生动物的和谐共处。这些数据也为决策者提供了有关资源分配和支持的指导，以更有效地应对野生动物致害问题。

（三）野生动物致害的季节变化

针对归因于亚洲黑熊的事件，对发生的时间进行详细分析，发现最高频率出现在 8 月，共计 37 起。其次是 7 月，有 32 起事件，而 6 月仅记录 2 起，表明在夏季月份，尤其是 8 月，亚洲黑熊的活动水平明显增加。这可能与亚洲黑熊的生态习性有关，因为夏季是野生动物活动的高峰期。这种明显的季节性变化有助于更好地理解亚洲黑熊的生态行为，为采取相应的保护和防范措施提供了时间窗口。而对于由野猪引起的事件，8 月和 7 月出现最高的发生率，分别为 159 起和 138 起。此外，9 月发生的事件数量也较高，总计 66 起。相比之下，6 月的事件较少，仅有 4 起。这也反映了野猪在夏季

月份活动增加的趋势，与亚洲黑熊相似。夏季是野猪繁殖季节，同时也是它们觅食和活动的黄金时期，这与其高发生率的季节性变化相一致。总体而言，整个数据集显示出在夏季月份，尤其是6月、7月和8月，野猪和亚洲黑熊都表现出明显增加的活动水平。这为制定针对性的防范和管理策略提供了重要线索，例如，在这些月份加强巡逻、设置防护措施，以减少野生动物与人类冲突的可能性。这些发现强调了季节性因素在野生动物致害事件中的重要性，为未来的研究和保护工作提供了有益的参考。

（四）野生动物致害的原因

城口县发生的人兽冲突根源于多重因素，其中包括生态环境、农业结构和野生动物行为等。首先，城口县地处山区，生态资源丰富，为野生动物提供了丰富的栖息地。然而，随着城市化和人类活动的增加，人类与野生动物的接触不断增加，引发了一系列冲突。其次，城口县的农业结构以种植业为主，主要种植玉米、土豆等作物。这些农田成为野生动物寻找食物的场所，尤其是野猪。野猪频繁进入农田寻找食物，导致农作物损失，对当地农民的生计造成直接影响。亚洲黑熊则以摧毁蜂箱为目标，对养蜂业造成损害。因此，农田和养蜂业成为人兽冲突的主要场景。此外，城口县对人兽冲突的应对措施也是影响因素。通过《城口县野生动物致害政府救助责任保险方案（试行）》，政府对农民和受害者提供了赔偿，这可能导致部分人不愿意主动采取措施防范野生动物。缺乏有效的防范措施，使得野生动物更容易进入人类聚居区域，增加了人兽冲突的发生概率。

四　渝东北人兽冲突缓解对策

（一）脉冲电围栏试点推行

在城口县人兽冲突热点区域试点推行脉冲电围栏。电围栏技术原理基于电流的驱离作用，是一种有效防御野生动物入侵的手段。该技术通过在果园、房屋或圈舍周边布设带电围栏，形成一个闭合式电场，当野生动物进入电场并接触电线时将受到震慑性的电击，从而实现驱离和防御的目的。电围栏技术具有电流传输速度快、反应灵敏、稳定可靠等优点，可以有效降低人兽冲突造成的损失。通过在试点区域安装高压脉冲电围栏，选择高压、低电流的围栏系统，以减少对野生动物造成的伤害，并确保人身安全。通常而言，电压可设置在 8000～15000 伏，电流在 0.5～1.5 安，脉冲频率在 1～5 赫兹，能量存储量可设置在 0.5～2 焦耳。电线长度根据受保护对象的尺寸而定，电线高度大于熊的立起身高（约 2 米）。在部分地区可使用铜质地线，以增强地线导电性。通过报警主机、中心控制键盘、控制软件实现远程控制，如电压值调节、布/撤防区、报警持续时间调节等可实现智能化。可选配以太网接口、光纤接口、RS485 通信接口、CAN 总线接口、开关连接系统通信更便捷实现网络化。可配置本地化软件、平台服务器软件，实现主机远程控制、远程监测、远程维护等平台化。

（二）特制网围栏防护试点推行

特制防护型网围栏技术为解决农作物受到野生动物威胁的问题提供了高效方案。该系统以太阳能供电为基础，通过太阳能电池板和先进电池存储技术提供稳定的能源支持。在围栏的设计上，采用可持续材料，如可回收的渔网状围栏和经过防腐处理的铁丝，以减少环境影响。为了提高安全性，引入智能监控系统，实时监测围栏周边的活动，从而及时预警潜在威胁。定期的维护计划和社区培训确保了系统的长期可靠性，并通过社区参与建立了共同维护机制。定期开展效果评估，通过收集野生动物活动数据和农作物收成情况，调整和改进方案，使其更加适应当地的生态和社会环境，提高农作物的保护水平。

（三）狐灯（Foxlight）试点推行

狐灯是一种创新性的庄稼保护装置，其设计旨在防止野生动物对农田和牲畜的伤害。这一装置采用先进的技术，通过一块带有 9 个 LED 灯泡的电

源板和内置的计算机芯片实现彩色图案的随机发光。其独特之处在于，在不同的时间序列下，狐灯会产生变幻多样的蓝色、白色和红色闪光。狐灯的工作原理是通过模拟人类活动，使野生动物感受到附近有人走动，从而让捕食者无法靠近家畜。这一设计灵感源于野生动物对人类活动的回避本能，将其应用于庄稼保护领域，可显著减少野生动物对庄稼的侵害，提高农田的安全性和收成。狐灯的 LED 灯泡产生的彩色闪光在视觉上形成了变化的图案，模拟了人类的行走和活动。这种变化的光影效果使得野生动物感到不安，从而有效地驱离它们，降低它们对农田和牲畜的威胁。同时，狐灯的随机性设计使其更加适应自然环境，不容易被野生动物适应和预测。采用狐灯作为庄稼保护的方案，不仅具备创新性和高效性，而且对生态环境友好。它不使用有害的化学物质，也不对野生动物造成实质性伤害，仅仅通过光的变化创造出威慑效果。这使得狐灯成为一种可持续、人道的农田保护方案，为农民提供了一种有效且环保的选择。

（四）完善野生动物致害补偿方案

为了完善野生动物致害补偿方案，建议继续购买野生动物致害政府救助责任保险，并在此基础上进一步优化。首先，建议适度增加投保金额，以确保更广泛的覆盖范围。同时，考虑引入更灵活的保险产品，以更好地满足农户在不同阶段和需求下的保障需求。在调整保险条款时，可以考虑降低免赔金额至 50～100 元，以降低农民的负担。其次，制定不同类型损失的不同免赔额，可更精准地匹配不同情境下的农民需求，使保险更具有个性和实用性。对于过栽植季节的生长期作物，建议引入更灵活的赔偿方式。例如，可以考虑按照实际损失比例进行赔偿，以确保保险在面对不同程度的损失时能够提供公平合理的赔偿，同时保持一定的灵活性。这些调整旨在提高保险方案的适应性和实用性，使其更好地满足农民在面对野生动物致害时的保障需求。通过灵活的保险产品和更合理的免赔额设定，促进农民更积极地参与保险计划，从而提高整个野生动物致害补偿方案的效果和社会影响。

（五）加强对保险公司的监督

除了在未达到起赔金额的案件中进行沟通外，建议建立定期的反馈机制，主动收集农民对保险服务的意见和建议。这有助于及时了解保险产品在实际应用中的问题，为不断完善保险产品提供有力支持。在处理已报案件时，应加强与农户的沟通，积极协助解决问题，提高农民对保险公司的信任感。及时沟通和解决问题能够有效减轻农民的困扰，增强其对保险制度的信心，使其更愿意参与和信赖这一保护措施。另外，为提高农民对保险的认知和接受度，需要加大宣传力度。通过社交媒体、村庄宣传、农业培训等多种途径向农民普及保险知识，解释保险的重要性和作用，使他们更好地理解保险的益处。这不仅可以增加农民购买保险的积极性，也有助于构建一个更加健康、透明和互信的保险体系。

（六）加强野生动物致害防治

为了更有效地保护庄稼，必须加强野生动物致害的防治措施。首先，除了调控野猪种群数量外，可以采用先进的生态科技手段，如人工智能监测和无人机巡视等，以提高监测和防治的效果。人工智能监测系统可以实时监测农田周边的动物活动，识别潜在的威胁，并及时发出警报，为农民提供更早的应对机会。无人机巡视则能够覆盖更广泛的地域，迅速发现并掌握野生动物的活动情况，为有针对性的防治提供数据支持。其次，建议在政策层面鼓励农民采用各种防护措施，包括建造野生动物隔离栅栏。这种栅栏能够在一定程度上减少农田与野生动物的直接接触，有效防止野生动物对庄稼的侵害。政府可以通过提供补贴或其他激励措施，鼓励农民在田地周边建立这种有效的障碍物，从而降低野生动物致害的风险。

（七）野猪种群调控

制定合理的狩猎计划是确保野猪数量得到有效控制的关键。首先，需要通过科学手段对野猪种群进行准确的监测，了解其数量、分布和活动规律。

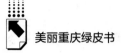

可以借助现代技术，如红外线监测、GPS 追踪等，以获取准确而实时的数据。监测结果将成为制定狩猎计划的基础，帮助确定狩猎的合理时机和地点。在制定狩猎计划时，需要充分考虑生态平衡的保持。通过设定合理的狩猎季节，确保野猪种群在繁殖和孵化期受到最小的干扰，从而减少对其生态功能的影响。合理的狩猎区域设定也是重要的，要结合野猪的迁徙路径、栖息地和农田分布等因素，确保在控制野猪数量的同时不破坏其自然生境。其次，制定合法的狩猎活动规定，明确狩猎的限额和方法，防止过度捕猎和非法狩猎的发生。政府和相关机构应与当地社区密切合作，建立监督机制，确保狩猎活动的合法性和可持续性。定期对狩猎计划进行评估和调整，以适应野猪种群动态的变化，确保控制措施的长期有效性。

为了更全面地控制野猪种群数量，城口县可以考虑实施科学而人道的生育控制政策。包括对野猪的生殖系统进行管理，以减缓其繁殖速度。其中一种方法是通过手术对野猪进行节育，这需要专业人员的参与，并确保手术操作的安全和有效。生育控制政策方面还可以采用现代生物学技术，如兽医学手段和生育控制药物。这些方法可以精确地调控野猪的生育周期，减少繁殖次数和繁殖数量。然而，在实施这些控制政策时，必须确保对野猪的人道处理，最大限度地减少对其生理和心理的影响。政府需要与兽医专业机构、动物福利组织和当地社区紧密合作，共同推动生育控制政策的实施。教育社区成员，强化他们对这一政策的理解和支持，从而提高整体效果。此外，通过科研和数据分析，及时评估生育控制政策的成效，根据需要进行调整和优化，确保其在维护生态平衡的同时有效地降低野猪数量。

（八）加强宣传

为了更广泛地宣传保险信息，建议采取多元化的宣传手段。除了传统途径如生态护林员、村村通广播、林场管护站等，还可以结合现代科技手段，建立保险 App，为农民提供在线培训和咨询服务，以更便捷、全面地传递保险知识和信息。这种方式能够更好地适应现代社会的信息传播需求，强化农民对保险的了解和认知。同时，鼓励保险公司与当地农业协会、农民合作社等组织开展合作，共同开展宣传活动。通过与这些组织的合作，可以更有针对性地传递信息，提高保险的覆盖面和社会影响力。这也有助于在社区层面建立更加紧密的保险推广网络，促进信息的传递和共享。通过多方位的宣传，使更多农民认识到保险的重要性，激发其参与保险制度的积极性。这不仅有助于加强农业生产的全面风险保障，还能够推动野生动物致害保险在农村地区的更广泛应用。

参考文献

蔡静、蒋志刚：《人与大型兽类的冲突：野生动物保护所面临的新挑战》，《兽类学报》2006 年第 2 期。

韩徐芳、张吉、蔡平等：《青海省人与藏棕熊冲突现状、特点与解决对策》，《兽类学报》2018 年第 1 期。

代云川、李迪强、刘芳等：《人熊冲突缓解措施研究进展——以三江源国家公园为例》，《生态学报》2019 年第 22 期。

程一凡、薛亚东、代云川等：《祁连山国家公园青海片区人兽冲突现状与牧民态度认知研究》，《生态学报》2019 年第 4 期。

绿色发展篇

Green Development

G.10
重庆制造业绿色转型的困境与对策

程 凯*

摘 要： 制造业作为实体经济的主体，是重庆的立市之本、强市之基。
历经多年的粗放式发展，开始面临绿色转型的重大选择。为此，
如何与经济社会协同发展，如何按照党中央的要求实现规范发
展，如何实现绿色"共生"、绿色发展便成为重庆制造业转型
升级面临的重大问题。本报告系统分析了重庆制造业绿色转型
的现状及存在的问题，发现重庆制造业绿色转型面临着产业政
策引领不足、财政政策激励较弱、试点示范引领作用不强等问
题，亟待解决。在此基础上，从强化产业政策的绿色引领作用、
强化财政政策激励作用、强化制造业结构性调整作用、强化试
点示范带动作用等四个方面提出了推动重庆制造业绿色转型的
对策建议。

---

* 程凯，经济学博士，重庆社会科学院副研究员，主要从事产业经济与国际贸易研究。

关键词： 制造业 绿色转型 生态环境 重庆

党的二十大报告提出未来发展的主题，就是建设中国式现代化。建设中国式现代化，最重要的是建立现代化产业体系。而实体经济的80%是工业，工业的87%是制造业。因此，要建设中国式现代化，建设现代经济体系，关键在于制造业高质量发展。重庆是国家重要现代制造业基地，中央赋予重庆建设国家重要先进制造业中心的战略使命。目前，全市拥有制造业全部31个大类行业，形成汽车、电子、装备、材料、医药、消费品等"多点支撑"产业格局。2022年重庆在遭遇需求收缩、供给冲击、预期转弱"三重压力"，以及外部环境、疫情、高温干旱等多重冲击背景下，其规模以上工业企业实现营业收入2.8万亿元。2023年重庆市政府工作报告，不仅对"奋力抓好以制造业为重点的产业转型升级，加快构建现代化产业体系，谋划实施制造业提质增效行动"进行谋篇布局，更对未来五年以制造业高质量发展推进现代化产业体系建设做出全面部署。

然而，在重庆制造业高质量发展取得显著成效的同时，我们需要看到，在污染排放、绿色制造方面，重庆制造业转型升级仍任重道远。由于重庆制造业缺乏产业链整体观念的政策导向，本市布局的产业链环节"内涵能源"和"内涵排放"甚至"内涵生态容量"都很高。为此，市委、市政府明确指出，重庆要扎实推动产业绿色发展，加快构建绿色低碳循环发展经济体系，促进经济社会发展全面绿色转型。基于此，本文深入分析了重庆制造业绿色转型的现状以及存在的问题，并在此基础上提出了推动重庆制造业绿色转型的对策建议。

一 重庆制造业绿色转型的现状与存在的问题

党的十九大以来，重庆深入贯彻落实习近平总书记生态文明思想和中央关于实现碳达峰碳中和的目标要求，坚持生态优先、绿色发展，推动构建绿

色低碳循环发展经济体系，推进产业生态化、生态产业化，促进经济社会发展全面绿色转型，全市制造业绿色转型稳步推进，但重点领域结构性矛盾仍然突出，主要存在产业政策引领不足、财政政策激励较弱、试点示范引领作用不强等问题。

（一）重庆制造业绿色转型升级的现状分析

近年来，重庆深入贯彻落实习近平生态文明思想和中央关于实现碳达峰碳中和的目标要求，坚持生态优先、绿色发展，推动构建绿色低碳循环发展经济体系，推进产业生态化、生态产业化，促进经济社会发展全面绿色转型，取得突破性进展。"十三五"期间，单位 GDP 能耗下降 19.4%、居全国第 12 位，单位 GDP 二氧化碳排放量下降 21.8%、超过国家下达任务 2.3个百分点。2020 年，重庆碳排放强度 0.7 吨/万元、能耗强度 0.355 吨标准煤/万元，分别低于全国平均水平 30%、20%左右。据中国社会科学院中国城市绿色低碳评价研究结果，2020 年重庆绿色低碳水平在全国 182 个城市中居第 4 位。据国家统计局 2020 年高质量发展综合绩效评价报告，重庆绿色发展指数在全国二类地区 21 个省市中居第 6 位。一是淘汰落后产能。"十三五"期间，全市完成 30 万千瓦及以上煤电机组超低排放改造，累计去除船舶过剩产能 2 万载重吨、钢铁产能 816.72 万吨、煤炭产能 3052 万吨、水泥产能 420 万吨、电解铝产能 8.7 万吨，重点行业落后产能已全部淘汰。二是壮大新兴产业。2020 年全市规上工业中战略性新兴产业占比 32%，较2015 年提高 13.3 个百分点；高技术产业占比 28.9%，居西部前列。建成绿色工厂 115 家、绿色园区 10 个，园区工业集中度达到 84%。三是创新绿色金融。成立全国首个区域性气候投融资产业促进中心，建成上线覆盖碳履约、碳中和、碳普惠的"碳惠通"生态产品价值实现平台，碳排放权配额年度履约率由 63%提高至 95%。2021 年末，全市绿色贷款余额 3844 亿元，同比增长 35.76%，高于各项贷款增速 23.6 个百分点，高于全国绿色贷款增速 2.6 个百分点。四是推广绿色建筑。加快基础设施绿色升级，全面推广绿色建材，城镇新建建筑中绿色建筑占比 65.7%。五是发展绿色交通。加快淘汰老旧柴油车辆，到 2021 年底新能源汽车保有量 14.5 万辆，获批全国首批新能源汽车换电模式应用试点城市。公共交通出行分担率达 60% 以上，其中轨道交通出行分担率 18.1%，获批国家公交都市建设示范城市。

一是制造业行业结构不优。重庆产业结构偏重、用能结构偏煤，研究测算制造业一次能源消费碳排放和综合碳排放占比（加上电力消费产生的碳排放）分别超过全社会碳排放的 32% 和 50%。其中，钢铁、建材、化工、有色金属等材料产业占制造业产值比重约 21%，但能耗及碳排放占制造业整体比重分别超过 80%、90%，是制造业能耗和碳排放的绝对主体。2021年，除电子信息和汽车外，其他碳排放相对较低的生物医药、高端装备等行业产值占比较低，分别占制造业的 3% 和 10%；高技术和战略性新兴制造业增加值占规上工业的比重分别为 19.1%（浙江 62.6%、广东 31.1%、安徽45.7%）和 28.9%（上海 40.6%），与东部地区差距明显。二是制造业碳排放与增长"脱钩"程度弱，钢铁、交通设备制造业发展与减碳矛盾突出。经过 Tapio 脱钩模型①测算，从直辖以来的逐年分析看，制造业碳排放与增长以弱脱钩关系为主，占 78.3% 的时间区间，即制造业增长的同时碳排放也在增加。跨时间段分析来看，基于制造业碳排放演化的阶段，对应设定三个时间段（1997~2005 年、2005~2014 年、2014~2020 年），制造业碳排放与增长均表现为弱脱钩关系，虽然三个时间段脱钩弹性系数呈现减小趋势，但也面临高碳锁定（化石能源型重化工业路线依赖）、碳排放脱钩稳定性弱等问题。从行业分析看，在两个时间段（2011~2015 年、2015~2020 年），黑色金属冶炼及压延加工业呈现衰减脱钩（脱钩系数 2.2）趋势，可以看出重庆钢铁和汽车、轨道制造发展与碳排放之间矛盾突出。三是能源资源禀赋与制造业绿色转型的矛盾日益突出。碳排放与能源资源禀赋具有强相关性，重庆能源资源具有贫煤、有气、无油和太阳能少、风能资源有限的特征，推动制造业绿色转型的制约因素较多。在水电方面，重庆水能理论蕴藏量

---

① Tapio 脱钩模型是基于弹性变化来分析环境压力与经济增长之间的脱钩关系，不受量纲干扰，在能源与减排领域得到广泛应用，该模型以 0.2、0.8 与 1.2 为临界值，系数越小脱钩程度越高。

1100万千瓦，目前已基本开发完毕，中长期除白马航电枢纽工程装机48万千瓦外，没有可开发的大中型水电项目；在太阳能和风能方面，重庆年平均日照时数1152小时，太阳年辐射总量全国最低，光伏发电累计装机容量63万千瓦，2020年发电量3.7亿千瓦时、居全国倒数第2位。除渝东北地区部分高山山脊和渝西地区少数河谷地带外，其他区域可开发的风能资源也有限，风能可利用性及稳定性总体较低；在天然气资源方面，重庆天然气（页岩气）矿权主要集中在中石油、中石化集团手中，缺乏重庆市企业参与，利用条件受限。

（二）推进重庆制造业绿色转型升级存在的问题

1.产业政策引领不足

一是绿色低碳工作激励约束机制缺乏。"双碳"工作现处于起步阶段，工作机制、统筹布局、实施路径、阶段目标等还在不断摸索构建之中，各部门开展工作存在单打独斗的情况，牵头部门和相关单位协同未形成齐抓共管的局面。同时，缺乏以问题为导向的"双碳"工作激励约束机制，以鼓励区县、企业积极在"碳达峰碳中和"中主动谋划、主动布局、主动推进。二是绿色低碳产业发展路径有待完善。目前，深圳和四川等省市出台了绿色低碳产业专项政策规划，明确了产业发展路径，如四川依托清洁能源优势发展绿色低碳优势产业，深圳聚焦节能环保领域前瞻性培育绿色低碳产业，重庆仅在出台的《重庆市碳达峰实施方案》等文件中将绿色低碳产业相关内容融入"产业结构绿色低碳升级行动"等章节，尚未出台绿色低碳产业专项规划或政策，也未单独提出绿色低碳产业发展的具体方向和目标路径。三是现有产业政策缺乏"绿色低碳"引导。国务院印发的《关于加快建立健全绿色低碳循环发展经济体系的指导意见》要求"多举措、全方位、全过程推行绿色生产"。然而，目前重庆产业激励政策大多均未明确与单位产值或者单位产品碳排放强度等"低碳"指标挂钩。以重庆市2022年重点专项资金项目为例，仅"绿色制造"板块设有年节能量、节水量等"绿色低碳"指标要求，其他板块的申报条件均未设置"绿色低碳"相关目标，不利于财税政策全方位推动经济社会发展绿色低碳转型。

2. 财政政策激励较弱

一是项目重复补贴问题凸显。国家层面，各部门政策申报条款中，部分规定不能同时享受地方资金，有的却未提此要求；而重庆市、区两级的很多政策未明确规定不能同时享受上级资金，甚至鼓励对获得国家财政资金等上级资金支持的项目进行重复性补助，造成个别重大技改项目重复享受补贴，很多中小企业技改项目由于投资不大，难以获得相关补贴的局面，大大降低了中小企业技改的积极性，绿色低碳发展政策存在协同性不足的问题，不利于全面带动产业绿色低碳发展。二是财政激励力度不够。重庆高度重视绿色低碳产业发展，但受财力所限，财政激励力度不够，绿色低碳发展资金盘子小，市、区两级均未出台促进绿色低碳产业发展专项激励政策，仅重点专项资金中的"绿色制造"板块与"绿色低碳"发展相关，资金额度较小，每年约4000万元，仅占重点专项资金20亿元的2%，与智能制造等板块资金占比差距较大。据不完全预估，全市"绿色制造"板块政策需求约1.5亿元，资金缺口较大，亟须提升"绿色制造"板块预算额度。三是政策申报门槛逐年提高。受财政收入、市场竞争等因素影响，重庆"绿色制造"的财政激励政策申报门槛整体呈现逐年提高趋势。如节能降碳技术改造类项目门槛从2017年的"项目固定资产投资不低于500万元，年节能量不低于500吨标准煤"提升至2022年的"项目固定资产投资不低于1500万元，项目实施完成后，年节能量不低于1000吨标准煤"，投资门槛上浮200%、绩效指标门槛上浮100%，而大部分中小企业相关节能降碳技术改造固定资产投资以及绩效目标很难达到上述要求，政策惠及面较窄、带动作用不强，难以全面带动制造业绿色低碳转型发展。

3. 试点示范引领作用不强

一是国家级绿色制造工厂及园区数量少。目前，国家层面已经培育建设6批共计3445家绿色工厂、275个绿色工业园区，以推动其发挥在制造业绿色低碳示范转型中的引领作用。重庆仅有52家绿色工厂、5个绿色工业园区入围，分别占全国的1.5%、1.8%，远低于浙江（213家、14个）、山东

（223 家、13 个）、江苏（199 家、17 个）等省，带动示范作用不足。二是低碳环保产业及企业发展规模带动作用不强。从总体规模看，2020 年全市节能环保产业营收 1038.55 亿元，约占全国的 5.8%；同期，北京、湖北、浙江、广东、江苏 5 省市贡献全国超过 67% 的营收。其中，环保产品制造企业营收仅 61.6 亿元，远低于江苏（超过 500 亿元）、浙江（超过 200 亿元）和四川、山东、辽宁、北京等省市（均超过 100 亿元）。从龙头企业看，全市有影响力、带动力强的龙头骨干企业少，无营收超过 50 亿元的环保企业；包括重庆三峰、远达环保等营收超过 4 亿元的环保大型企业约 50 家，仅占全国的 1.4%；固定资产小于 2000 万元的环保企业占比近 80%。三是独立的碳交易平台缺乏。重庆碳排放权交易平台挂靠联交所，其注册登记、交易系统嵌入联交所交易平台，导致功能欠缺，加上专业专职运营人才缺乏问题突出，引领制造业参与碳交易的水平和能力较弱。而北京、上海、天津、湖北、广东、深圳等其他 6 个地方碳市场试点省市，均有单独环境能源类交易平台。

二 重庆制造业绿色转型升级的重点行业

1. 加快智能网联新能源汽车发展

推动整车企业加快智能网联新能源汽车整车新品开发投放。建立汽车电子联合工作专班，提升车规级芯片、车规级软件、智能座舱、辅助驾驶系统等汽车电子供给能力和前装比例。推动传统燃油车零部件企业加快向智能网联新能源零部件领域转型，支持整车企业和关键总成企业吸纳中小企业，开展智能网联新能源汽车零部件技术合作攻关，持续加大动力电池、驱动电机等关键零部件领域企业引进培育力度，强化川渝地区智能网联新能源汽车产业链供应链融合。

2. 扩大新型电子产品供给

加快电源管理芯片、化合物半导体重点项目规划建设，推动企业延伸发展绝缘栅双极型晶体管（IGBT）、金属—氧化物半导体场效应晶体管

（MOSFET）等器件产品。推动计算机、家电企业研发应用新型节能技术、开展节能认证。推动传感器企业、智能仪器仪表企业与半导体领域企业深化合作，加强基于微机电系统（MEMS）技术架构的传感器与智能仪器仪表生产工艺研发，提升环境监测用先进传感器产品（组件）、智能工控系统以及智能工厂、绿色工厂信息系统整体解决方案供给能力。

3. 强化先进材料支撑

面向汽车、轨道交通、航空航天等领域轻量化材料需求，推动相关领域企业加快开发铝材和铝合金、镁合金、钛合金等轻合金材料，以及高性能纤维及增强复合材料等产品。面向绿色建筑、建筑节能、隔热保温耐火等领域需求，做大聚氨酯发泡材料、气凝胶材料、保温墙板、在线低辐射镀膜（LOW—E）玻璃、节水卫生陶瓷及整体卫浴等产品规模，积极引进培育太阳能光伏组件、装配式光伏建筑一体化等领域企业。依托重庆市合成材料基础，规划实施甲醇制烯烃（MTO）、1，4-丁二醇（BDO）等补链强链项目，促进可降解塑料、生物基可降解高分子材料等可降解材料发展。顺应碳捕集利用与封存（CCUS）发展趋势，积极引进培育二氧化碳吸附溶剂、固态吸附物料、分离膜等领域企业。面向过滤领域需求，推动相关企业加快开发纤维滤料、复合熔喷、聚四氟乙烯（PTFE）、聚苯硫醚（PPS）等滤料产品。

4. 发展绿色技术装备产业

加快培育打造绿色技术装备优势产业，奠定产业绿色低碳发展的根基。围绕新能源装备，重点发展风力发电机组、氢能源装备、储能电池、智能电网四大方向，加快推进重庆海装风电、重庆通用工业、重庆齿轮箱、望江工业等企业重点项目建设；围绕节能环保装备，重点发展大气污染治理装备、废水处理装备、固体废物处置装备三大方向，推进远达环保公司工业烟气综合治理、再升科技空气滤料、康达环保污水处理、三峰卡万塔环境公司垃圾焚烧发电技术及设备、耐德工业垃圾收集转运设备等项目。

5. 壮大节能环保装备规模

推动通用机械（内燃机、发电机）、风机、水泵等机电产品企业加强产品整体设计，植入先进传感器、功率器件、通信模块等部件，提升产品能效水平。推动环保装备企业加快烟气脱硫脱硝装置、垃圾焚烧装置、垃圾储运设备等成套装备迭代升级，提升"工程+产品+服务"总包能力。以碳捕集利用与封存示范项目为牵引，做好技术储备，争取在超临界流体储运、地质封存等领域有所突破。

6. 推进专业软件开发

加强绿色低碳技术与云计算、大数据、人工智能、区块链等新一代信息技术协同研发和交叉融合，加快绿色低碳技术、工艺经验、知识方法向软件产品转化，赋能经济社会智能绿色发展。推动机电产品企业与软件企业联合研发能耗管控、精准控制等嵌入式软件产品，推动软件企业面向经济社会绿色低碳转型重点环节、典型场景开发云软件、应用程序、模块化数字解决方案。培育绿色低碳领域大数据应用服务企业，构建节能降耗、循环利用等数字模型，发展数据标准制定、数据治理、系统集成、运维管理等信息服务。

三　推动重庆制造业绿色转型的对策建议

（一）强化产业政策的绿色引领作用

一是完善绿色转型工作推进机制。在全市层面构建分工合理、权责明晰、组织有力、配合顺畅的工作推进机制，明确全市绿色低碳相关指标体系，科学设定目标、路径、时间表。发改、经信、财政、税务、交通、住建、农业、林业、大数据等部门各司其职，根据中央统一要求，按照全国、全市统一部署，在各自领域制定专项碳达峰实施方案，确保《中共中央 国务院关于完整准确全面贯彻新发展理念做好碳达峰碳中和工作的意见》细化、落地、推进。

二是加快出台绿色低碳产业发展规划。依托产业本地优势和绿色转型需求，立足能源禀赋实际，出台绿色低碳产业发展规划，明确绿色低碳产业发展重点，培育支柱产业绿色发展新动能、做强绿色特色产业新支撑、推动清洁能源产业可持续发展，探索构建突出重庆特色、在全国范围内具有示范引领作用的绿色产业高质量发展体系。

三是实现绿色低碳激励引导性全覆盖。加强对"非绿色低碳"激励政策的"绿色低碳"引导。围绕经济社会发展全面绿色转型目标，结合制造业各行业在研发设计、生产制造、检测、营销服务、管理等方面的不同特征，对"非绿色低碳"激励政策在原支持条件的基础上，适当增加促进绿色低碳发展的相关指标，如单位产值或者单位产品碳排放强度、节约能源、节约用水、固废利用、减排污染物量等。

（二）强化"绿色低碳"财政政策激励作用

一是制定绿色低碳产业动态财政调节机制。市财政局根据碳达峰碳中和的政策措施路线图和时间表，制定相应的绿色低碳产业财政支持的总体规划，设计动态财政调节机制，根据不同时期的绿色低碳发展落实情况进行动态财政协调与平衡。

二是制定以点带面、点面结合的财政分层分类激励办法。建议地方补贴和中央补贴原则上不重复，已获地方补贴的企业在获得中央补贴后，市、区两级将不再对其补贴；已获得中央专项补贴的企业原则上不得接受市、区两级的重复补贴；市、区两级财政加大对未获得上级部门资助的企业倾斜力度，形成差异化支持。以此，实现中央—地方协同增效，全面带动，形成以中央财政补贴引领绿色低碳发展重点突破、地方财政以点带面全面落实的中央—地方协同共促引导绿色低碳发展新格局。

三是制定绿色低碳产业发展专项补贴政策。市、区两级相关部门依据本地实际情况，制定绿色低碳产业发展专项补贴政策，整合现有资金，持续加大绿色低碳发展资金投入，逐年降低准入门槛，逐步扩大政策覆盖面，激发各类企业绿色转型升级。若暂时不具备出台专项政策条件，可在现有财政预算的情况下，增加绿色制造板块的资金盘子，降低市、区级绿色低碳项目申报门槛，让绿色低碳政策成为普惠性政策，积极探索按照节能降碳量给予奖补等方式，惠及更多中小企业。

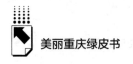

（三）强化制造业结构性调整作用

一是推进重点产业绿色转型。聚焦高端化、智能化、绿色化方向，积极发展低碳产业，壮大智能网联新能源汽车、新型电子产品、先进材料、节能环保装备等新兴产业，培育未来产业，提升高技术及战略性新兴制造业比重。深入分析产业链安全稳定发展需求，对排放高、"脱钩"难的钢铁、建材等基础性行业，逐步淘汰散小弱产能，加强技术和管理创新，提升绿色制造、服务制造水平。对钢铁、建材、化工、有色金属等四大高排放行业，合理控制产能规模，强化四大行业产能过剩分析预警和窗口指导，健全高能耗高排放低水平项目管控机制。对造纸和纸制品业、食品制造等消费品行业的生产工艺线进行节能降碳、智能化、数字化改造。对交通运输设备及其他装备制造业、电子产业等强化高耗能工艺生产线改造，大力发展回收利用和再制造。对高端制造、生物医药等规模较大、带动较强的关键战略性行业持续重点监控，防止"伪低碳"制造门类的出现而导致碳排放强度反弹。

二是推动生产过程清洁化转型。强化高耗能高排放项目清洁生产评价，新建、改建、扩建项目单位产品能耗、物耗和水耗等应达到清洁生产先进水平，依法将超标准超总量排放、高耗能、使用或排放有毒有害物质的企业列入强制性清洁生产审核名单。定期发布重庆市清洁生产技术推广目录，全面推动存量企业清洁生产审核和评价认证，对绿色改造意愿强、基础好的企业提供免费清洁化诊断。

三是推进能源消费清洁化。实施可再生能源替代行动，加快推动川电、疆电、藏电入渝，开展天然气、水电、氢能等内部挖潜，提高可再生能源消纳占比，抓好煤炭清洁高效利用，推动煤炭和新能源优化组合。加大与中石油、中石化等央企合作力度，通过市场化等手段，加快川渝天然气千亿立方米产能基地建设，充分发挥涪陵页岩气田百亿方产能示范基地引领作用，加快推进南川、武隆、永川页岩气加速上产，加大页岩气就地转化利用和产业化力度。完善抽水蓄能等传统储能产业体系，加快建设丰都、綦江等一批抽水蓄能电站，探索实施抽水蓄能峰谷电价机制，统筹抽水蓄能和配套电网建设。

（四）强化试点示范带动作用

一是推进园区升级改造。对标发达省（区、市），加大力度申请打造国家级、市级绿色工厂和绿色园区，推进国家级绿色工厂、绿色园区向"零碳工厂""零碳园区"转型发展。推动园区开展集中供气供热，发展高效多能互补利用模式，建设绿色化综合管理平台，搭建能源资源信息化管控、污染物排放在线监测、地下管网漏水检测等系统。发挥两江新区、西部科学城重庆高新区、广阳湾智创生态城引领作用，积极探索未来形态的低碳、零碳园区建设模式、标准和实施路径。建设专业碳足迹管理平台，推进重庆工业大数据创新中心研发的"工业双碳大数据平台"试点，通过更多场景应用完善提升平台功能。支持行业优势龙头企业主导建设绿色低碳研发中心和创新平台，激发高校、科研院所绿色低碳技术创新活力，形成一批拥有自主知识产权和专业化服务能力的产业创新基地。

二是培育壮大节能环保龙头企业。以制造业领军企业、产业链"链主"企业和市属国有企业为重点，引导企业实施中长期绿色发展战略，制定积极稳妥、切实可行的碳达峰时间表、路线图，深度应用绿色低碳技术、工艺、产品、设备和管理方法，打造绿色发展"标杆"。积极争取中节能环保等央企资源布局，引进培育一批龙头节能服务企业；在高效节能装备、仪器仪表、照明等领域，支持培育一批行业龙头企业。推动中小企业绿色转型，引导绿色设计和绿色制造，在低碳产品开发、低碳技术创新等细分领域培育一批"专精特新""小巨人"企业。挖掘中小企业节能减排潜力，开展中小企业节能诊断服务及能源资源计量服务。

三是建设碳市场交易平台。加快整合再生能源和绿色制造领域的二氧化碳减排、垃圾填埋处理及污水处理等方式的甲烷利用等，开展污染物与温室气体的协同控制，构建区域化环境资源交易平台。平台可覆盖碳履约、碳中和、碳普惠，并探索建立跨区域的碳排放权、用能权、排污权等交易机制，进一步拓展现有碳交易平台功能，形成具有区域环境资源优化配置功能的综合性交易市场，打造区域性环境权益交易平台，服务区域环境与经济高质量发展。

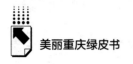
参考文献

李俊夫、李晓云：《制造业企业绿色转型的前因、路径与策略——基于碳中和视角的分析》，《现代管理科学》2023 年第 5 期。

丁雅芳：《"双碳"目标下河北省保定市制造业绿色转型创新发展路径研究》，《中国商论》2023 年第 9 期。

范帅邦、张晶格、陈雪云：《"双碳"目标下智能制造促进传统产业智能化绿色转型研究——以辽宁省为例》，《产业创新研究》2023 年第 9 期。

宋爱峰、梁慧慧、潘朗暄：《"双碳"战略驱动河南省制造业绿色低碳转型路径研究》，《中州大学学报》2023 年第 2 期。

武汉大学国家发展战略研究院课题组：《推进制造业绿色低碳转型的路径选择》，《中国行政管理》2023 年第 1 期。

李文娟、马疏影、水新营：《"双碳"背景下阜阳制造业绿色低碳转型思考》，《合作经济与科技》2022 年第 24 期。

张瑜宸、袁子恒、任权等：《碳中和、碳达峰目标下制造业转型现状及路径分析》，《商展经济》2022 年第 19 期。

G.11
数字化驱动重庆农业绿色低碳转型研究

李亚美　黄庆华　周密*

摘　要： 随着乡村数字化持续推进，数实融合是农业绿色低碳转型的核心驱动力。本报告从重庆农业种植业绿色低碳发展现状出发，梳理数字化驱动重庆农业种植业绿色低碳转型现实困境，梳理数字化驱动重庆农业种植业绿色低碳转型机制，包括生态产品的市场化机制、生产环境动态监测机制、生态环境保护补偿机制、各方利益协调长效机制等。提出重庆农业种植业绿色低碳转型的基本路径：加快传统种植业数字化改造，提升绿色低碳数字化转型能力；加强乡村数字基础设施建设，促进农业种植业适度规模经营；增强行业动态数据分享功能，提高种植业绿色融合发展水平；重视种植业数字化人才培养，助推新型种植业绿色低碳发展。

关键词： 农业绿色低碳转型　数字化　资本赋能

低碳化作为应对全球气候变暖问题的重要路径，近年来备受关注。农业碳排放是全球温室气体排放中的第二大来源，其中人为产生的温室气体占14%，非人为温室气体排放量占58%。在绿色发展理念下，减少农业碳排放是应对气候变化、实现农业可持续发展和"双碳"目标的必经之路。面对

---

* 李亚美，重庆工商大学派斯学院助教，主要从事公司治理、农村发展研究；黄庆华，博士，教授，博士研究生导师，西南大学经济管理学院副院长，主要从事产业结构和产业政策、农业产业发展研究；周密，重庆农村商业银行股份有限公司职员，主要从事公司治理研究。

日益严峻的减排形势，第二、第三产业节能减排的同时，农业绿色低碳转型也迫在眉睫。同时，数字经济正逐步成为中国经济增长的新引擎，其2022年规模达到50.2万亿元，占国内生产总值的41.5%。政府高度重视数字乡村建设，2022年中央一号文件提出"大力推进数字乡村建设，推进智慧农业发展，促进信息技术与农机农艺融合应用"。数字经济的蓬勃发展正与农村经济紧密结合，持续为农业现代化和农业绿色转型贡献力量。重庆是"长江经济带"发展战略中的重要城市，肩负着经济发展和生态保护的双重责任。因此，研究重庆农业种植业绿色低碳转型具有重要的现实意义。

一 重庆农业绿色低碳发展现状

（一）重庆农业碳排放总量时序变化

《重庆统计年鉴》显示，重庆农业种植业碳排放总量随时间变化表现为"先升后降"趋势。2000～2015年，重庆农业种植业碳排放总量从107.54万吨增加至151.38万吨，主要原因在于化肥施用量的大幅度增加以及农用塑料薄膜使用量增多；2015～2021年，重庆农业种植业碳排放总量呈现大幅下降趋势（见图1），这可能得益于农户意识到农业绿色低碳转型的重要性和紧迫性，主动在农业领域应用绿色节能减排技术，例如，农作物主要投入品技术、免耕覆盖技术、秸秆能源利用技术以及能源作物开发利用技术等，进而促进农业种植业碳排放总量随之递减。

（二）重庆农业碳排放强度变化趋势

重庆农业种植业碳排放强度变化总体呈现"下降—上升—下降"的态势。2000～2005年，重庆农业种植业碳排放强度呈现下降趋势，降幅达28.8%，年均下降速度2.5%；2005～2006年，种植业碳排放强度开始上涨，涨幅17.04%；2006～2021年，种植业碳排放强度持续下降，年均下降0.08%（见图2）。究其原因，种植业雇用劳动力的成本不断上升，市

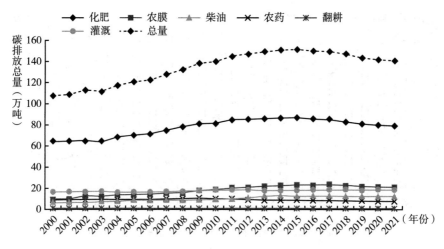

图1 2000~2021年重庆农业种植业碳排放量

资料来源：2000~2021年《重庆统计年鉴》。

场上农产品价格被动上涨。在农业种植业碳排放量变化较小的情况下，农业产值不断增加使得单位农业产值的碳排放强度持续下降。而后，农资、农机、农技发展日渐成熟，农产品产量和价格趋于稳定，碳排放强度变化幅度有所下降。

（三）重庆农业碳排放源的结构特征

通过测算的碳排放数据可知，化肥是农业种植业碳排放的第一大碳源，即化肥使用量越多，农业种植业碳排放总量越大。2000~2021年，化肥碳排放量先升后降，最高达到了86.953万吨。第二大农业种植业碳排放源是农膜，2021年碳排放量占比15.15%，在过去的21年里，农膜碳排放量缓慢上升，2017年达到峰值23.56万吨。究其原因，可能是种植业规模扩大引起农膜使用量的增加。灌溉碳排放量占比为13.22%（2021年），碳排放量表现为小幅度"上升—下降—上升"的态势，这表明水利基础设施不断完善致使种植业灌溉面积变大。2021年柴油碳排放量占比8.93%，2000年以来，柴油碳排放量不断增加，年均增速为3%，由此可以看出每个时间阶段

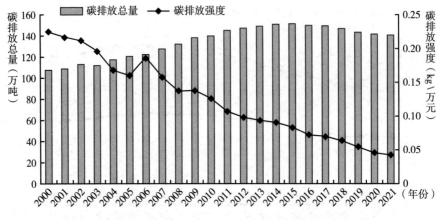

图2　2000~2021年重庆农业种植业碳排放量及碳排放强度

农机推广政策不同，农业生产方式也在变化。农药碳排放量经历了"上升—下降"两个阶段，峰值为2014年13.28万吨，可见农药在农业领域的使用量逐渐减少。农业种植环节释放碳总量最低的是翻耕，仅为0.76%，碳排放均值为1.06万吨，年均增速为-4%，每年波动幅度较小，这意味着近些年需翻耕的土地面积几乎没变（见图3、图4）。

随着数字技术在农村的应用，数字技术与农业深度融合，给重庆农业种植业绿色低碳发展带来重大影响。一是促进农业生产规模化。数字技术有利于发挥规模经济优势，种植业规模化能实现投入要素集约化，确保化肥和农药等污染性投入配比更科学。土地规模化经营能降低单位低碳生产要素使用成本，激励农户采用测土配方、秸秆还田等新技术，促进生态农业技术推广，从而提高农业绿色生产力。二是推动精准监测技术提质增效。通过人工智能技术开展"耕地识别、作物识别、精准检测、控制施肥、精准喷药和价格预测"等农业操作，既能减少过量投入造成的浪费，又可减碳节能降耗，发挥绿色生态发展效应。三是优化人力资本结构。数字网络具有信息传播和教育功能，能够将优质教育资源输向乡村，让农户学习到更多知识、掌握现代化农业技术，为农业绿色低碳转型发展提供知识素养。

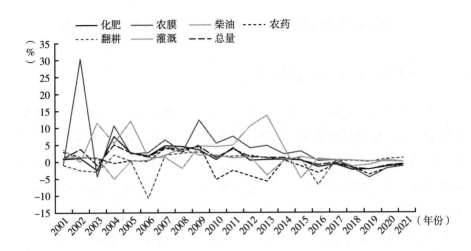

图 3　2001~2021 年重庆农业种植业碳排放增速时序变化趋势

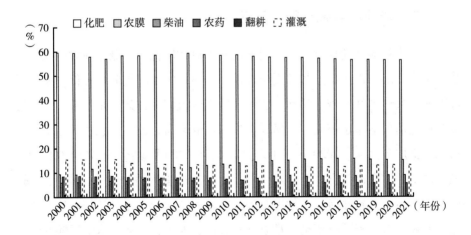

图 4　2000~2021 年重庆农业种植业各碳排放源所占比重

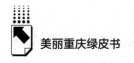

二 数字化驱动重庆农业绿色低碳转型现实困境

（一）农业数字化转型能力不强

重庆农业数字化转型尚处于初步探索阶段，数字化转型能力有待增强，农业数字化产值规模和数字化速度也有待提高。目前，重庆农业农村数字化水平达到43.3%，尚未突破50%。可见，实现数字农业化和农业数字化还需较长的时间。具体表现为：一是农业数字化技术研发能力薄弱。重庆农业数字化建设进程缓慢，农业数字科研成果不多，特别是传感器、集成电路、网络通信等关键技术创新能力不足。二是数字化信息技术与农业装备制造业不匹配。重庆农业装备产品大多结构简单，技术含量低，农业生产方式传统，无法向农业数字化转变。低水平的智能化降低了农业生产精准化水平和信息化水平，减缓了农业数字化转型进程。

（二）农业数字基础设施不完善

重庆农村地区地形复杂、交通不便、人口密度低，限制农业农村数字化建设工作开展，重庆信息基础设施建设尚有很大的发展空间。在信息基础设施方面，农村光纤宽带、移动互联网、数字电视网存在建设难度大、网络覆盖率低、信号不稳定等问题，网络设施铺设成本高，数字信息技术在重庆农村地区推广阻力大。2020年，中国乡村数字基础设施指数排名前100的县域名单中，重庆市仅有2个县域入围。此外，电信网络诈骗行为屡增不减，网络安全防护措施滞后。在物理基础设施方面，由于农业科技服务体系不健全、农业技术专家数量不足，难以针对农产品加工、储藏、冷链运输和物流配送等基础设施进行数字化改造，智慧水利、智慧交通、智能电网、智慧农业以及智慧物流等基础设施建设尚未完成，致使农业种植业绿色低碳化程度较低。

（三）农业数据共享机制不健全

数据获取是建设农业数据平台的首要环节。在农业种植业绿色低碳转型过程中，整合部门间的数据和建构数据共享平台，可强化数据对农业资源分配决策的支撑，更好地发挥数据新型生产要素的作用。重庆农村地区信息基础设施落后，涉农主体获取数据的渠道单一，获取难度大，获取周期长，存在"数据孤岛"现象。数据整合是农业大数据运用的关键环节。数据资源全国性和农业产业链数据共享平台有待完善，部分政务信息在各部门间的联通、共享和业务协同水平较低，相关数据无法得到有效整合，降低了数字信息资源的利用效率。截至目前，重庆区域单品种大数据管理平台共7个，其中仅有国家级重庆（荣昌）生猪大数据平台最为活跃，累计交易额894.6亿元。农民通常采用线上查询的方式获取农业信息，但由于文化程度偏低及数字化意识不强，数据处理能力欠缺，难以充分利用农业数据平台丰富的资源，造成农业种植业绿色低碳转型推进乏力。

（四）农业转型数字化人才匮乏

在农业全产业链上，懂数字技术和懂农业农村的复合型人才不足。一方面，青壮年劳动力外流严重，老年农户整体素质不高。2021年，重庆市农民工总量为756.3万人，乡村人口总数为953.3万人，重庆市农民工人数占比已经超过重庆农村劳动力的79%。农村地区大量人口外流，尤其是农村中受教育程度高的青壮年劳动力的流失，使得农业数字化发展缺乏足够的人才支撑。老年农户受到自身资本禀赋不足和信息闭塞的约束，在农业技术获取和应用能力方面均处于不利地位，使农业种植业绿色低碳转型陷入困境。另一方面，农村中高素质农户的数量不多。根据2021年重庆互联网发展状况统计报告，农村宽带接入用户为354.3万户，低于全国平均水平，说明涉农主体数字化素养普遍偏低，农业种植业绿色低碳转型的内生动力不足。此外，数字农业获利前景不确定、风险性较高，致使农户对农业大数据持怀疑态度，表现出较低的数字农业投资意愿。

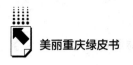

（五）农业绿色数实融合度较低

在农业再生产过程中开展数字技术嵌入式推广工作，实现数字技术和农业深度融合，有利于农业种植业绿色低碳转型。北京大学新农村发展研究院和阿里研究院"县域数字乡村指数数据库"显示，2020年重庆县域数字乡村指数为58.4，与位列第一的浙江省相比仍有30%~40%的差距。可见，重庆数字乡村发展缓慢，数字技术和农村产业发展尚未实现深度融合。一方面，农业发展中存在"数字鸿沟"问题。重庆农村地区信号基础设施尚未完全覆盖，农村地区的征信体系、支付清算结算体系和监管体系均未能全面建成，数字技术和绿色农业深度融合发展受阻。数据收集统计、数据清洗分析、数据安全等问题突出，数字技术难以在农业发展中充分发挥作用。另一方面，数字技术与绿色农业融合发展资金投入不足。重庆尚未就农业数字化发展进行系统化布局，乡村数字化建设的财政投入不够、缺口较大，最终制约了农业种植业绿色低碳转型。

三　数字化驱动重庆农业绿色低碳转型机制

（一）依托农业生态产品的市场化机制

第一，构建绿色生态产品认证体系。联合高校、科研院所和相关企业，统筹生态产品行业准入标准、认证程序和公共品牌制度，健全环境标志认证、节能低碳产品认证和可再生资源产品认证制度，协同打造突出本地特色的生态品牌，例如，培育休闲旅游、观光农业等高附加值产业。继续加强认证工作的规范性，严格审查申请主体的资格和类型，提高绿色生态产品认证主体的准入门槛，在受理申请后，应加强资料审核、认证现场检查的监督和抽查、产品检测环节的管理。第二，健全优质安全农产品标签制度。制定农产品的生产技术要求和操作规范，在农产品全产业链环节上设立标签，实现产业链全流程追溯，在农产品质量安全追溯平台创建基地，设置农业生产人员，记录生产操作信息，如品种信息、产地环境信息、用药施肥信息等，实现农产品标准化生产，便于消费者更加清晰、准确和真实地了解产品安全信息。

（二）实施农业生产环境动态监测机制

第一，嵌入式应用农业监测技术。扎实推进农业生产环境监测技术推广和应用，例如，卫星遥感和无人机监测、移动采集系统、数据传输设备和大数据分析的运用。推动高校和科研机构在建立农业面源污染管控网方面加强合作和共享，构建数据库和信息化平台，基于大数据对农田生态系统进行调控，尽量避免污染物对农业生产环境的危害。第二，强化监督职能，建立评估制度。生态环境部门应行使行政监督执法权，组建生态环境综合执法支队，负责农村生态环境污染防治的监督管理，协调各部门制定和完善监督管理体系、监测方案和监测系统，在年初、年中、年末开展评估工作，探究监测系统的能力，补强薄弱环节。

（三）完善农业生态环境保护补偿机制

第一，加大农业生态环境补贴力度。设立专项生态补偿资金，主要用于生态农业园区建设、农业生态环境治理与修复和绿色农产品生产。对于肆意破坏生态、污染环境的企业和农户，采取缴纳补偿费或完成生态恢复工程等措施，偿付破坏生态环境的代价。第二，拓宽生态农业投融资渠道。加大对农村生态环境的财政投入，统筹管理涉农资金，投资开展生态农业项目，针对生态农业中的种植业，整合资金集中使用，发挥专项资金的综合效能。拓宽投融资渠道，引导通过国有大行、股份制银行以及农村金融机构贷款，推动生态补偿金融证券市场化探索，鼓励各类社会资本参与，建立健全绿色保险等相关配套机制。

（四）夯实农业各方利益协调长效机制

第一，落实农村生态环境治理多方主体责任。构建"政府负责、企业支撑、公众监督"三位一体的多方合作模式，探索协同治理机制，形成服务合力。发挥政府的监管作用，加大环境违法行为惩治力度，督促企业落实整改措施，提升企业环境违法成本；发挥企业的主体作用，严格约束企业破坏环境的行为，落实资金投入和物质保障，加强绿色低碳农业技术开发与应用研究，深入能源消耗、污染防治、生态保护的具体治理工作之中；发挥社会组织和公众的监督作用，要求排污企业定期公开污染防治情况，例如，污染物的名称、排污总量、排污方式等，充分利用环保投诉举报渠道，依法依规进行环境诉求表达。第二，建立农业生态治理的信息公开和反馈机制。拓展信息公开形式，实地走访企业、社区、乡村、学校，将农业环境的恶化程度以及拟采取的解决措施，在第一时间告知公众。结合"信息公开—反馈—改进—信息公开"循环反馈机制，及时辩证吸纳公众意见，增强共同体凝聚力。

四 数字化驱动重庆农业绿色低碳转型路径

（一）加快传统种植业数字化改造，提升绿色低碳数字化转型能力

一是加强农业绿色低碳科技集成创新。科技创新是实现农业绿色发展的根本出路，也是农业污染防治的关键因素。一方面，提升农业数字技术创新能力。围绕农业面源污染治理、退化耕地修复、农田土壤固碳、农业节能减排等项目，开展核心技术研究、重点领域突破，尤其是对投入品的使用进行技术创新，如研发绿色生物农药和生物可降解薄膜等。另一方面，推动农业绿色低碳发展科技成果转化。搭建以农业企业为主体、产学研协同的研发创新平台，推动各领域、各层次、各类型的农业科技深度融合和创新集成，支持农业龙头企业、科研院所、农业科技园和现代化园区协同转化一批绿色生产和低碳加工技术、产品和装备，实现绿色低碳技术研发与应用研究融合发展。

二是推进农业绿色低碳治理现代化。实现农业种植业绿色低碳转型，要

转变治理理念，明确具体的治理路径，推进治理能力现代化。第一，实现从数字减排到生态环境改善为纲的转变，从浓度控制到总量控制的转变，从末端治理到全过程防控的转变，切实强化治理举措，真正实现绿色循环低碳发展。第二，运用信息技术手段构建绿色农业信息体系，提高农业运营效率和减污排碳的治理能力。在农业种植业普及应用智能灌溉系统和追踪监测技术，实施科学施肥和农业环境监测，提高农业精细化智能化管理水平。

三是鼓励科技企业赋能农业数字化转型。推动农业种植业绿色低碳数字化转型，应联合大中型科技企业的力量，坚持协同治理的发展模式。第一，依托大型科技企业的技术、人才、平台资源，积极渗透农业生产的全过程，在要素组合、农业生产和农产品流通环节促进农业数字化转型。第二，延伸农业产业链条，健全农业数字化转型的市场体系，培育一批具有先进技术和资金实力的各类中小型企业，充分调动其参与农业数字化转型的积极性，吸引更多的科技企业扎根县域、扎根农业。第三，运用物联网、区块链、人工智能等先进技术，降低农户的金融市场准入门槛和信贷约束，提高重庆乡村金融市场的造血能力，为农业绿色低碳转型提供金融集聚效应。

（二）加强乡村数字基础设施建设，促进农业适度规模经营

一是补齐农业农村数字基础设施短板。加强农村地区宽带、移动互联网、农业物联网和下一代互联网等网络设施的建设，构建统一的软硬件平台，实现资源共享信息互通，缩小城乡之间和工农之间的"数字鸿沟"；重点支持智慧水利、智慧交通、智能电网、智慧农业以及智慧物流等基础设施的发展，尤其是农产品的冷链运输环节，智能化的仓储设备和先进的冷藏技术能够为其保驾护航。同时，搭建农产品冷链数据平台，记录农产品生产、加工、全程温控等全产业链信息，为农户提供数据服务，夯实数字根基。

二是加强农村区块链建设和应用。充分发挥区块链技术在农业绿色低碳转型中的重要作用，推动区块链技术与绿色农业融合创新发展，亟须在食品安全溯源、农业保险、农业金融等方面集中发力。在农产品安全溯源方面，基于区块链技术的农产品追溯系统能够将农产品的生产、加工、运

输等阶段信息都记录在册，提高了数据的可信度，大大增强消费者的信心。在农业保险方面，将区块链中的智能合约概念用到农业保险领域，极大地简化农业保险流程，大大提高赔付效率。在农村金融方面，发挥区块链自动记录海量信息的功能，促进信息更加透明、篡改难度加大、使用成本降低。

三是建设农村电商物流数字化体系。培育农村电商新产业新业态是助推农业绿色低碳转型的重要途径。积极推进"互联网+"农产品在农业地区的布局和应用，建设与农产品生产销售相衔接的农村电子商务公共服务平台，推动"直播带货""体验电商"等新型业务模式在农村落地，拓宽农产品线上线下销售渠道；加强快递企业、农村电子商务和道路交通三者之间的融合发展，加快村邮政站点、物流集散网点的数字化改造，发挥邮政快递在农村电子商务中的主体作用，构建运输集约、设施智能和流程简约的乡村交通体系，打通农村电商物流"首末一公里"，加速农村商品销售的同时推进农业数字化，进而促进绿色农业发展。

（三）增强行业动态数据分享功能，提高种植业绿色融合发展水平

一是加快数字服务平台建设，确保农业数据可持续发展。大数据应用包括数据获取、数据加工和分析等流程，因而在构建农业数据平台时，每个流程都要深入分析。具体而言，第一，建设农业数据获取和数据共享平台。农业数据平台应囊括农业环境和资源、农业生产、农业市场和农业管理等方面的数据，仅靠一方力量难以获取以上数据，这就需要农业政府部门、农业企业、农业社会组织等多元主体通力合作，打破数据壁垒、信息壁垒。第二，建设农业数据加工和数据分析平台。建设数据加工平台，加强相关数据管理，确保获取的数据有效；在数据分析方面，利用建模软件和智能工具分析相关数据资源，最大限度挖掘数据潜在的使用价值。

二是强化农业数据技术支撑，推动数字农业产业化发展。大数据在涉农领域的渗透、融合与应用，离不开关键技术的开发。第一，加强农业大数据应用研究。针对农业大数据获取、分析、应用等重要环节，集中研发数据采

集技术、数据识别和融合技术、数据存储技术、数据清洗技术和数据挖掘技术等，探索研发农业生产、流通、市场全产业链信息智能决策系统，突破一批具有重要意义的理论和方法工具。第二，加强农业大数据模型开发。加强动植物生长模型、农产品价格预测模型、农业风险预警模型的研究，打造全方位数据支撑农业绿色低碳发展的运行模式。

三是构建农业数据安全体系，营造数字化生态政策环境。农业大数据的安全性是用户持续使用平台软件的基础，因此为推动农业大数据安全共享，需制定相关法律和政策，加大对数据滥用的监管力度。规范市场主体行为，明确大数据使用权限，确保服务集中统筹，资源集中整合，问题集中解决。制定统一的数据接口标准，打破行业间"数据孤岛"，推进数据联通融合。在数据使用前后加强风险防控，利用现代技术进行身份识别、黑客检测等，提升农村地区数字化稳定运营水平，推动农业管理数字化升级发展。

（四）重视种植业数字化人才培养，助推新型种植业绿色低碳发展

一是建立多层次农村数字人才培养体系。农业数字人才是农业种植业绿色低碳转型的关键，因此，要着力建设兼顾数字技术与农业低碳发展的复合型人才队伍。一方面，强化农村教育在培育"数字农民"中的基础性地位，发挥科技企业、职业院校、研究所、培训机构的作用，大力培育数字化人才，为重庆农业种植业绿色低碳转型提供后备人才。另一方面，明晰农业数字化发展的具体需求，线上开展关于科技服务、经营管理和农业治理等内容的培训，线下定期组织科技企业开展"乡村特派员"项目，选派专业技术人员下乡驻村指导，提高涉农劳动者的数字化素养，增强涉农劳动者的农业信息化管理能力。

二是大力引进数字农业核心技术人才。通过人才政策扶持或者大学生返乡就业等方式，有针对性地引进数字农业技术人才，促进人才向农业农村灵活合理流动，为农业可持续发展注入新活力。完善数字农业人才的激励政策和评价体系，比如提供住房补贴、提高薪资待遇等，打造一批深耕农业、精

通技术、善于经营的数字化领军人才。秉持"实干必有空间"的人才理念，构建公平合理的人才评价体系，激发人才的创新能力和研发能力，在存量层面为农业种植业绿色低碳转型夯实人才支撑。

三是引导农业经营主体发展数字农业。首先，大力宣传和倡导发展数字农业理念，提升农户对数字技术的认知水平和接受能力。其次，为农户提供技术应用服务，鼓励有意愿的农户积极参与数据采集、分析和应用的培训，示范影响周围农户，辐射带动更多主体。最后，加速推进重庆数字乡村的市场体系建设，从组织服务和市场调节两方面入手，着力解决农户信息不对称问题，拓展农户获取信息的渠道，促进要素市场化。

参考文献

于卓卉、毛世平：《中国农业净碳排放与经济增长的脱钩分析》，《中国人口·资源与环境》2022 年第 11 期。

韩旭东、刘闯、刘合光：《农业全链条数字化助推乡村产业转型的理论逻辑与实践路径》，《改革》2023 年第 3 期。

文丰安：《农业数字化转型发展：意义、问题及实施路径》，《中国高校社会科学》2023 年第 3 期。

高杨、姚雪、白永秀等：《有为"链长"赋能绿色低碳农业产业链：内在机理与实现路径》，《经济学家》2022 年第 12 期。

金书秦、林煜、牛坤玉：《以低碳带动农业绿色转型：中国农业碳排放特征及其减排路径》，《改革》2021 年第 5 期。

魏梦升、颜廷武、罗斯炫：《规模经营与技术进步对农业绿色低碳发展的影响——基于设立粮食主产区的准自然实验》，《中国农村经济》2023 年第 2 期。

黄庆华、潘婷、时培豪：《数字经济对城乡居民收入差距的影响及其作用机制》，《改革》2023 年第 4 期。

陈卫洪、王莹：《数字化赋能新型农业经营体系构建研究——"智农通"的实践与启示》，《农业经济问题》2022 年第 9 期。

G.12
重庆能源绿色低碳转型路径研究

王 行　马 斌　曾 黎　卢 静*

摘　要： 党的十八大以来，习近平总书记提出"四个革命、一个合作"
能源安全新战略，为我国新时代能源发展指明了方向。本研究
利用全市1997~2021年能源产销数据，全面分析了重庆能源消
费总量、结构和供应情况，以及清洁能源的供应情况，研究发
现重庆能源供需长期处于紧平衡状态，能源安全供应趋势总体
偏紧，清洁能源发展速度较快但潜力较小，重庆能源绿色低碳
转型难度较大、任务较重。

关键词： 能源安全　清洁能源　节能降碳　重庆

能源是人类经济社会发展的基石，是工业化、城镇化的动脉，也是碳
排放的最主要来源。党的二十大报告指出，深入推进能源革命，加快规划
建设新型能源体系，确保能源安全。能源绿色低碳转型是能源革命的重要
方向，是生态文明建设的题中应有之义，是推动经济社会绿色发展的重要
抓手，是实现能源本质安全的必由之路。我国高度重视清洁能源发展，能
源绿色低碳转型成效显著。2022年，全国天然气、水电、核电、风电、太
阳能发电等清洁能源消费量占能源消费总量的近26%，10年间提升了近

---

* 王行，重庆市绿色低碳发展研究院副院长，工程师，主要从事能源经济、低碳产业研究；马
斌，重庆市绿色低碳发展研究院院长，正高级工程师，主要从事绿色能源、区域经济、产业
经济研究；曾黎，重庆市绿色低碳发展研究院副院长，工程师，主要从事低碳建筑、中小微
企业绿色转型研究；卢静，重庆市绿色低碳发展研究院工程师，主要从事生态环境、节能减
排研究。

12 个百分点；全国清洁能源发电装机容量为 12.3 亿千瓦，大约占到总装机容量的 48%，其中风电、太阳能发电装机容量同比增速均超过 10%；清洁能源发电量接近 3 亿度，同比增速超过 8.5%。立足新时代新征程，全市应抢抓长江经济带绿色发展、成渝地区双城经济圈、西部陆海新通道等重大战略机遇，推动能源绿色低碳转型，提升能源安全保障能力，积极响应全国能源安全发展战略部署，为全面建设社会主义现代化新重庆提供坚实支撑。

一 重庆市能源供需的典型特征

全市化石能源禀赋不足，常规水电资源开发殆尽，风光资源十分有限，跨省电、运煤通道受较多限制，能源对外依存度持续上升，能源安全供应压力较大，制约了全市能源结构调整。

（一）重庆市能源消费结构绿色低碳转型态势明显

1. 能源消费总量和能耗强度呈现"一升一降"趋势

直辖以来，全市能源消费总量持续增加，从 1997 年的 1742.43 万吨标煤上涨到 2021 年的 8046.31 万吨标煤。万元 GDP（地区生产总值）能耗强度持续下降，2021 年为 0.342 吨标煤，比全国平均水平低 35% 以上，累计下降超过 80%。以年均 6.6% 的能源消费增速支撑了平均 12.9% 的经济增长，通过节能提高能效推动高质量发展的态势愈发明显（见图 1）。

2. 能源消费结构更显绿色

从能源消费占比看，煤炭消费占比最大，其中 2003 年煤炭消费占比超过 70%，但煤炭消费占比整体呈现下降趋势，从 1997 年的超过 65% 下降到 2021 年的不足 50%，比全国平均水平低 6 个百分点；天然气消费占比排第二，并且呈现上升趋势，从 1997 年的 14% 上涨到 2021 年的 22%，比全国平均水平高近 13 个百分点；以风光水为代表的可再生能源消费总量不断扩大，在电力消费中占比已超过 50%（见图 2）。

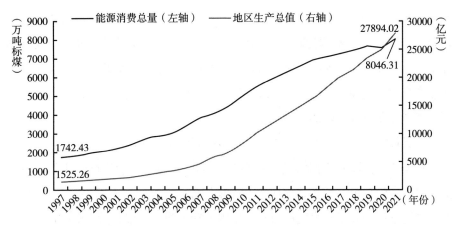

图1　1997~2021年重庆市能源消费总量与地区生产总值

资料来源：《重庆统计年鉴》。

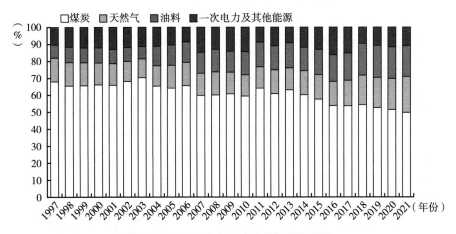

图2　1997~2021年重庆市能源消费比重

资料来源：《重庆统计年鉴》。

（二）重庆市能源对外依存度持续上升

全市能源保障总体呈现紧平衡状态，主要依靠外调实现能源供应保障，其中煤炭和成品油全部需要外来输入，1/3以上的电力供应需要从外省调入，天然气全面实现本地供应。从全市自身能源资源禀赋看，呈现"贫煤、少水、无油、富气"特点，煤炭资源受到政策影响禁止开发，未开发的水能资源很少，页岩气储量开发受到一定限制，风光等可再生能源资源较为匮乏。全市作为风光资源比较匮乏的区域，在新能源装备技术不断创新突破的背景下，在城口、云阳、丰都、石柱等风光资源相对丰富的地区开发了一批新能源项目，有效支撑全市能源绿色低碳转型。截至2021年底，全市风光等新能源装机容量约229万千瓦。

从具体数据看，1998~2003年，全市能源消费处于净调出状态，这个阶段全市总体能源保障基本能实现自给自足。2004年以后，全市已经不能实现能源供给的自给自足，需要从外地调入大量能源，并且缺口不断扩大；2010年，能源调进量已经高于自身生产量，全市能源净调进量已经接近3000万吨标煤；2017年以后，全市能源净调进量快速增加，能源供给一半以上需要从外地调入；到2021年，这一比例上升到70%（见图3）。

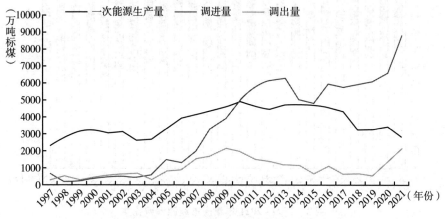

图3　1997~2021年重庆市能源供给来源分析

资料来源：《重庆统计年鉴》。

二　碳达峰情形下重庆市能源消费预测

在能源安全保供的前提下，按照全市二氧化碳排放在2030年前达峰的要求，未来10年，全市将着力优化能源消费结构，推动能源消费绿色低碳转型。

"十四五"时期，按照全市能源消费强度下降幅度为14.5%、2025年非化石能源消费比重达到25%、电能占终端用能比重为30%以上这三重约束进行能源消费的预测。到2025年，能源消费总量为9849万吨标煤（等价值），"十四五"时期能源消费年均增速为2.1%。煤炭消费比重降低至40%左右、总量5200万吨，油料消费比重保持在15%左右、总量948万吨，天然气消费比重达到20%左右、总量149亿立方米，电力消费1620亿千瓦时、缺口441亿千瓦时。

"十五五"时期，按照全市能源消费强度下降幅度为14.5%、2030年非化石能源消费比重达到28%、电能占终端用能比重为35%以上这三重约束进行能源消费的预测。到2030年，能源消费总量为10602万吨标煤（等价值），"十五五"时期能源消费年均增速为1.5%。煤炭消费比重降低至35%左右、总量4652.42万吨，油料消费比重保持14%、总量909万吨，天然气消费比重达到23%左右、总量182亿立方米，电力消费1952亿千瓦时、缺口710亿千瓦时（见表1）。

表1 2025~2030年重庆市能源消费预测

年份	能源消费总量 （万吨标煤）	煤炭 （万吨）	油料 （万吨）	天然气 （亿立方米）	电力 （亿千瓦时）
2025	9849	5200.00	948.00	149.00	1620.00
2026	9933	5096.00	939.00	155.00	1668.00
2027	10088	4994.08	930.00	162.00	1735.00
2028	10270	4894.20	922.00	168.00	1804.00
2029	10464	4796.31	915.00	175.00	1877.00
2030	10602	4652.42	909.00	182.00	1952.00

三　重庆市能源绿色低碳转型的路径思考

全市能源绿色低碳转型面临严峻挑战，主要有以下三个方面。一是全市

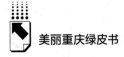

能源消费需求特别是电力需求将持续增加，全市经济正处于结构调整和产业转型升级加速期，能源消费与经济发展呈现"高速同步"态势，特别是在电气化加速的情景下，用电需求将会快速增长。二是全市能源消费结构偏黑，煤炭仍然在全市能源消费中占主导地位，火电装机容量占比56.8%、火电发电量占比64.4%，既要发挥好煤炭"压舱石"作用，又要通过减煤降碳推动能源绿色低碳转型，全市能源安全保障的难度越来越大。三是全市可再生能源资源禀赋有限，按目前规划的风光等新能源装机容量看，2025年仅占总装机容量的1/10，2030年也仅为1/7左右，未来10年全市清洁能源供给主要依靠外调，能源绿色低碳转型自控性较弱，对外依存度很高。

（一）建设适应新能源发展的源网荷储设施

1. 加大新能源开发力度

大力发展分布式光伏发电，创新"光伏+"模式，有序推进黔江、丰都、石柱、巫溪、奉节、城口、巫山等整县屋顶光伏建设，加快经济开发区、工业园区、公共建筑等屋顶分布式光伏推广利用，鼓励有条件的农村居民利用农房屋顶等农村闲置资源建设光伏发电项目。大力推动风电规模化发展，坚持集中式风电与分散式风电开发并举，在风力资源优越、建设条件允许、具备大规模开发条件的地区，重点推进集中式风电发展；在经济开发区、工业园区、大数据中心等负荷中心及周边地区推进风电分散式开发；加快实施国家"千乡万村驭风行动"，制定一揽子开发政策，积极推动乡村风电开发。因地制宜开发水电，稳妥有序实施乌江、涪江等重要干流梯级开发，积极推动小水电绿色发展。鼓励多种形式的生物质能综合利用，积极发展农林生物质发电和沼气发电，稳步推动城镇生活垃圾焚烧综合利用。加强地热资源管理，切实提高地热资源勘查、开发利用和保护水平，加快推广以热泵技术应用为主的地热能利用，新建和改造一批集中式浅层地热能应用示范区，带动地热能的推广应用。

2. 大力发展新型配电网

加快配电网换代升级，适应有源负荷发展的需要，推动主动配电网、智能配电网等建设，持续提高配电网数字化、柔性化水平，提升对分布式电源、微电网、储能装置等的接纳能力，实施农村电网巩固提升工程。建设以新能源为主体的智能微电网，自发自用、余电上网，提升微电网智能化水平，实现离网无缝切换，增强就地就近平衡和网间互动能力。积极发展配电网新形态，推动有条件的"两群"地区及工业园区因地制宜建设新型储能项目，推广车网互动（V2G）应用场景，建设交直流混合配电网、直流配电网。

3. 增强新能源系统配置资源能力

构建高效智能的调度运行体系，加快智能化技术应用，建设多源汇集协同调度系统，推进输电网、配电网、微电网等多级调度机制向适应市场化交易的调度模式转变，完善调度和交易机构在交易组织实施等方面的职责分工和工作协同，推动"源网荷储一体化"智慧联合优化运行工程应用，最大限度促进新能源消纳。以川渝特高压交流和疆电特高压直流输电线路为支撑，以"两横三纵"网架为基础，建设500千伏"双环两射"主网架结构，增强系统支撑能力，提高电网安全稳定水平和运行效率。统筹新能源外送通道建设，加快系统调节能力和应急备用电源建设。

4. 提高清洁能源存储能力

推动綦江蟠龙在建抽水蓄能电站按期投产，加快推进丰都栗子湾、云阳建全、奉节菜籽坝抽水蓄能电站等项目建设，全面实施抽水蓄能资源调查行动，组织开展新一轮抽水蓄能中长期需求选址。在新能源资源集中地区、负荷机制区域因地制宜开展灵活分散的中小型抽水蓄能电站示范，支持利用大型水力提升装备改造一批中小型水电站为抽水蓄能电站，扩大抽水蓄能发展规模。加快推动新型储能电站建设，大力发展安全可靠的用户侧储能，支持家庭储能示范应用，提升电力用户绿电消费和灵活互动能力。

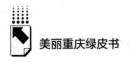

（二）全面推动节能降碳

1. 深度调整产业结构

聚焦全市"33618"现代制造业集群体系，优化各区县产业布局，支持中心城区加快向产业链、价值链中高端迈进，引导各区培育发展战略性新兴产业，推动形成研发在中心、制造在周边、链式配套、梯度布局的产业分工体系。优化中心城区制造业功能，不再新布局劳动密集型制造业和制造环节、一般性装备制造基地等功能和设施，加强企业总部、研发总部、结算中心、平台企业等市场主体引育，加快集成电路、新型显示、高端整车、软件信息服务、研发服务等高端产业与价值链高端环节发展。支持渝西地区加快先进制造业发展，重点发展智能网联新能源汽车零部件、智能装备、新能源及新型储能、高端摩托车、轻纺等，打造全市重要先进制造业基地。引导涪陵区、长寿区等区县大力发展先进材料、新能源及新型储能、化学原料药及制剂等产业集群，綦江—万盛、南川应发挥比较优势，加快培育清洁能源、绿色化工、轻合金材料、新型建材等新兴产业。支持山区库区大力发展食品及农产品加工产业，加快培育清洁能源、绿色建材等绿色新兴产业，提升绿色发展水平。

2. 推动重点领域节能降碳

加快燃煤发电机组清洁高效利用、超低排放改造和降低煤耗改造，加强对新增煤电项目设计煤耗水平的管控，在保障电力稳定供应、满足电力需求的前提下，大力推动煤电节能降碳改造、灵活性改造、供热改造"三改联动"，有序淘汰落后煤电，整治和规范企业自备燃煤电厂，推动化石能源由燃料向原料转变。加快能源产业链数字化升级，推动实现能源系统实时监测、智能调控和优化运行，提高能源系统整体效率，降低能源消耗和碳排放量。

3. 推进重点行业能效提升

强化工业能效提升，对标行业先进水平，构建绿色制造体系，围绕企业能源效率及能源管理全面开展节能诊断，充分挖掘企业节能技术改造潜力、能源转化效率提升潜力。完善绿色建筑标准及认证体系，推广屋顶光伏、光伏幕墙等光伏建筑一体化建设，建设"光储直柔"建筑。积极采用太阳能、地热能等可再生能源满足建筑用能需求，推广绿色低碳建材。发展多式联运，积极构建绿色低碳交通运输网络，鼓励交通领域"气代油"，推动 LNG在重型载货汽车、大型载客汽车等领域应用，推进生物液体柴油、可持续航空燃料等替代传统燃油，促进电动汽车在公共交通、城市配送、港口和机场等领域推广普及，积极推进港口、船舶、机场廊桥岸电改造和使用。发展城市公交和绿色运输装备，引导居民绿色低碳出行。

（三）推动能源绿色低碳转型与产业高质量发展相结合

1. 推动清洁能源装备相关产业链集群发展

探索打造清洁能源应用与制造垂直一体化发展新模式，加大在建或者新建清洁能源发电设备、输配电设备等相关设备的本地化采购比例，提高本地清洁能源装备产品在全市终端市场的占有率。围绕"全市用全市造、全市有全市造"两个方向，聚焦风电、新型储能、光伏等重点产业链，梳理全市本地已有产业链环节，通过补链、强链、延链，招引一批龙头企业、配套项目，做大做强清洁能源装备产业链。风电装备以中国海装为龙头，加大大型海上风力发电机组和陆地微风高效新型风电机组等领域的研发力度，加强上下游资源整合，提升产业链群整体竞争力。新型储能装备产业要抓住全国构建新型电力系统的机遇，围绕现有龙头企业打造储能电池的"研发—转化—生产—检测—运营服务—场景应用"全产业链，通过示范应用带动新型储能技术进步和产业升级，提升产业竞争力。光伏装备领域抓住整县推进屋顶分布式光伏开发的政策契机，重点引进光伏电池片生产企业，积极引进零部件配套企业，加快打造光伏装备产业链，积极抢占国内外市场。

2. 带动能源技术发展

以"科创+产业"为导向，发挥非常规油气研究院、国家海上风力发电工程技术研究中心、清安新型储能科研院等一批清洁能源研发平台作用，通过"揭榜挂帅"等方式重点推进高海拔低风速大功率风电机组、页岩气立

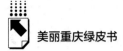

体开发、电池本质安全控制等方面的技术研发工作，力争早日实现重大技术突破。积极筹建浅层地热能开发应用重点实验室，重点开展地热泵技术、地热尾水处理与回灌技术和加快地热开发的政策研究。积极构建"政府引导+龙头企业引领+高校院所参与"的协同创新体系，围绕风电装备、新型储能装备、氢能装备等重点领域的产业链部署创新链，促进创新链与资本链、人才链、产业链有效互动，不断汇聚研究院、创新中心、孵化基地等科创资源，加快推动科技成果向市场转化。

3. 统筹推进清洁能源产业、现代生态农业、旅游业三产融合发展

统筹推进清洁能源产业、现代生态农业、旅游业三产深度融合，积极构建农光互补、渔光互补、农文旅融合、三产良性循环发展的"新能源+特色种养+休闲观光旅游+科普研学"发展新模式，打通绿水青山向金山银山的转换通道，实现产业与生态融合发展。大力推进清洁能源产业与现代生态农业融合发展，在规模化中药材基地、有机水果基地、蔬菜大棚、规模化水产养殖场配套建设光伏发电项目，实现"板上发电，板下种养，一地两用"。利用高山风电项目，结合高山避暑资源，将风电项目结合高山避暑旅游整体开发，将风车与当地文旅资源结合打造成网红打卡点。在清洁能源项目开发同时配套建设研学科普基地，围绕全球气候变化、碳排放、风光资源转化等能源知识，通过视频、实物模型、图片等形式进行生动展示，让青少年认识了解清洁能源。

四　重庆市能源绿色低碳转型的对策建议

（一）统筹有序推进转型

能源绿色低碳转型，是一场已持续40年的能源供给和能源消费方式革命，各地能源资源禀赋、产业结构及发展水平存在差异，转型注定是渐进式的、不平衡的，根据全市不同区域的发展定位、发展阶段和能耗水平等因素，因地制宜、稳妥有序、分类施策。全市在推进能源绿色低碳转型中，不能急于求成，要清醒认识到，在较长时期内火电依然是电力供应安全托底保障的"压舱石"，如果过快地压缩煤炭消费，很可能会影响电力供应稳定性，导致社会生产和经济秩序受到影响。能源绿色低碳转型必须要有"保障供应"的底线思维，对于不同能源生产企业要做到"一企一策""精准施策"，根据不同时期能源需求和供应的具体情况具体分析，不能为了压缩而压缩，在必要时候仍然需要果断投建。

（二）健全激励机制

完善财政支持能源绿色低碳转型的长效机制，加大对清洁能源发电、CCUS、新能源和清洁能源车船推广应用的支持力度。利用财税金融政策撬动全社会增加能源领域绿色低碳技术研发经费。落实好固定资产加速折旧、企业研发费用加计扣除等税收优惠政策。充分发挥政府投资引导作用，加大对风电、太阳能发电、生物质发电等新能源项目建设的支持力度。引导银行等金融机构为"油气电氢"综合能源站、源网荷储一体化、新能源+城市储能等绿色低碳项目提供长期限、低成本资金。支持清洁能源的相关基础设施项目开展市场化投融资，积极开展清洁低碳能源项目纳入基础设施领域不动产投资信托基金（REITs）试点范围的研究。建立完善清洁能源开发利用的国土空间管理机制，优化完善能源项目建设用地分类指导政策，对充换电、加氢、加气（CNG、LNG）场站布局和建设在土地空间等方面予以支持。完善抽水蓄能厂（场）、风电厂（场）等保护制度并在国土空间规划中予以保障。

（三）深化能源领域改革

加快放开发用电计划，提高电力资源配置能力，培育多元市场主体，积极创新电力市场化交易品种，完善市场化电力电量平衡机制。探索支持新能源"两个一体化"试点项目参与跨省跨区电力市场化交易。积极推进电力调峰等辅助服务市场化改革，探索推动用户侧参与辅助服务费用分摊和分享机制。探索建立送受两端协同为新能源电力输送提供调节的机制，创新开发

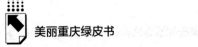

运营模式，推进电力源网荷储一体化和多能互补项目同步规划、审批、建设和投运。完善有利于可再生能源优先利用的电力交易机制，开展绿色电力交易试点，鼓励新能源发电主体与电力用户或售电公司等签订长期购售电协议。完善天然气（页岩气）与地热能以及风能、太阳能等能源资源协同开发机制，落实页岩气开发利用补贴政策，建立储气库气量和储气服务市场化交易机制。

参考文献

《2030 年前碳达峰行动方案》（国发〔2021〕23 号），2021 年 10 月。

《重庆市能源发展"十四五"规划（2021—2025 年）》（渝府办发〔2022〕48 号），2022 年 6 月。

《重庆市"十四五"节能减排综合工作实施方案》（渝府发〔2022〕39 号），2022 年 10 月。

G.13
重庆有机农业发展时空演化研究[*]

许秀川　蒋涵月　王浩力　吴彦德[**]

摘　要： 本报告围绕三方面对重庆有机农业产业发展时空格局演化与存在
问题展开分析。聚焦重庆市有机农业产业，分析发现：重庆有机
农业产业发展态势良好，有机农产品企业数量逐年增加，呈现
多元化、细分化趋势。从时空演化过程看，重庆有机农业产业
形成了由中心城区、酉阳、万州三个集聚中心辐射带动周边产
业发展的分布格局。从存在的问题看，重庆有机农业产业存在
产业区位差异性凸显、产业结构不合理、发展基础薄弱、产业
化水平低、对外交流程度较低等问题，在此基础上提出了相关
政策建议。

关键词： 有机农业　产业布局　重庆

　　随着中国经济增长和城镇化进程的加快，居民收入水平持续提高，居民
膳食结构逐渐由"温饱型"向"健康型"转变，在食物消费方面愈发注重
安全和健康，代表高质量、安全和环保的有机农产品在中国形成了一种新的
消费潮流。大力发展有机农业和生产有机农产品能给整个农业生产体系带来

---

[*] 本文系重庆市社会科学规划项目"政企农协同视阈下重庆市农业发展绿色转型路径研究"
（项目编号：2022NDYB55）阶段性成果。

[**] 许秀川，管理学博士，西南大学经济管理学院副教授、硕士研究生导师，主要从事农业经济
管理、农业绿色发展研究；蒋涵月，西南大学经济管理学院硕士研究生，主要从事绿色食品
研究；王浩力，西南大学经济管理学院硕士研究生，主要从事农业绿色发展研究；吴彦德，
西南大学经济管理学院硕士研究生，主要从事农业经济管理研究。

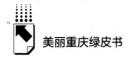

较多综合效益，有机农业在减少农产品中的农药残留、提高农产品质量和保障食品安全性的同时，还有效地保护了农田及其生态系统的生物多样性。同时，有机农业不使用化学肥料，通过合理的耕作措施，避免了化学肥料带来的氮、磷流失以及由此引起的水体富营养化，切实防止了水土流失、土地荒漠化等问题。通过农业废弃物，例如秸秆、人畜粪便的综合利用，有效减轻了农村废弃物不合理利用带来的环境污染。因此，有机农业是我国农业生产的先进发展趋势，也是促进我国农业绿色转型发展的有效途径。国内知名专家学者认为发展有机农业是推动我国农业绿色发展、改善我国农业生态环境的有效途径。例如，国务院前副总理姜春云指出加快发展绿色有机农业，并使之逐步成为农业发展的主导模式，是我国13亿人口食品安全和农业环境改善的根本保障。吴小沔指出有机农业已从处于社会边缘的反思性农业实践，发展为全球范围内多主体参与的生态农业竞争场域。谢玉梅则研究了澳大利亚有机农业产业的发展、推广和组织创新，认为澳大利亚有机农业建设的实践经验对于我国农业绿色发展有很强的借鉴作用。重庆作为中国西南地区的中心城市，山地丘陵面积占比高达98%，大山大江馈赠了重庆丰富的物种资源、多样的立体气候、良好的生态环境，发展有机农业具有得天独厚的优势，适宜发展"人无我有、人有我优、人优我新"的优势特色有机农业。截至2021年3月，重庆市绿色有机地标产品总数已达到3234个，绿色有机地标产品产量已超过1229万吨，处于全国领先水平。基于此，本研究通过相关数据，总结了2014~2023年有机农业产业的时空演化情况，分析了重庆市有机农产品企业的发展现状，梳理出有机农业产业发展面临的问题，最后针对问题提出相关政策建议。

一 重庆有机农业产业时空演化分析

（一）研究方法

本报告按照2022年《有机产品》国家标准和《有机产品认证管理办

法》以及《有机产品认证实施规则》等规定，结合重庆地区农产品企业发展实际，将"有机农业企业"界定为：从事有机农产品生产和加工的企业。以重庆市有机农业企业发展情况表征有机农业产业的发展情况，以期呈现重庆地区有机农业产业的时空演化布局特征。

基于有机农产品企业概念，本文数据处理步骤如下。①获取并筛选有效数据。利用官方备案企业征信机构"企查查"网站的登记信息，筛选概念关键词"有机农产品"，并限定筛选区域"重庆市"和国标行业"农林牧渔"分类得到重庆市有机农产品企业数据，结合实际情况剔除基本信息不明确和已注销的企业，最终得到有效数据 1260 条（注册时间截至 2023 年 7 月 11 日）。②标准优化处理有效数据中的"企业公示地址"。运用 python 程序调取百度地图接口对其进行批量经纬度坐标转化，将经纬度坐标转化为对应的矢量数据。

1. 平均最近邻指数

平均最近邻指数（Average Nearest Neighbor Index）通过测度每个要素与最邻近要素间的距离平均值，衡量有机农业产业空间分布模式的数量关系。其计算公式如下：

$$NNI = \bar{D}_o / \bar{D}_e \tag{1}$$

其中，NNI 为最近邻指数，$\bar{D}_o$ 是样本点与其最邻近点之间距离的平均观测值，$\bar{D}_e$ 是随机模式下指定样本点间的预期平均距离。当 $NNI>1$ 时，表示要素点趋于离散模式；当 $NNI<1$ 时，则表示要素点呈现集聚趋势；当 $NNI=1$ 时，表明要素的空间分布呈随机分布模式。为更好地反映实际平均距离和预期平均距离偏离程度，用正态分布检验得出 Z 值及其置信水平。

2. 标准差椭圆分析

标准差椭圆（Standard Deviational Ellipse）能够从重心、面积、方向和形状等多角度反映数字技术应用企业的空间分布中心性、展布性和方向性等特征。标准差椭圆面积越小，X 轴、Y 轴的标准距离越小，研究对象集聚程度越高，反之越低。该模型主要参数计算公式如下：

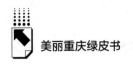

$$SDE_x = \sqrt{\sum_{i=1}^{n}(x_i - \bar{x})^2 / n} \quad SDE_y = \sqrt{\sum_{i=1}^{n}(y_i - \bar{y})^2 / n} \tag{2}$$

其中，x_i 和 y_i 表示要素的空间位置坐标，$\bar{x}$、$\bar{y}$ 为要素算术平均中心，n 为要素总数。

3. 多距离空间聚类分析

基于 Ripley's K 函数的多距离空间聚类分析工具是一种分析目标点数据空间模式的方法，该方法的特征是可对一定距离范围内的空间相关性（要素聚类或要素扩散）进行汇总。在多个距离和空间比例下研究空间分布模式时，模式会发生变化，而这通常可反映运行中的空间分布特征。Ripley's K 函数可表明要素质心的空间聚集或扩散在邻域大小发生变化时是如何变化的，即空间尺度变化一个距离单位，产业集聚的程度因此而改变的量，其计算公式如下：

$$K(d) = \sqrt{A \sum_{i=1}^{n} \sum_{j=1, j \neq i}^{n} k_{i,j} / \pi n(n-1)} \tag{3}$$

其中，d 为要素聚类间的距离增量，A 代表要素的总面积，$k_{i,j}$ 代表权重，n 为要素总数，K 代表要素集聚程度。

（二）重庆市有机农业产业时空演化分析

1. 重庆有机农业产业空间格局最小近邻分析

为全面分析重庆市有机农业产业发展情况与演变进程，运用 Arcgis 软件结合最近邻指数 R，探讨重庆市有机农业产业空间分布情况。如表 1 所示，2014~2023 年重庆市有机农业产业最近邻指数均小于 1，平均观测距离与预期平均距离均呈下降趋势，最近邻指数也呈下降趋势，空间分布类型长期为集聚型。2014 年以来重庆市有机农产品市场需求显现，政策支持、企业发展、技术帮扶等诸多因素推动了有机农业产业快速发展，有机农业企业的集聚程度不断提高，企业分布呈显著集聚态势，Z 得分不断减小，P 值均等于 0，分析结果的置信水平均大于 99%。

表1　2014~2023年重庆市有机农业产业最近邻分析

单位：米

年份	平均观测距离	预期平均距离	最近邻指数R	Z得分	P值	空间分布类型
2014	5711	10630	0.5136	−15.81	0.00	集聚
2015	5313	9807	0.5478	−17.41	0.00	集聚
2016	4523	8807	0.5136	−20.61	0.00	集聚
2017	4224	8317	0.5078	−22.43	0.00	集聚
2018	3444	6973	0.4939	−27.51	0.00	集聚
2019	3224	6545	0.4926	−29.68	0.00	集聚
2020	3080	6207	0.4962	−31.16	0.00	集聚
2021	2927	5954	0.4916	−32.80	0.00	集聚
2022	2849	5871	0.4853	−34.26	0.00	集聚
2023	2773	5756	0.4819	−35.18	0.00	集聚

2. 重庆有机农业产业空间格局演化标准差椭圆分析

表2展示了重庆市有机农业企业分布的标准差椭圆参数，发现有机农企空间格局演化具有以下特征。从分布重心来看，2014~2017年有机农业产业标准差椭圆重心以向西南移动为主，该时期中心城区与主城新区有机农业产业增长速度高于其他地区；2017~2023年重心以向东南移动为主，这一时期渝东南城市群有机农业企业迅速发展。2014~2023年重心总位移直线距离为20.29公里，重心先向东移动10.58公里，再向南移动16.99公里，有机农业产业发展速度加快，产业分布呈现集聚趋势，椭圆中心向渝东南城市群移动。从分布范围来看，重庆有机农业产业分布范围呈现扩张趋势，经历了收缩、扩张、略收缩、再扩张、收缩的波动性发展过程。2014~2017年有机农企格局收缩，表明椭圆内中心城区与主城新区有机农业产业增长更快，主要是受到中心城区与主城新区经济发展水平高、居民消费能力强、有机产品需求较大等因素影响，促使有机农业企业进一步在中心城区与主城新区集聚。2017~2020年，有机农业产业的分布格局继续扩张，由4.56万平方公里扩张至5.56万平方公里，表明以渝东南、渝东北城镇群为主的椭圆外地区有

机农业企业的发展速度超过椭圆内地区，到 2023 年椭圆面积略微收缩至 5.46 万平方公里，表明有机农业企业的空间分布格局开始趋向稳定。从分布方向来看，重庆市有机农业企业分布标准差椭圆的主方向由东北—西南走向转变为东—西走向。2014~2017 年，标准差椭圆的长轴主要呈逆时针方向旋转，旋转角由 71.41 度缩小到 69.59 度，表明渝东南城镇群有机农业产业分布比重下降，同期渝东北、中心城区与主城新区有机农业产业分布比重上升。2017~2023 年标准差椭圆的长轴主要呈顺时针旋转，旋转角由 69.59 度增加到 80.10 度，东北—西南空间分布格局转变为东—西走向，主要是由于 2018 年以来以酉阳为发展中心的渝东南城镇群有机农业企业迅速发展，发挥出巨大的拉动作用。

表 2 2014~2023 年重庆市有机农业企业标准差椭圆数据

年份	椭圆周长（公里）	椭圆面积（万平方公里）	椭圆中心（X°,Y°）	扁率	旋转角（度）
2014	8.47	4.84	(107.42°,29.91°)	0.491	71.41
2015	8.49	4.86	(107.41°,29.92°)	0.493	70.31
2016	8.31	4.63	(107.37°,29.89°)	0.498	69.44
2017	8.23	4.56	(107.34°,29.88°)	0.494	69.59
2018	8.66	5.48	(107.58°,29.69°)	0.382	86.14
2019	8.65	5.47	(107.58°,29.71°)	0.382	84.69
2020	8.73	5.56	(107.56°,29.74°)	0.385	82.60
2021	8.71	5.51	(107.53°,29.74°)	0.394	81.74
2022	8.68	5.45	(107.52°,29.75°)	0.398	81.04
2023	8.68	5.46	(107.53°,29.76°)	0.396	80.10

3. 重庆市有机农业产业多尺度空间演化分析

集聚效应是一种无形变量，无法直接进行测度，本报告引入集聚度作为重庆市有机农业产业集聚效应的间接度量指标，通过 K 函数测算的区位分布来获得有机农业企业的集聚度。由图 1 可知，在重庆全域、主城都市区、渝东南城镇群和渝东北城镇群等不同的观测尺度下，K 函数曲线全部位于包络线范围之上，在距离尺度增加的初始阶段，函数曲线上升速度更快。这表明从集聚度的总体趋势来看，无论是重庆全域，还是主城都市区、渝东南城镇群和渝东北城镇群，这些区域有机农业企业的空间格局均属于聚集型分布，并且集聚度随距离尺度增加呈上升趋势，但是集聚度并不会随着距离的增加而持续增加，当产业集聚度到达峰值时，距离尺度的进一步增加会伴随着有机农业企业集聚程度下降。重庆全市的有机农业企业集聚程度在 80 公里左右时达到峰值，在 80～200 公里时 K 值虽然持续增加，但增幅却在减

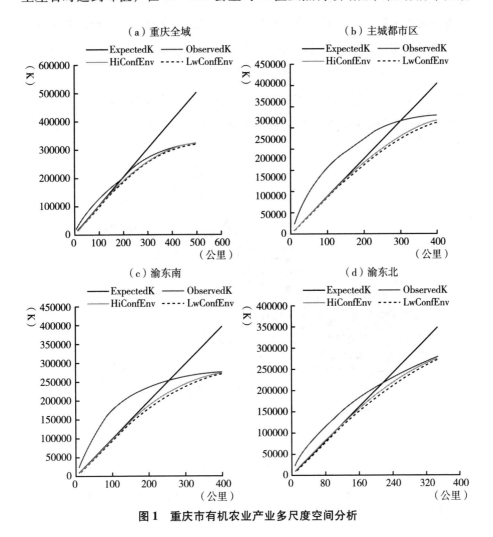

图 1　重庆市有机农业产业多尺度空间分析

小，200公里过后，产业集聚程度的实际值开始小于期望值，此时有机农企的分布由集聚变为离散。主城都市区、渝东南城镇群和渝东北城镇群等区域的有机农业企业分布分别在96公里、90公里、70公里左右到达集聚峰值，并且在分别大于300公里、250公里和210公里过后，产业分布模式由集聚趋向离散。

从图2可以看出，多尺度空间演化分析的结果与上述分析结果保持一致。重庆市全域的有机农业企业呈现明显的集聚状态，并且集聚程度随距离尺度的增加呈现先上升后下降的趋势。通过分区域测算可以发现，主城都市区、渝东南城镇群和渝东北城镇群三大区域的有机农业企业都呈现明显的集聚状态，其中主城都市区以中心城区为集聚中心，渝东南城镇群以酉阳为集聚中心，渝东北城镇群由丰都、万州、开州、云阳等地形成集聚中心，由三大集聚中心辐射带动周边区域的有机农业产业发展。比较三个不同区域有机

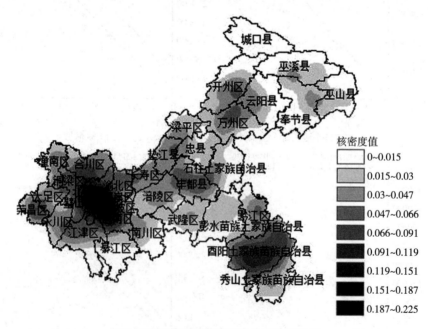

图2　2023年重庆市有机农业产业核密度

注：本图基于自然资源部标准地图服务网站下载的审图号为GS（2020）4619号的标准地图制作，底图无修改。

农业企业的分布和集聚情况，主城都市区的企业集聚规模最大，密度最高，其次是渝东南城镇群，再次是渝东北城镇群。这表明，重庆市有机农业企业具有很强的市场导向性，有机农产品的价格较普通农产品的价格更高，通常是消费水平更高，更具有绿色、健康、环保意识的城市居民选择购买，因此，有机农业产品的生产和加工企业会趋向于在距离大城市较近或者城市郊区选址，以便更好地销售产品。渝东南城镇群的有机农业产业相比渝东北地区，集聚规模更大，产业密度也更高，形成了以酉阳为中心的有机农业产业区，这与酉阳打造全国乡村振兴示范县，鼓励村民种植有机水稻、有机茶叶，大力发展有机农业产业是密切相关的，加之渝东南山区风景秀美、生态良好、水源优质、气温适宜，是生产生鲜有机农产品和提供有机食品原材料的适宜地区，酉阳利用自身优越的自然环境条件，大力发展有机农业产业，为重庆推动农业绿色发展、实现乡村振兴提供了榜样。

二 重庆市有机农业产业发展现状与问题

（一）重庆市有机农业企业发展现状

近年来，重庆市政府出台了一系列扶持有机农业产业发展的政策，鼓励农户开展有机种植，推进有机农业产业转型升级。2014～2023 年，重庆有机农业企业数量呈现上升趋势。2023 年，有机农业企业数量达到了 1260 家，与 2014 年相比增加了 938 家，增长近 300%（见图 3）。整体来看，2014～2018 年有机农业产业发展相对缓慢，2018 年过后有机农业企业数量开始大幅增加，2020 年突破千家企业，呈现良好的发展态势。从发展区域来看，主城都市区、主城新区、渝东北城镇群、渝东南城镇群的有机农业企业数量均稳步上涨，其中渝东南城镇群有机农业企业数量上涨速度最快，近 10 年来上涨幅度达到了 500% 左右，其他三区的企业数量均有所增加，具体如图 4 所示。

重庆有机农业产业发展前景广阔，有机农业企业发展态势良好。受资

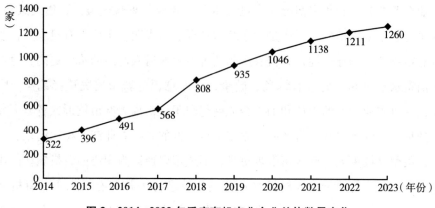

图3　2014～2023年重庆有机农业企业总体数量变化

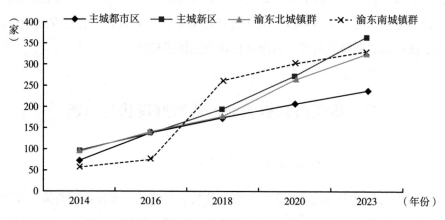

图4　2014～2023年重庆分区域有机农业企业数量变化

金、技术、市场等因素影响，有机农业企业发展规模不一。从企业发展规模
情况来看，重庆有机农业企业以小型与微型企业居多，中型与大型企业较
少。从企业发展类型来看，重庆市有机农业企业类型众多，囊括有限责任公
司、合作社、个体工商户等。2014～2023年不同类型的有机农业企业数量稳
步上升，其中有限责任公司（包括自然人独资、法人独资）的数量最多，
2023年达到了1007家。比较来看，重庆有机农业企业多为民营企业，国有
企业、外资企业较少。从企业经营类型来看，2014～2023年重庆有机农业企
业行业分布范围广、种类多，囊括农林牧渔多种有机种植与生产，实现全面

稳步发展。2014~2023年从事各类行业的有机农业企业数量均有所增加,呈现多元化发展趋势。

(二)重庆市有机农业产业发展面临的问题

1.产业区位差异性凸显,空间布局不够均衡

从椭圆分布来看,2014~2023年重庆有机农业产业发展中心聚焦重庆主城都市区,逐年向东南方向移动(囊括酉阳以及彭水等地区)。受到经济发展、区位优势、资源实力等要素影响,非主城区有机农业产业发展相对较低,产业区位差异性凸显,地区间发展水平不平衡,制约重庆市有机农业产业实现统筹推进、协调发展。近年来,在政策的引导下,虽然有机农业产业逐步向重庆东南地区延伸,积极拓展重庆市有机农业产业的发展版图,但有机农业产业发展的区位差异性较大等问题仍然存在。

2.行业结构不合理,产品市场有限

重庆有机农业产业多集中于初级有机农业活动阶段,偏向于种植业与畜牧业,其他业态的市场参与程度有限,生产结构较为单一,再加上有机农产品无法及时适应市场需求,产销不畅、流通环节不完善,最终导致有机农产品市场有限。重庆市有机农业从事者多为小农户,生产技术和管理水平不高,其生产的有机农产品产量较低且产品供应不稳定,难以有效满足市场需求。虽然,有机农业企业的介入可以为有机农产品提供有形的市场载体,扩大销售渠道、改善流通环节,以促进市场稳定发展,但是仍难以改变小农户生产的现有困境,也难以改变有机农产品的行业结构。

3.行业受限于中小微企业,发展基础薄弱

2023年重庆市小型与微型有机农业企业的数量总和占整个企业类型数量的比例达到89.59%(见表3),表明目前重庆市有机农业企业多以小微规模开展经营活动,中大型生产规模较少。重庆小微有机农业企业数量过多,有机农业产业发展基础薄弱,主要体现在以下三个方面。一是小微企业自有资金少、抗风险能力弱,难以有效调整生产结构以迎合市场需

求。二是资金担保有限，外部融资难，存在经营性问题，难以满足有机农业这一新兴行业的高要求。三是现有有机农业企业的平均发展周期较短（尤其是微型企业），难以满足有机农业产业发展周期长、业务规划周期跨度大的基础要求，难以顺应行业发展规律，从而限制整个有机农业产业的良性发展。

表 3　2014 年、2023 年重庆市有机农业企业规模类型

单位：家，%

企业规模	2023 年		2014 年	
	企业数量	占比	企业数量	占比
XS(微型)	531	43.17	127	39.56
S(小型)	571	46.42	125	38.94
M(中型)	116	9.43	67	20.87
L(大型)	12	0.98	2	0.62
总　计	1230	100.00	321	100.00

注：仅统计有效数据，与总量有出入。下同。

4. 行业集中于初级产品，产业化水平低

从行业分布上看，从事蔬菜、食用菌及园艺作业，水果种植，牲畜饲养，农业专业及辅助性活动的有机农业企业居多，总数达到了 561 家，占整个行业总数的 44.5%，其次为从事基础种植业的有机农业企业（谷物种植、中药材种植等），资产规模超过 85000 万元，具体如表 4 所示。整个有机农业产业向生产初级农产品倾斜，集中于农、林、牧、渔初级领域辅助性活动阶段，有机农产品初加工与精加工程度较低。而且，有机农业产业多从事生产初级有机农产品，产品附加值低，不利于企业对有机农产品的研发，从而导致市场竞争力不足，市场占有率低。在具体实践过程中，有机农业企业产业链较短，生产环节创造的价值与流通环节创造的价值都低，产品附加值低，难以实现产品增值，从而直接影响有机农产品的市场化发展与产业化水平。

表4 2014 年、2023 年重庆市有机农业企业行业分布情况

单位：家，万元

行业	2023 年		2014 年	
	企业数量	资产规模	企业数量	资产规模
蔬菜、食用菌及园艺作业	203	260972.78	0	0.00
水果种植	139	113669.00	0	0.00
农业专业及辅助性活动	110	83902.40	45	37033.31
牲畜饲养	109	75210.00	0	0.00
谷物种植	72	60815.49	72	59955.49
家禽饲养	50	58764.46	50	49328.46
中药材种植	33	24698.00	0	0.00
水产养殖	24	23873.00	0	0.00
坚果、含油果、香料	23	23531.00	23	6082.00
林木育种和育苗	22	17638.00	22	4953.00
其他畜牧业	18	6082.00	0	0.00
棉、麻、糖、烟草种植	9	8600.00	9	2882.50
豆类、油料和薯类种植	8	3300.00	8	13350.00
畜牧专业及辅助性活动	6	12050.00	6	6035.00
林业专业及辅助性活动	5	5860.00	5	1550.00
草种植及割草	4	2200.00	4	1638.00
森林经营、管护和改培	4	1860.00	0	0.00
渔业专业及辅助性活动	2	400.00	0	0.00
造林和更新	2	130.00	0	0.00
其他行业分类	417	269961.26	77	111980.89
总　计	1260	1053517.39	321	294788.65

5. 对外开放程度不够，国际化程度不高

从有机农业企业类型来看，2023 年外国法人独资与港澳台注资的重庆有机农业企业仅 5 家，占整个行业的 0.3%左右（见表5），意味着重庆有机农业产业国际接轨程度较低，对外开放程度不够。在享有自然资源禀赋等优势的基础上，重庆有机农业企业多为本土企业，一是导致生产有机农产品类型同质化较严重，二是难以转变对外贸易增长方式，导致对外开放程度不够，国际化程度不高。在此基础上，重庆有机农业产业发展仅局限于利用本

土资源推进有机农产品发展，难以吸引国外资金和先进技术设备，推动产业发展。

表5　2014年、2023年重庆市有机农业企业类型

单位：家，%

有机农业企业（机构）类型	2023年		2014年	
	企业数量	占比	企业数量	占比
有限责任公司	564	44.76	147	45.79
有限责任公司（自然人独资）	259	20.56	47	14.64
有限责任公司（法人独资）	184	14.60	6	1.87
农民专业合作社	162	12.86	77	23.99
个人独资企业	49	3.89	29	9.03
个体工商户	24	1.90	4	1.25
分公司	8	0.63	3	0.93
股份有限公司	5	0.40	5	1.56
有限责任公司（港澳台投资）	4	0.24	2	0.62
有限责任公司（外国法人独资）	1	0.08	1	0.31
总　　计	1260	100.00	321	100.00

三　政策建议

（一）统筹发展与规划，平衡区域差异性

一是坚持统筹兼顾、综合平衡发展战略。政府要统筹利用好本地与非本地多个市场、多种资源，整合区域发展特色资源，打造各区特色的有机农业产业，同时积极构建产业跨区域合作机制，推动区域实现协同发展，破除地域所致的市场分割，促进有机农业企业融通发展。主城都市区要依托其核心发展优势，充分发挥中心城区集聚效应与空间溢出效应，开展"一对多"帮扶，带动周边地区有机农业产业实现良性发展，提高地区间有机农业产业协同度，以平衡区域差异性。二是顺应时代潮流，乘势而上。有机农业企

应牢牢抓住共建"一带一路"、成渝地区双城经济圈和西部陆海新通道等战略机遇，调整有机农业发展方向，把握好有机农业产业的发展态势，优化有机农业产业链条，积极探索可持续、高效能的发展路径。例如，通过打造有机农业民营"龙头"企业，推动资源整合与结构重组，促进形成区域产业增长极，推进重庆地区有机农业产业的良性发展。三是充分发挥政策的引领作用与杠杆作用。政府要不断完善区域平衡发展的政策体系，强化产业发展的支撑保障，强弱互补，形成区域发展合力，平衡因经济发展、区位优势等要素带来的发展差异，同时推动有机农业产业结构调整，实现横纵向深入发展。

（二）优化产业结构，扩大产品销售渠道

一是整合生产要素，优化产业结构。有机农业产业要合理统筹产业内部的生产要素，实现在时间、空间多层次多维度的转化，优化有机农产品生产结构，促进有机农产品市场的合理化和稳定发展。在统筹生产要素的同时，各行业要以市场为导向，积极适应市场需求变化，提高合作协调度与适应能力，以呈现最佳效益、最高效率的产业结构。二是做宽交易渠道，改善农产品流通环节，拓展销售空间。在互联网信息时代，有机农业产业要积极利用电商平台开展销售活动，或者利用线上线下相结合、内外跨界合作等营销方式，相互宣传、共同推广。有机农业企业在挖掘国内市场的同时也要强化海外市场的拓展，打通国际销售渠道。三是重塑有机农产品品牌效应。有机农业企业通过设立产品品牌，在提高品牌知名度和美誉度的同时提高产品销售转化率，拓展更广阔的市场。在具体实践中，有机农业企业需要以市场为导向，以满足消费者需求为目标，制定合理的销售策略，同时不断完善自身的销售体系与模式，以此来把握市场主动权。四是明确合理的品牌形象定位。有机农业企业应该借助互联网等媒介的力量，相互宣传、共同推广，将有机农产品带入大众视野中，吸引更多的潜在客户。例如，企业通过举办促销活动、赞助活动、参加展会等方式，与消费者建立更加有效的沟通渠道，以此来提高产品销售转化率，扩大销售渠道，或是通过口碑营销策略，依托优质

产品及贴心服务，提高消费者的满意度以及产品的知名度，以达到拓展销售范围的目的。

（三）加强政策支持，强化发展基础

一是落实相关政策，强化服务支持。政府应加大政策支持力度，优先向有机农业小微企业倾斜，加大对中小微有机农业企业流转税和企业所得税的优惠力度，为有机农业企业减负，同时统筹安排资金与奖补，降低企业物流成本，解决企业融资难、融资贵等问题，为有机农业企业提供一个良好的发展空间与市场环境。二是坚持"放管服"改革，优化市场资源配置。在推动有机农产品市场改革的同时，政府要简政放权，发挥市场在资源配置中的决定性作用，引导更多的市场经营主体参与到有机市场当中，优化营商环境，激发有机市场活力。同时，政府要坚持"放管服"改革，依托宏观政策破除有机市场发展难题，帮扶有机市场各大参与主体，让参与者真正参与到有机市场活动中来。三是坚持"保存量、扩增量"原则，制定严格的市场规则。政府要通过经济手段、法律手段和必要的行政手段管理与调控经济，完善市场规则，维护好交易秩序。例如，政府要制定严格的市场准入规则，在遏制垄断行为的同时清理市场准入显性与隐性壁垒，推动有机农业企业合理参与市场竞争，以建立良好的市场环境，推动有机市场有序开展运作。此外，建立严格的市场监管制度，这对强化市场参与主体行为监管、保证市场健康发展发挥着重要作用。

（四）完善市场机制，提高产业发展能级

一是完善有机产业管理机制。近年来，重庆有机农产品消费需求明显上升，但在有机农产品生产（种植和养殖）、加工、销售、认证等环节还存在亟待解决的问题。政府应加强对有机农产品生产基地的监管，制定严格的生产、加工和销售标准，强化对有机市场生产环节的管理与监督，延长有机农产品产业链，完善有机农产品交易环节，进一步推进有机农产品市场改革。而在市场交易过程中，政府可以建立完备的流通市场管理体系，依托大数据

与物流信息，加大对产品流通环节的监督力度，以此来保障产品的质量与安全。二是明确有机农产品的战略定位。有机农业企业要以市场为导向，洞察消费者需求，以满足消费者需求为市场切入角度，明确有机农产品的市场定位，同时制定合理有效的投入产出预算规划，压实成本，优化有机农产品的生产布局和产能结构调整，推动有机农产品的产能扩大和附加值提升。三是提高有机农产品产业能级。有机农业企业应提高自身资源的可利用程度，拓展有机农产品产业链与价值链，增加有机农产品的附加价值，在生产农产品的同时推动企业与企业之间的协同创新、产业链上下游的协作配套，进一步优化生产结构与交易模式。不仅如此，有机农业企业还要强化自身有机农产品的品牌效应，培育独特的有机品牌，增强企业品牌影响力。

（五）重视引进外资，提高对外开放水平

重庆有机农业产业国际接轨程度较低，对外开放程度不够，导致市场化进程缓慢。因此，在有机农业产业的发展过程中，提高对外开放水平、拓展海外市场实属关键。一是拓展国际合作空间，实现资源接轨。重庆有机农业企业坚持引入外企投资战略，加强海外经贸合作，充分利用国内国外两种资源、两个市场，提高利用外资的质量与水平。重庆有机农业企业通过开展国际合作，提高重庆市有机农产品行业技术与高附加值环节的竞争力，加快有机农产品生产结构调整，加强有机农业产业的规范化发展，同时打通国际市场，拓展重庆有机农产品国际市场空间。二是强化与国外有机农业企业合作，构建互助共赢的平台。在互动过程中，重庆有机农业企业要积极引进国际先进技术与管理体系，取其精华，去其糟粕，内化推动重庆市有机农业产业创新升级，同时提高跨国交易能力与对外开放水平，打造重庆有机农业产业的新增长点，以顺应全球产业链价值链绿色化趋势。三是优化对外贸易结构，拓展海外市场。有机农业企业要推动产业结构调整，转变对外贸易增长方式，在提高自身产品质量的同时优化对外贸易结构，坚持以质取胜，畅通国际贸易渠道。同时，有机农业企业要积极与国际有机市场接轨，开展全方位对外交流合作，把握国外市场发展风向，调整自身的产业结构，迎合市场需要。

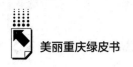

参考文献

王浩然、王玉华、刘笑含等:《中国有机农业企业基地的空间依赖性与影响因素分析——以四川省为例》,《中国农业资源与区划》2023 年第 12 期。

王志明、王玉华、刘笑含等:《绿色发展下中国有机农业认证中心的区域格局与核心区影响力评价》,《中国农业大学学报》2022 年第 11 期。

谭同学:《二元农业格局、生态金融化与山地民族地区乡村振兴——从有机农业的类型与社会层级说起》,《西北民族研究》2022 年第 4 期。

张滢:《亚洲地区有机农业发展现状及启示》,《世界农业》2020 年第 2 期。

焦翔、修文彦:《国际有机农业发展经验及对中国的启示》,《世界农业》2021 年第 11 期。

吴小沩、贺聪志:《从反思到实践:有机农业的发展历程与话语变迁回顾》,《中国农业大学学报》(社会科学版) 2019 年第 2 期。

王小楠、朱晶、薄慧敏:《家庭农场有机农业采纳行为的空间依赖性》,《资源科学》2018 年第 11 期。

谯薇、云霞:《我国有机农业发展:理论基础、现状及对策》,《农村经济》2016 年第 2 期。

谢玉梅、浦徐进:《澳大利亚有机农业发展及其启示》,《农业经济问题》2014 年第 5 期。

孔立、朱立志:《有机农业适度规模经营研究——基于我国台湾地区数据的空间分析》,《农业技术经济》2014 年第 6 期。

李言鹏、王玉华、谷博轩:《中国有机农业认证信息中心空间组织特征及影响度评析》,《世界地理研究》2014 年第 3 期。

姜春云:《走绿色有机农业之路》,《求是》2010 年第 18 期。

G.14

推进成渝地区双城经济圈高速路
服务区充电基础设施建设研究[*]

吕　红[**]

摘　要： 以高速路服务区为代表的公共区域充电基础设施供给短缺是当前制约新能源汽车市场进一步拓展的瓶颈之一。本报告以成渝地区双城经济圈高速路服务区充电基础设施供给为例，分析了成渝地区新能源汽车及充电基础设施发展现状、规划建设和运维过程中存在的主要问题，对标我国主要城市群充电基础设施建设情况，提出推动成渝地区充电基础设施运营规划建设、推动成渝地区新能源汽车产业及服务业发展、推进川渝联动协同挖掘应用新场景、创造产业发展新机遇以及研究出台推进高速路充电基础设施相关政策等建议。

关键词： 成渝地区双城经济圈　新能源汽车　公共区域　充电基础设施

2023年4月28日，中共中央政治局召开会议强调加快推进充电基础设施建设。5月5日，国务院专门部署相关工作，强调要适度超前建设充电基础设施，创新充电基础设施建设、运营、维护模式，确保"有人建、有人

---

 * 本文系2022年度重庆市制度创新项目"'双碳'目标下重庆推动能源电气化发展政策研究"（项目编号：CSTB2022TFII-OIX0056）的阶段性成果。

 ** 吕红，重庆社会科学院生态与环境资源研究所副所长，重庆社会科学院碳中和青年创新团队负责人，生态安全与绿色发展研究中心研究员，管理学博士，主要从事环境经济、应对气候变化等理论与政策研究。

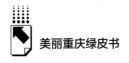

管、能持续"。重庆是我国新能源汽车重要的生产基地，也是国家电动汽车换电模式示范城市。推动成渝地区双城经济圈（以下简称"成渝地区"）高速路新能源汽车充电基础设施高质量发展，对推进成渝地区交通高水平互联互通具有现实意义，对推动重庆市智能网联新能源汽车产业可持续发展具有支撑作用。

一 新能源汽车快速增长对充电基础设施建设提出新要求

（一）新能源汽车快速增长对充电设施的需求显著上升

2012 年，国务院发布《节能与新能源汽车产业发展规划（2012—2020 年）》，提出到 2020 年，纯电动汽车和插电式混合动力汽车生产能力达 200 万辆，累计产销量超过 500 万辆。2019 年 12 月，工信部发布的《新能源汽车产业发展规划（2021—2035 年）》（征求意见稿），明确提出纯电动乘用车为未来的主流，到 2025 年新能源汽车销量占比达到 25% 左右，到 2030 年，新能源汽车形成市场竞争优势，销量占当年汽车总销量的 40%。在政策推动下，我国新能源汽车持续爆发式增长。据中汽协统计，2016~2021 年我国新能源汽车销量年复合增速达到 47.34%，其中 2021 年全国新能源汽车销量为 352.1 万辆，同比增长 157%，连续 7 年全球第一，新能源汽车总体销量占比为 13.4%。2023 年 1~4 月，全国新能源汽车产销分别完成 229.1 万辆和 222.2 万辆，同比均增长 42.8%，市场占有率达到 27%，新能源汽车有望延续高速渗透态势。

新能源汽车市场快速扩容对充电基础设施建设提出了更大需求和更高要求。充电基础设施的部署规模和发展速度已成为影响电动汽车行业发展的重要因素之一。2015 年 10 月，国务院办公厅出台《关于加快电动汽车充电基础设施建设的指导意见》，原则上新建住宅配建停车位应 100% 建设充电设施或预留建设安装条件，大型公共建筑物配建停车场、社会公共停车场建设充电设施或预留建设安装条件的车位比例不低于10%，每2000辆电动汽车至少配套建设一座公共充电站。到2020年，基本建成适度超前、车桩相随、智能高效的充电基础设施体系，满足超过500万辆电动汽车的充电需求。2015年10月，国家发改委发布《电动汽车充电基础设施发展指南（2015—2020年）》，提出到2020年，新增集中式充换电站超过1.2万座，分散式充电桩超过480万个，规划车桩比基本达到1∶1，以满足全国500万辆电动汽车充电需求。相应地，我国充电基础设施发展十分迅速，中国电动汽车充电基础设施促进联盟的数据显示，2022年新增充电桩259.3万个、换电站675座，其中公共充电桩增量同比增长91.6%，随车配建私人充电桩增量持续上升。截至2022年底，全国累计建成充电桩521万个、换电站1973座。

（二）充电基础设施建设现状不能满足车主充电需求

充电技术的发展大致经历了四个阶段：第一阶段为萌芽时期。历史上第一辆电动汽车诞生于1832年前后，由苏格兰人Robert Anderson发明，使用无法充电的初级电池功能，拉开了电动车近200年的历史发展序幕，电动车实现了从无到有的第一次飞跃。第二阶段为起步阶段。随着铅蓄电池技术的发展，电动汽车的充电技术迎来了从无到有的重大飞跃。1896年，Hartford Electric Light公司便推出可更换电池方案的电动货车。电动汽车进入充电时代。第三阶段为革新阶段。进入20世纪90年代之后，随着锂电池能量密度的不断增高，以及电池管理技术的不断进步，电池的充电模式从传统的交直流充电慢慢转变为带有电池管理概念的充电解决方案。第四阶段为成熟阶段。进入21世纪，电池技术以及BMS不断优化进步，电动车再次迎来历史性的发展，巨大的需求推动充电技术迈向短时高效的快充时代，对车载电池的安全性和寿命也提出更进一步的要求。

充电速度对行车效率和用户体验的影响显著，充电体验在很大程度上

影响着消费者的购买决定。当前，电动车消费者在充电过程中存在的痛点主要为充电时间、续航里程和安全需求。相对于燃油车较快的补能速度，即一般场景下，燃油车从进入加油站到驶出全程不超过 10 分钟，且对于长距离行驶的燃油车，加油站数量众多，分布于密集的高速路驿站。以 400km/h 传统电动车为例，充电速度普遍超过 30 分钟，且充电桩数量的不足延长了充电的前置等待时间。目前车主衡量电动汽车充电速度的基本标准是 10 分钟的燃油车心理锚定时间，相比于燃油车，电动汽车在充电方面仍不具备优势。

二 成渝地区新能源汽车及充电 基础设施发展现状

（一）成渝地区新能源汽车保有量爆发式增长

截至 2023 年 4 月，重庆市新能源汽车产量 36.5 万辆，在全国占比 5.2%。重庆市新能源汽车保有量达 38 万辆，预计年底将达到 50 万辆，2025 年达到 100 万辆。四川省截至 2022 年底已累计推广新能源汽车约 33 万辆，《"电动四川"行动计划（2022—2025 年）》提出到 2025 年，新能源汽车市场渗透率将达到全国平均水平。成渝地区新能源汽车保有量的爆发式增长，对充电基础设施建设规模、规划布局、运营管理、建设进度、充电效率、服务体验等方面提出了更为迫切的需求。后疫情时代，随着政务、商务、个人出行需求的充分释放，高速路车流量较往年同期大幅增长，对高速路服务区充电基础设施发展提出更高要求。

（二）成渝地区积极应对高速路服务区充电基础设施的高增长需求

成渝地区出台新能源汽车充电基础设施建设规划。重庆《全市加快建设充换电基础设施工作方案》提出到 2025 年，全市建成充电桩超过 24 万个，其中公共快充桩 3 万个，建成换电站 200 座，形成适度超前、布局均衡、智能高效的充换电基础设施服务体系。《四川省推进电动汽车充电基础设施建设工作实施方案》提出到 2025 年，全省建成充电桩 20 万个，基本实现电动汽车充电站"县县全覆盖"、电动汽车充电桩"乡乡全覆盖"。成渝两地均提出了 2025 年充电基础设施的规划建设目标。

（三）成渝地区高速路服务区充电基础设施基本实现全覆盖

总体来看，成渝地区新能源汽车充电基础设施在数量规模、充电效率等方面仍有差异。重庆地区高速路共有服务区 167 个，截至 2023 年 4 月，有 139 个服务区建了充电基础设施，累计配置充电桩 556 台，高速路服务区充电基础设施覆盖率达 83.2%，高速路沿线单位里程配置的公用桩数为 0.14 台/公里。四川省高速路充电已投运高速路服务区 330 个，其中 280 个服务区建成充电站，覆盖率为 84.8%，高速路沿线单位里程配置的公用桩数为 0.15 台/公里。从全国来看，沪苏锡常区域高速路沿线单位里程配置的公用桩数为 0.15 台/公里，广深莞区域为 0.23 台/公里，成渝地区与沪苏锡常区域基本相当。

（四）成渝地区高速路服务区加大充电设施建设支撑力度

成渝地区高速路服务区充电设施规划早建设早，特别是高速路重庆段。截至 2023 年 4 月，重庆市建成公共充电桩 2.84 万个，公共充电枪 3.32 万个，换电站 79 座，已实现 38 个区县全覆盖，全市车桩比 2.75∶1。新能源车主在城区充电焦虑已基本得到缓解。本次共计抽样调查高速公路服务区及城区 20 处，共计抽样调研高速路充电站点 16 座，其中四川域内高速路充电站 10 座，重庆域内高速路充电站 6 座（抽样及相关情况见表 1）。据实地调研和资料汇总，成渝地区高速路服务区已实现充电设施规划建设全覆盖。

表1 成渝地区双城经济圈高速路服务区充电基础设施情况

序号	站点名称	站点距离（公里）	占地面积（平方米）	运营主体	充电桩属性	充电桩数量	充电桩制造时间（年份）	功率（kW）	设备新旧及损坏	是否占用	充电价格（元）	充电服务费（元/度）	备注
1	大足圆龙服务区	31	600	国家电网	直流快充	8桩单枪（固定4，移动4）	2018	120（固定）60（移动）	较为陈旧，无损坏	无占用	1	0.1	有指示点
2	大足高升服务区	26	—	—	—	—	—	—	—	—	—	—	无站点
3	安岳服务区	30	1000	蜀道新能源	直流快充	4桩双枪	2021	120	新，无损坏	无占用	0.3~1.3	0.6	有指示
4	乐至南服务区	40	1200	蜀道新能源	直流快充	4桩双枪	2021	120	新，无损坏	无占用	0.3~1.3	0.6	有指示
5	天府机场服务区	50	1500	蜀道新能源	直流快充	4桩双枪	2021	120	新，无损坏	无占用	0.3~1.3	0.6	有指示
6	天府服务区	30	1200	国家电网	直流快充	10桩单枪	2021	180	新，无损坏	无占用	0.3~1.5	0.1	有指示
7	永兴服务区	30	800	国家电网	直流快充	8桩单枪	2021	120	较旧，无损坏	无占用	0.3~1.5	0.1	有指示
8	新津服务区	28	500	国家电网	直流快充	4桩单枪	无标识	无标识	较旧，无损坏	无占用	0.3~1.5	0.1	有指示
9	眉山市区	43	500	东坡绿能	直流快充	6桩双枪	2022	120	新，损坏1桩	占用2桩	0.3~1.3	0.5	有指示

续表

序号	站点名称	站点距离(公里)	占地面积(平方米)	运营主体	充电桩属性	充电桩数量	充电桩制造时间(年份)	功率(kW)	设备新旧及损坏	是否占用	充电价格(元)	充电服务费(元/度)	备注
10	夹江天福服务区	64	600	蜀道新能源	直流快充	4桩双枪	2022	180	新,无损坏	无占用	0.3~1.3	0.6	有指示
11	荣县服务区	104	400	国家电网	直流快充	4桩双枪	2022	无标识	新,无损坏	无占用	0.3~1.5	0.1	有指示
12	自贡岩滩服务区	52	1000	蜀道新能源	直流快充	4桩双枪	2019	120	较旧,故障1桩,损坏3枪	无占用	0.3~1.3	0.6	有指示
13	荣昌服务区	78	400	国家电网	直流快充	4桩单枪	2016	120	较旧,故障1桩	无占用	1	0.1	有指示
14	健龙服务区	59	300	国家电网	直流快充	4桩单枪	2020	120	较新,无损坏	无占用	1	0.1	有指示
15	珞璜服务区	50	200	国家电网	直流快充	4桩单枪	2021	120	一般,无损坏	无占用	1	(包含在电价里)	有指示
16	迎龙服务区	43	200	国家电网	直流快充	4桩单枪	2016	120	一般,无损坏	无占用	1	(包含在电价里)	有指示
17	复盛服务区	28	300	国家电网	直流快充	6桩单枪(固定4,移动2)	2021	120	一般,损坏2桩	无占用	1	(包含在电价里)	有指示

注:共计抽样调查高速公路服务区及城区共20处,共计抽样调研充电站点16座,其中四川省域充电站10座,重庆市域充电站6座,抽样调研时同为2023年3月。

数据来源:重庆市低碳协会调研提供。

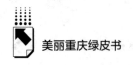

三 成渝地区高速路服务区充电基础
设施建设面临挑战

（一）成渝地区高速路重庆段充电设施有待更新

一是存量充电基础设施老旧、技术水平落后。成渝地区高速路重庆段60%的充电桩建于2020年前，与四川省相比，充电基础设施建成时间整体较早，主要站点建成时间均在5年以上。成渝地区高速路重庆段存在充电设备技术水平滞后、充电时间较长，设备老旧导致故障频发等情况。

二是增量充电基础设施投资规划及建设进度均明显滞后。当前，重庆市车桩比为2.75：1，与国家发改委提出的到2025年新能源汽车与充电桩的车桩比达到1：1的目标要求差距较大。重庆地区高速路充电桩建设进程与2025年建设目标相比差距也较大。

三是充电设备使用效率与国内其他主要城市差距明显。与北上广等城市相比，成渝地区高速路服务区设备功率以120 kW为主，车辆使用30~200kW功率的直流桩充电时长为1~2小时，较燃油车补能速度缓慢。从国内外情况看，电动汽车充换电基础设施技术更迭迅速、用户对大功率直流快充、换电服务等快充需求亟待解决，成渝地区重庆段充电基础设施设备技术参数较低，需采取持续提升充电效能和优化用户体验等举措，推动硬件升级改造、软件提质增效。

四是企业重建设轻运营，运营管理水平需要提升。充电站运营成本包括人工成本、运维成本、设施设备保险费等。成渝地区高速路服务区充电基础设施站均数量少、距离远，规模效应不足，成本支出较中心城区高，建成后日常维护管理不及时、不到位，导致充电基础设施损坏、充电车位被占用，"坏桩""僵尸桩""临时桩"等问题突出。

（二）成渝地区与国内其他城市有较大差距

一是充电基础设施配备量差距较大。中规院研究结果显示，就我国中心城区来看，2022年，深圳市电动汽车保有量与充换电桩比为0.85∶1，上海市为1.35∶1，武汉市为0.83∶1，重庆市为2.75∶1，成都市为4.36∶1。与长三角、大湾区新能源汽车保有量排名靠前的城市相比，成渝地区新能源汽车车桩比明显落后，与国家发改委提出的到2025年新能源汽车与充电桩的车桩比达到1∶1的目标存在较大差距。截至2023年10月底，全国已建成充电停车位的服务区共计6257个，占高速路服务区总数的94%。全国高速路服务区累计建成充电桩2万个，覆盖4.95万个小型客车停车位。北京、辽宁、吉林、上海、浙江等11个省（市）高速路服务区充电设施覆盖率达到100%，重庆覆盖率为84%。

二是充电基础设施规划建设较为落后。对于成渝高速路段，目前主要有成渝高速、成遂渝高速、成安渝高速、成资渝高速四条通道。成渝地区高速路重庆段服务区的规划目标为站均4个；四川段服务区的规划目标为站均8个，个别服务区达12~16个。高速路重庆段服务区的单站充电桩数量仅为四川段的一半。重庆段充电基础设施规划建设目标亟待提升。

三是充电基础设施技术参数差距明显。与四川省及北上广等城市相比，重庆段充电设施设备技术参数较低，存量为80kW、160kW。用户对于350kW及以上大功率超快充、换电模式等补能需求增加，充电设施智慧化水平继续提升，重庆市高速路服务区充电基础设施面临升级改造需求。高速路充电设施配套不足所导致的城际出行充电焦虑，制约了公众购买新能源汽车的消费意愿。

（三）高速路充电基础设施投建运营主体合作机制有待优化

高速路充电基础设施投建涉及主体有重庆高速公路集团、国网重庆电动公司、绿色能源有限公司。在高速路段充电基础设施改扩建过程中，各方在场地租金、场地扩建、合作形式等方面存在分歧，面临"有建设能力的主体无法参与，有建设意愿的主体能力不足"，改扩建规划处于搁置状态，投资建设进度推进缓慢，相关部门协调推动困难等堵点与痛点。

一是充电基础设施建设缺乏部门协同。高速路服务区新建扩建涉及高速路运营企业、充电基础设施建设企业、充电基础设施运营企业、城乡建设管

理部门等多个责任主体,在项目审批、场地扩建、场地租金等方面多方的协调协作有待强化。

二是对充电设备使用情况监管缺位。高速路服务区充电基础设施具有一定的公共属性,建设运营需加强监管。目前高速路服务区充电基础设施未实现100%全覆盖、充电基础设施站均建设数量少、充电站日常维护管理不及时不到位等导致用户充电焦虑的问题日益显著,但责任主体不明确导致监管缺位,一定程度存在"无人管"问题。

三是充电基础设施规划建设亟待一体化推进。相对于成都,重庆段高速路服务区充电基础设施规划建设起步早,成都作为后起之秀,其规划建设更加科学合理。目前,成渝高速路服务区充电基础设施建设管理缺乏统一的数智化管理平台,在成渝共建智能网联新能源汽车现代产业体系推进过程中,新能源汽车、充电基础设施、高速路和用户间不适配的矛盾将愈加突出。

四是充电基础设施运维"可持续性"不足较为显著。充电站收益来源主要为收取充电服务费。据北极星储能网统计,2022年9月,全国21个省(区、市)的最大峰谷电价差超过0.7元,其中上海市达到1.397元/kWh。据《重庆市支持新能源汽车推广应用政策措施(2018—2022年)》,重庆市新能源汽车充电服务费执行上限0.4元/千瓦时的政府指导价,成都、贵州、广西等地的政府指导价上限为0.6元/千瓦时,云南为0.7元/千瓦时,浙江省为0.6~0.8元,相较于周边等省市,重庆市充电服务费政府指导价偏低。叠加高速路服务区充电站潮汐现象突出,非节假日期间高速路新能源汽车占比较少,充电桩整体利用率低、维护管理成本较高等因素,企业收不抵支影响其投资运营的积极性。另外,目前重庆市高速路服务区执行固定电价政策,相对于四川省电价偏高、灵活性较差。

四 完善成渝地区高速路服务区充电
基础设施的对策建议

一是推动成渝地区高速路充电基础设施规划建设。由市经信委牵头统筹推动《重庆市推进智能网联新能源汽车基础设施建设及服务行动计划（2022—2025年）》《重庆市充电基础设施"十四五"发展规划（2021—2025年）》等规划目标落实落细。适度超前规划成渝双城重庆段高速路服务区充电基础设施布局，将新能源汽车充电基础设施的建设用地纳入全市土地利用总体规划，在用地指标、土地预留、土地征用、土地供应等方面给予重点保障。将快充站建设纳入高速路服务区配套基础设施范围。制定包括高速路服务区在内的成渝地区充电桩一体化建设规划，建立新改建高速路建设项目将高速路服务区主体工程与充电站同步设计、同步施工、同步投入使用的"三同时"制度。加强高速路快充站项目立项预验收环节管理，协调推进建设用地和配套电源保障工作。

二是以补能为切入点，推动成渝地区新能源汽车产业及服务业发展。鼓励进行光储充一体化改造。对新建改建的高速路服务区，鼓励充电桩运营商将光储系统和充电桩结合进行光储充一体化建设，鼓励充（换）电、储能、智慧停车等多元化服务业态共生，获取电价收益和服务收益。鼓励探索多种服务盈利模式。探索利用汽车充电站时间提供汽车维修保养服务，融合充电站运营和新能源汽车分时租赁等新能源汽车融资服务，链接物流、电池、智能设备、金融等多领域优质资源，弥补充电基础设施运营商仅靠收取服务费的单一来源盈利模式的不足。探索市场主导+政府扶持+商业化运作模式。从高速路路网运行保障服务费中抽取少量资金"以奖代补"补助充电桩运营，提高企业建设运营积极性，保障高速路服务区充电站可持续运营。高速路服务区充电桩建设经营不能实现收支平衡的，可考虑与中心城区公共充电桩建设项目统一打包建设运营，实现一定比例的收益补充，推动收支平衡。

三是推进成渝联动协同挖掘应用新场景、创造产业新机会。据中信证券研报测算，未来三年，公共充电桩市场规模有望达487亿元。受政策端和需求端双重因素驱动，未来进入加速建设期，远期市场空间超千亿元。高质量规划发展智能网联新能源汽车产业链（强链、延链、补链），推动重庆的汽车制造+四川省的电池产业协调发展。对标先进地区，提高高速路服务区充电基础设施数量和质量。共同做大补能市场，协同构建成渝地区智能网联新

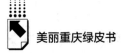
能源汽车补能走廊。加强对新能源汽车充电基础设施等供应链存在问题的系统调研支持，开通成渝"氢走廊、电走廊、智行走廊"示范线路，强化新能源汽车充电基础设施与示范工程的协同推进，共同开发智能网联新能源汽车的应用场景。推动成渝地区车桩一体化监测服务平台建设。借鉴"粤易充"等平台建设经验，建立覆盖成渝地区高速路及沿途城市城区、大型乡镇、旅游区、服务区的车桩一体化监测服务平台，推动研究成渝地区统一的充电站建设和运营标准，做到建设标准统一、数据互联互通、资源互利共享。建立"以督促建、以督促改、以督提质"的新能源汽车充电基础设施建设运营监管机制，及时督促对损坏充电基础设施予以维护管理，提升用户充电体验。推动高速路服务区充电基础设施建设运营各利益方化解矛盾。

四是研究出台推进高速路充电基础设施补贴政策。开展新能源汽车充电电价和充电服务费专题研究。基于高速路服务区充电站总体利用率偏低、潮汐现象显著的特点，物价、发改、经信、国网公司等部门和单位联合开展新能源汽车充电运营企业营收分析，统筹考虑区域电价，统筹市区和高速服务区、景区等公共服务区经营状况，借鉴周边省份的新能源汽车充电服务费标准，合理确定重庆市新能源汽车充电电价和充电服务费收费标准。研究论证高速路服务区执行峰谷充电电价可行性。研究高速路服务区充电站运营补贴政策。对成渝高速路服务区充电站运营给予一定比例的财政补贴，鼓励社会资本进入充电基础设施建设领域。由市财政局牵头研究制定补贴期限、补贴对象、补贴内容、补贴方式和补贴额度等实施细则，推动政策落地。适度对电价进行补贴，补充其公益属性，发挥其商业性经营优势。推动重庆高速路服务区充电基础设施建设专题研究与专项推动。优化跨部门协作主体与沟通协调机制，努力调动各市场主体积极性，重点推动"规划、布局、土地、租金"等关键要素保障，广泛听取政府智库、行业专家、市民群众的意见与建议，对于堵点、痛点问题认真抽丝剥茧，深入分析研判，探索优化合作模式、盈利模式、利益分配等机制改革，凝聚各主体优势，形成强大合力，做大做优市场，共同实现科学、高效、共赢的合作目标。

参考文献

袁欣萌、陈琳舒、崔嘉慧：《"双碳"背景下新能源汽车购买意愿调查》，《合作经济与科技》2024年第2期。

兰波、张庞军：《浅谈中国新能源汽车的高质量发展》，《汽车工业研究》2023年第4期。

李旭东、何寿奎、戴庆春等：《双碳背景下多元政策对新能源汽车消费者购买意愿影响研究》，《重庆理工大学学报》（自然科学）2023年第11期。

柳卸林、杨培培、丁雪辰：《央地产业政策协同与新能源汽车产业发展：基于创新生态系统视角》，《中国软科学》2023年第11期。

伊辉勇、张湘虹、吕卓石等：《重庆市新能源汽车产业空间演化特征及影响因素研究》，《西南大学学报》（自然科学版）2023年第11期。

邓爱玲：《电动汽车充电基础设施发展挑战与机遇研究》，《汽车测试报告》2023年第11期。

吕冉、李博浩、李敏等：《公共充电基础设施对电动汽车购买的异质性影响研究》，《技术经济》2023年第2期。

李晓敏、刘毅然：《充电基础设施对新能源汽车推广的影响研究》，《中国软科学》2023年第1期。

唐瑾、王有为：《城市充电基础设施规划的思考》，《综合运输》2022年第7期。

G.15
重庆生态产品价值实现
探索、困境与对策*

李春艳**

摘　要： 生态产品价值实现是乡村生态振兴的关键。本报告以重庆为例，总结了乡村生态产品价值实现的多元路径探索，分析了乡村生态产品价值实现面临的困境。研究认为生态产品价值实现要立足乡村生态优势，更好发挥市场作用，因地制宜选准绿色产业发展方向，多措并举切实将生态优势转变成经济优势。要深化对生态产品的认识，明确生态产品产权，加强金融创新推动生态产品价值实现。

关键词： 生态产品　生态产品价值　重庆

　　党的二十大报告指出，"中国式现代化是人与自然和谐共生的现代化"。良好生态本身蕴含着经济社会价值，生态就是资源，生态就是生产力，改善生态环境就是发展生产力，良好的生态环境是最普惠的民生福祉。乡村生态产品价值实现是在维持生态系统稳定性和完整性的前提下，通过合理开发利用乡村生态产品，将其生态价值转化为经济效益的过程。乡村全面振兴要充分利用乡村生态资源，实现乡村生态产品价值实现。习近平总书记指出："良

---

* 本文系国家社科基金西部项目"长江上游地区生态产品价值市场化实现路径研究"（项目编号：19XJY004）阶段性成果。
** 李春艳，重庆社会科学院生态与环境资源研究所（生态安全与绿色发展研究中心）研究员，主要从事区域经济、绿色发展等领域研究。

好生态环境是农村最大优势和宝贵财富。要守住生态保护红线，推动乡村自然资本加快增值，让良好生态成为乡村振兴的支撑点。"如何将蕴藏在乡村地带的生态资源潜力转化为推动乡村发展振兴的内在动能，是践行"绿水青山就是金山银山"理念，推动实施乡村振兴战略，推动乡村实现绿色发展的有效途径。

一 重庆乡村生态产品价值实现的多元路径探索

近年来重庆坚持"绿水青山就是金山银山"理念，坚决贯彻落实《关于建立健全生态产品价值实现机制的意见》要求，充分挖掘乡村生态资源的发展潜力，发挥生态环境的竞争优势，在乡村生态产品价值实现道路中进行了积极探索。

（一）立足生态优势，发展康养旅游

生态产品价值实现就是要将生态优势转化为发展优势，实现自然资源的生态价值、经济价值和社会价值。重庆部分区县通过发展康养旅游，以可持续的方式经营开发生态产品，实现了生态资源价值实现的市场化路径。

武隆境内山水林田湖草等生态要素完备，拥有仙女山等五大综合大型山体，以芙蓉江、大溪河等为支流的乌江水系生态，生态净化能力和"绿肺"功能强大，是武陵山地区生物多样性与水土保持生态功能区的重要组成部分。全区森林覆盖率 65.6%、林木覆盖率 75%，是重庆"一区两群"中生态环境最好的区县之一。武隆在挖掘生态资源潜力、发展生态产业方面做到了一张蓝图绘到底，一任接着一任干。为了践行"绿水青山就是金山银山"的发展理念，武隆立足于将生态优势转变为发展优势，实施"绿色崛起、富民强县"战略，将生态旅游产业作为全区的主导产业和富民产业，走出一条以生态旅游带动区域经济社会可持续发展的新路子。在发展规划中，武隆把整个辖区作为"一个大公园"进行规划，坚持"面上保护，点上开发"，因地制宜构建"一心一带四区一网"〔一心，山水园林旅游新城（武

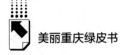

隆县城）；一带，乌江画廊旅游带；四区，仙女山国际旅游度假区、白马山森林养生度假区、芙蓉江亲水风情休闲区、后坪国际户外探险运动区；一网，乡村旅游休闲游憩网络]的生态旅游发展格局。旅游业逐步成为武隆发展较快的支柱产业和新的经济增长点，全区乡村旅游直接和间接从业人员达到 2 万余人，乡村旅游接待户达到 4583 户，实现了让老百姓吃"生态饭"、发"生态财"，推动实现城乡自然资本加快增值的目标。

石柱县位于北纬 30°线上，75%的辖区面积海拔在 800~1900 米，全县森林覆盖率高达 60.08%，林木覆盖率超过 75%，年均负氧离子浓度高达 3000 个每立方厘米。依托良好的生态环境，石柱县专注于将康养类生态资源不断做深做实，聚焦"全域康养、绿色崛起"，通过一二三产业深度融合，推动形成以"观养"为先导、"疗养"为核心、"食养"为基础、"文养"为特质、"动养"为提升、"住养"为载体、"康养制造"为支撑的"6+1"大康养产业体系。形成一批森林体验、森林运动、森林养生等康养业态，塑造集旅游、疗愈、运动、养生于一体，规模化、智慧化、人文化、专业化的国际森林疗愈基地。依托丰富的原始森林资源，构建"冷水森林疗愈核心区—大黄水康养胜地—县域康养观光体验区"三级全域旅游体系，大力开发以保健、疗养、康复、养生为主的高端森林疗愈产品。2022 年，全县森林康养旅游接待游客 808 万人次，创旅游综合收入 60.3 亿元。先后荣膺"中国康养美食之乡""中国天然氧吧""中国（重庆）气候旅游目的地""全国康养 60 强县""国家森林康养基地"等称号。

（二）挖掘生态潜力，推动农文旅融合

基于资源禀赋、发展阶段、产业基础不同，重庆不少区县在探索乡村生态产品价值实现过程中，立足实际、发挥优势，通过深度挖掘生态资源潜力、推动农文旅融合，提升生态产品的附加值。

南川位于重庆南部，森林资源富集，林地面积 238 万亩，占南川总面积的 61%，全区森林覆盖率达 54%，活立木蓄积量超 870 万立方米，林业产值突破 30 亿元。境内动植物资源丰富，国家一、二级重点保护植物 292 种、

动物 58 种，被誉为"世界生物基因库、中华药库、植物麦加"。南川长期致力于挖掘森林资源潜力，将森林旅游要素不断向林外扩延。在高速路、金佛山旅游景区通道打造彩色景观林带，在金山湖沿岸围绕库岸打造"金山十里花海"，实施村庄绿化。按风情小镇周边的荒山绿化与产业配套，美丽乡村的田园绿化以经果林为主的方案，在东城、南城等 14 个乡镇荒山造林发展产业林 10 万亩，打造特色林业乡镇 10 个。在大观、木凉等乡镇，依托林地资源打造葡萄采摘基地，探索林业产业与森林旅游完美融合，实现森林旅游逐步以文化游为核心。不断挖掘金佛山森林旅游新文化，以"金佛山冰雪节"为核心，不断将农耕文化、森林旅游文化、景区特色文化、三线建设文化有机结合，不断赋予景区文化以新内涵。

梁平区猎神村全村森林面积 8000 余亩，其中成片竹林 6000 多亩，竹类植物上百种，森林覆盖率 84%。猎神村依托丰富的竹林资源，大力发展乡村生态旅游、竹工艺编织、竹产业种植三大生态产业。一是发展特色种植业。围绕建设明月山绿色有机农业带，累计实施低效竹林改造 8000 余亩，以"大户+农户""专业合作社+农户""公司+农户"模式打造林下菌类、药材、茶叶和水稻等高山绿色、有机农产品示范基地，培育"百里竹海""竹风湖""龙溪源"等绿色有机品牌。二是打造明月山川渝民宿群。优化民宿产业发展规划布局，依托田园风光、竹海山色，突出地域特色和人文风情，在积极推进矿山遗址文化挖掘的同时，梳理整合现有的竹、寿、古驿道、古民居、造纸、非遗等文化资源，利用传统老院落、老民居打造墨林竹院、梦溪湉园等精品民宿群，发展民宿、竹家乐。三是打造明月山森林康养品牌。挖掘自然景观、森林环境、农林产品等优势资源，致力打造一批避暑游、养生游、康复疗养游线路，吸引一批休闲养生、康体养生、全民健身等业态落地，推动大健康与大文旅融合发展，积极融入明月山大健康文化旅游走廊的打造。

（三）突出生态特色，树立生态产品品牌

"品牌"是具有经济价值的无形资产。打造生态产品品牌既能满足消费

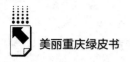

者对高品质生态产品的需求，又能凸显乡村特色资源，是促进农业农村经济发展、实现资源永续利用的有效途径。

脆李，作为一种稀有的李子品种，早在唐宋时期就在巫山县有种植，目前巫山脆李由江安李芽变单枝通过提纯培优而得。巫山脆李种植覆盖了巫山县 23 个乡镇 220 个自然村，种植面积达 30 万亩，规模居重庆第一位，带动 5 万农户增收，人均增收 2000 元/年。巫山脆李先后荣获"中华名果""中国气候好产品""中国脆李之乡""全国农产品地理标志"等称号，公共品牌价值达 22.56 亿元。为了形成巫山脆李的产品品牌，巫山县政府制定了系列标准，颁布《巫山脆李地理标志农产品技术规程》，制定《巫山脆李产地环境条件》《巫山脆李种苗繁育技术规程》《"巫山脆李"商品化处理标准指导手册（试行）》等团体标准和生产技术系列标准，编撰出版《巫山脆李优质高效生产技术》，这一系列标准确保了脆李的质量。2020 年，"巫山脆李"通过地理标准农产品认证。另外，巫山县还通过节庆活动，大力宣传脆李，扩大脆李的全国影响力。一是持续举办李花节、脆李开园节、经销商对接会等，加强品牌影响力，提高行业话语权，提升品牌美誉度。二是通过央视、百度、抖音等多平台矩阵宣传品牌；通过重庆电视台巴味渝珍开展"夏日有李"巫山脆李专场直播活动，仅重庆荣科供应链科技有限公司单日预售就达 1 吨以上。三是在北京人民大会堂、中南海钓鱼台国宾馆等地成功举办 10 余场次脆李推介活动。通过标准制定保障了每一颗脆李的品质，通过宣传提升公众对脆李的认知度，巫山县政府的"两手抓"策略让巫山脆李的品牌价值实现了最大化。

奉节地处长江三峡库区腹心，全县种植脐橙 37 万亩，年产量 40.8 万吨，综合产值超过 38 亿元，是奉节县乃至三峡库区人民脱贫增收的主导产业和最大"功臣"，创造了"一棵树致富 30 万人"的产业奇迹。自 2013 年起，奉节开始奉节脐橙品牌培育，与专业品牌策划团队合作，通过"精炼品牌体系、精细管理体系、精准产品体系、精耕渠道体系、精彩传播体系"五大差异化战略举措，不断推进奉节脐橙品牌建设，提高品牌知名度和产品溢价。一是系统化制定《奉节脐橙产品分级标准》，按照产地、品种、果形、果径、色泽、果面光泽度等指标，将奉节脐橙分为精品奉节脐橙、特级奉节脐橙、优质奉节脐橙三个等级；以草堂、安坪、白帝镇等为品牌核心保护区，突出奉节脐橙卖点，进行产区分级分类销售。二是价值系统深挖重塑，以"好橙就是这个味儿！"产品价值和"奉节脐橙 自然天成"产地价值为支撑，精准圈层目标用户，带动市场终端销售；形象战略全新升级，创造品牌形象体系，实施"六个统一"品牌管理战略，形成产业价值合力，包括统一品牌标志、统一传播视觉、统一宣传口径、统一包装用箱、统一终端形象、统一活动风格。奉节脐橙以品牌打造为引领，确立了"奉节脐橙 自然天成"的品牌口号及品牌 LOGO，根据不同消费场景"分级"设计了多款产品包装，实现传统农业品牌的全新焕变。奉节脐橙先后荣获"驰名商标""地理证明商标""生态原产地保护产品""百强农产品区域公用品牌"等奖项，享有"中华名果"之美誉。奉节脐橙品牌价值高达 182.8 亿元，位居全国橙类品牌第一。

（四）加大生态建设投入，提高价值转化效率

生态资源丰富的区域往往地理位置偏远，仅靠自身条件难以建立有利于生态产品开发的基础设施。以政府为主体加大对偏远地区的基础设施建设投入是生态产品价值实现的重要保障。重庆部分区县通过加大基础设施投入，改善生态环境，使生态资源呈现更好的面貌，资源价值得到了很好的体现。

渝北铜锣山位于渝北区石船镇、玉峰山镇境内，属于重庆主城"四山"之一，是重要的生态涵养区和生态屏障，是重庆主城"肺叶"，对长江水生态环境安全起着重要作用，多年来大规模的露天采矿活动造成土地损毁，植被破坏，生态退化严重，安全隐患突出。在实施综合治理和生态修复的基础上，渝北铜锣山以沉浸式矿山旅游体验为特色，累计投资约 1 亿元，牵头实施了边坡治理，步道、栏杆、道路提升，绿化景观打造及公厕、停车场等旅游配套设施建设等矿山公园景区提升工程，累计种植乔木 8000 余株，灌木、草坪 15 万平方米，建成观景平台 14 个。在生态修复的基础上，渝北铜锣山结合区位优势及周边其他产业布局，将生态保护修复工程与乡村振兴、产业

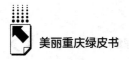

发展、改善民生等工作统筹推进，实施矿业遗迹展示与生态旅游结合，打造山清水秀美丽之地展示区、矿山生态保护修复样板区、生态产品价值实现试点区。以产业发展为引领，充分挖掘矿区资源，结合山水林田湖草综合整治、乡村旅游、乡村振兴等政策，打造矿山公园、绿化育苗基地、观光休闲水体、果园+林下养殖等产业模式，创造生态、经济双重效益，实现修复矿山后期综合利用。通过大力推进"双十万工程"，在铜锣山范围内栽植3.5万亩生态林和4.7万亩经果林，建立19个生产互助农业合作社，激发村民参与经果林建设与管护的积极性，让资源变资产、资金变股金、农民变股民，同时吸纳周边村民就业和创业，通过无偿提供农产品交易中心售卖农副产品、农户开设农家乐、集体经济组织以地入股与社会投资主体合作办企等多种方式，推动生态价值转化为农户增收。

重庆梁平双桂湖国家湿地公园位于重庆市梁平区境内，2015年12月31日，双桂湖湿地公园成为国家湿地公园建设试点；2018年2月2日，双桂湖国家湿地公园得到国家林业局正式授牌。梁平区在双桂湖湿地生态环境修复和治理过程中，秉持构建"山水林田湖草"生命共同体理念，采取了系统性措施。一是"护山"，坚持对双桂湖湿地山体自然状态完整、没被破坏的部分进行严格保护，对自然状态不完整、已遭破坏的山体采取生态固土、植被补植等措施形成生态护坡；二是"净水"，科学布设环湖污水综合管网，禁止湖周传统散放养殖，重点实施环湖小微湿地群生态修复，采用人工造林、林相改造等措施；三是"营林"，采用乡土树种恢复植被，建设林业有害生物监测体系；四是"疏田"，构建生态循环农业模式，改善湿地农田生态条件，提升农田品质和水土保持能力；五是"清湖"，采用清理湖底、生态防渗、驳岸修复和净化湖水等水环境治理与生态修复措施进行清湖；六是"丰草"，严格保护湖周原生草地，以乡土草种为主，在湖周适地适草，退耕还草。借助双桂湖湿地公园试点建设契机，梁平创新发展湿地产业，将湿地与脱贫攻坚、乡村振兴、产业发展深度融合，实现"生态+"可持续发展。主要包括："小微湿地+生态产业"，发挥小微湿地净化与水产种养殖协同共生作用，利用小微湿地推广茭菇、水芹、莲藕等种植，培育一批有机稻藕、稻蔬、稻鱼等湿地生态产业；"小微湿地+乡村民宿"，利用梯塘小微湿地，发展以梦溪湉园为代表的乡村民宿，形成"明月山·百里竹海"民宿群，带动湿地的生态旅游；"小微湿地+休闲旅游"，走进自然课堂，把湿地宣教与休闲旅游、湿地体验、研学基地结合起来，形成百里竹海、三峡竹博园、千年壶穴、安胜碗米林团等休闲旅游胜地。双桂湖湿地旅游产业链不断推动梁平旅游、交通、餐饮等第三产业的发展，旅游业已成为该区经济发展新的增长点。

二 重庆乡村生态价值实现面临的困境

（一）乡村生态产业发展的产业链延伸不足

生态产业要做大做强，离不开产业链和价值链的发展。产业链是由原材料采集、生产、销售、服务及回收等环节组成的一个完整的产业链条，价值链强调的是企业在整个生产过程中所产生的价值，包括研发、设计、生产、营销等各个方面。生态产业的产业链发展存在以下问题。

精深加工产品少，产业链条短。乡村生态产业还在发展初期，农产品多处于初加工阶段，有的区县在冷水鱼开发方面，如三文鱼、鱼子酱专用鱼等停留在卖生鲜阶段，鱼子酱等高端产品卖成了"大路货"，养鱼人得小头，国外客商赚大头。有的区县茶叶基地呈"小而散"的状态，经营主体内卷化比较严重，十多个乡镇都有独立的茶园种植和茶叶加工，导致龙头企业加工产能不足，产业集中度不高。茶产品生产同质化、品类少，在生产工艺、产品特性、品质效用等方面大致趋同，茶饮、茶酒、茶点、茶食等产品缺乏，无法满足市场多样化的需求。茶叶后续精深加工、生物科技等高技术欠缺，线上电商销售占比较低。茶文化资源特色挖掘不够、内容创意不足、价值转化质量不高，未充分发挥文化引领作用。

龙头企业少，新型经营主体市场竞争力较弱。缺乏产品研发、加工、营销龙头企业带动。在农产品加工方面仅仅是初级加工，也没有形成高技术、

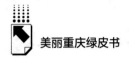

高质量、集约化生产，无固定标准、无特色品牌、无稳定渠道、缺规模，导致产品缺乏市场竞争力，无法实现较高效益。重庆渝东北地区不少区县道地药材品种不少，但是因为缺乏龙头企业带动，目前以销售原料为主，没有形成产业链，销售情况受市场波动影响非常大，难以保障稳定收益。

（二）未形成具有市场竞争力的产品品牌

"品牌"是具有经济价值的无形资产，品牌建设具有长期性。打造生态产品品牌既能满足消费者对高品质生态产品的需求，也是促进农业农村经济发展、实现资源永续利用的有效途径。

农产品品牌多而不强。每个区县都形成了自己的农产品品牌，但大多小散杂乱，各自为政现象比较突出。例如，巫山县申请了"巫山脆李"地理标志农产品、全国名特优新农产品5个（巫山脆李、巫山纽荷尔、巫山庙党、巫山鸡蛋、巫山洋芋）、绿色食品105个、有机农产品3个；开州区培育市级及以上农业品牌数共246个，区域公用品牌有"开县锦橙""开味开州"，全国名特优新农产品5个、全国特质农品6个、国家驰名商标1个，开州区现有绿色食品认证农产品144个、地理标志农产品1个、中国地理标志商标8个、重庆名牌农产品29个、"巴味渝珍"授权产品49个等；万州区提出打造"三峡"系列品牌，但还处于初级阶段；奉节县推出"奉上好品"品牌，"奉节脐橙"作为地标优品，被评选为中国代表性农产品区域品牌；巫溪县打造农产品区域公用品牌"巫溪臻品"，有绿色优质农产品119个，其中绿色食品84个、有机食品14个，地理标志农产品及注册商标11个，重庆市名牌农产品10个。综观这些品牌，除了"巫山脆李""奉节脐橙"在全国享有较高的辨识度，具有较高的品牌价值外，其他品牌还处于小打小闹阶段。

区域知名品牌整合不够。具有一定知名度的生态农产品品牌整理区域资源的力度不足，没有形成区域共享品牌溢价的规模效应。对极具地域特色的"三峡"品牌开发不够。在品牌塑造中多数区县倾向以本区县命名。以柑橘为例，三峡库区盛产柑橘，几乎每个区县都有一定的柑橘产量，且都有自己的柑橘品牌，其中较为突出的"奉节脐橙"品牌价值达到 182.8 亿元，"开县春橙""开县锦橙"品牌评估价值分别达到 52.16 亿元、7.68 亿元。"巫山脆李"品牌估值 22.56 亿元，位居全国李品类第一，在全国已经形成一定的知名度，产品鲜果供不应求。目前"巫山脆李"仅在巫山县种植面积 30 万亩，2023 年产量预计为 13.5 万吨，综合产值 18 亿元。因"巫山脆李"产量有限，以鲜果售卖为主。巫山县由于自身力量有限，在脆李的产品加工和产业链延伸进程中较为滞后，无法使脆李产业实现较高的附加值。因此，对周边区县的李子产业带动不足，在巫山县外，即使品质相似的脆李，因没有"巫山脆李"这一品牌的授权，价格始终上不去。目前，巫山县及其周边区县亟须在"巫山脆李"品牌的规模化、产业化方面进行深入探索，拓宽品牌价值变现渠道。

（三）农文旅发展拳头产品不强

重庆地处三峡库区腹地，每个区县都有自己的优势旅游资源。但是，从整个文旅发展情况来看，仍然存在整合营销不够、农文旅产品整体形象不鲜明的问题。

文化旅游深度融合不够，产品特色不突出。从区域协作看，文旅发展主要停留在政府层面，市场主体参与不多。在宣传营销上，缺乏统一的策划、包装、宣传、营销。各个区县虽然开展营销的力度不断加大，节会活动层出不穷，但整体性、连续性较差；沿线景区各自为战，尚未形成合力，导致"大三峡"整体形象不够鲜明。从区域特色看，对三峡资源整体挖掘利用不够。"大三峡"区域人文资源丰富，历史文化遗址、遗迹、非遗产品众多，但缺乏深度挖掘和展示，特色文化融入景区景点不够，现有文化展示缺乏亲和力与表现力，缺乏互动感和体验感，很多景区还"经不起看、经不起品"。精品景区不多，大部分景区景点同质化严重，串点连线成环不足，缺乏核心吸引力。长江三峡游轮旅游仍占主导，但中线、短线快速观光产品以及长线休闲游产品缺乏。

产品结构单一，缺乏深入挖掘和包装策划。乡村旅游产品结构比较单

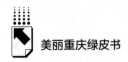

一，特色不够鲜明，农耕文化和民俗地域文化内涵挖掘不够，体验式、参与式的乡村旅游产品较少，核心竞争力不强。巫溪县反映，虽然全县农业资源、旅游资源丰富，但农业产业化龙头企业少，农旅产品、文旅产品和休闲农业点内涵单一、形式趋同，多以农业节庆等形式运行，大多集中于观光、采摘、垂钓等活动，难以满足游客多样化需求，很多休闲农业旅游项目因缺乏深入挖掘、策划和包装而逐渐被市场所淹没。

（四）农村农业发展基础设施需完善

基础设施建设是新农村建设的前提，是生态产业发展的基础。近年来重庆对农村基础设施建设加大投入，新农村建设成绩明显。但从面上看，不少区县的基础设施仍然需要进一步完善。

部分偏远地区基础设施建设落后。部分乡镇乡村旅游道路交通、用电用水、旅游公厕、购物场所、生态停车场等基础配套服务设施建设有待完善。由于地处偏远山区，地形复杂，人口分散，架设基站、光缆等信息基础设施难度大、成本高，很多区域不符合通信企业建站条件，目前仍有少数区域通信基础设施不完善，通信能力有待加强。

数字化智慧化农业体系不完善。部分智慧化载体效果发挥不佳。例如益农信息社的宣传力度小、氛围不够，农民缺乏了解；上线产品较少、电商平台产品种类单一。财政资金投入与新时期数字智能发展速度不成比例，导致智慧农业发展进度缓慢；农业数字化意识淡薄，不能与时俱进，跟不上数字农业发展步伐，专职数字工作人员缺乏，农业大数据平台建设滞后。

三 对策建议

（一）加强宣传引导，提高社会对乡村生态产品及其价值实现的认知水平

深刻领会"绿水青山"和"金山银山"的辩证统一关系。促进乡村生

态产品价值实现，是辩证认识"绿水青山就是金山银山"的具体表征，更是马克思主义中国化和习近平生态文明思想的理论内涵升华。从"绿水青山"到"金山银山"需要几代人坚持不懈的努力，久久为功，不能毕其功于一役。乡村生态产品价值实现，能够整合乡村生态资源，提升生态产品的溢价能力，从而持续增加农民收入。要加大宣传力度，提高社会对乡村生态产品价值实现可行性的认知水平。特别是对于生态资源禀赋丰富但经济相对落后的脱贫县，加快乡村生态产品价值实现是持续增加农民收入、巩固拓展脱贫攻坚成果和推动共同富裕的有效途径。强化对"绿水青山就是金山银山"发展理念的认知，让农民知晓乡村生态产品具有实现共同富裕的天然公平性和价值实现的可能性，需用更加通俗易懂的语言加强科普宣传工作，引导农民形成绿色生产生活方式，促使农民创新乡村生态产品的供给方式，进而提升乡村生态产品的品质。

（二）摸清乡村生态产品"家底"，做好乡村生态产品权属登记

编制乡村生态资源资产负债表。自然资源资产负债表体现了某一时点一个国家或地区的自然资源资产"家底"，反映一定时期内自然资源的使用状况及其对生态环境的影响。应在第三次全国国土调查数据的基础上，加快自然资源资产产权制度改革，开展乡村生态产品普查，明确乡村生态资源存量和潜在可转化资源，分区域建立乡村生态产品目录清单，确定生态保护红线的具体边界和资源环境承载能力，探索开展与国民经济核算相一致的乡村生态资源资产负债表编制工作。科学界定乡村生态产品产权，形成权责清晰的生产和供给主体。拥有清晰明确的产权是乡村生态资源转变为生态资产、生态资本的首要前提，更是乡村生态产品参与市场交易的前置条件。只有清晰界定产权主体，明确所有权和使用权的界限，才能够建立可交易的生态要素产权制度，从而促进乡村生态产品价值实现。

（三）加强金融产品创新，为生态产品价值实现提供资金保障

完善乡村生态产品资金筹措机制，加强绿色信用制度建设。在强化财政

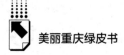

转移支付的基础上，充分发挥市场作用，开发与乡村生态产品相关的债券、基金、期货、期权等金融产品，增加绿色金融产品供给。一是鼓励创新金融产品，依法依规开展使用权抵押、产品订单抵押等绿色信贷业务，探索"生态资产权益抵押+项目贷"模式，在具备条件的地区探索将生态产品使用权（经营权）、生态产品收益权、生态信用等作为抵押物；二是提升金融服务质效，鼓励具备条件的地区探索生态产品经营开发区域使用权出让管理机制。鼓励政府性融资担保机构为符合条件的生态产品经营开发主体提供融资担保服务。推广绿色信贷、绿色企业债券、绿色资产支持证券等绿色融资补偿产品，发挥金融机构增信、担保、贴息、奖励等作用，为生产经营生态产品的中小规模企业解决难以从正常渠道获得生产经营资金的难题。

参考文献

林亦晴、徐卫华、李璞、王效科、欧阳志云：《生态产品价值实现率评价方法——以丽水市为例》，《生态学报》2023 年第 1 期。

崔莉：《南平"生态银行"：打通"两山转换"新通道》，《决策》2019 年第 11 期。

刘培林、钱滔、黄先海、董雪兵：《共同富裕的内涵、实现路径与测度方法》，《管理世界》2021 年第 8 期。

王宾：《共同富裕视角下乡村生态产品价值实现：基本逻辑与路径选择》，《中国农村经济》2022 年第 6 期。

G.16
三峡库区生态系统服务价值测量研究*

张凤太 谢爱宇 陈 静 杨珮苒 安佑志**

摘 要： 为了研究三峡库区重庆段生态系统服务价值及其市场环境下货币量价值的变化，结合重庆市在三峡库区腹心地带的重要地位，本文利用 InVEST 模型，结合重庆市的地理区位条件对三峡库区（重庆段）22 个区县的生境质量、碳储存、水源涵养、土壤保持四类生态系统的生态服务价值进行测量。在此基础上结合碳排放交易价格、废水处理成本等对其市场化价值进行货币化计量。结果表明：三峡库区（重庆段）整体的生态系统服务价值在四类生态系统中均有所下降，生态系统服务水平较高的地区主要集中在三峡库区（重庆段）的东北部和东南部区县；生态系统服务受土地利用等要素的影响，重庆市主城区和距离主城越近的区县生态系统服务价值呈现更低的水平；水源涵养在三峡库区（重庆段）的价值最高，22 个区县水源涵养总货币价值年均约为 2270 亿元，碳储存的货币价值最低，22 个区县碳储存货币年均总价值仅为 265 亿元；生态系统服务货币化价值在 2015～2020 年呈下降趋势，区域生态环境安全状况不容乐观。

关键词： 三峡库区 生态系统服务价值 货币化计量 重庆

---

* 基金项目：国家社会科学基金重点项目"长江经济带生态保护和高质量发展的非协调性耦合识别与协同机制创新研究"（项目编号：20AJY005）。

** 张凤太，重庆理工大学教授，博士生导师，主要研究方向为资源环境管理与绿色发展；谢爱宇，重庆理工大学硕士研究生，主要研究方向为产业绿色低碳转型发展；陈静，重庆理工大学硕士研究生，主要研究方向为大数据与智慧旅游；杨珮苒，重庆理工大学硕士研究生，主要研究方向为资源环境管理与绿色发展；安佑志，重庆理工大学副教授，硕士生导师，主要研究方向为乡村地理。

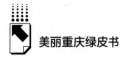

重庆市地处青藏高原与长江中下游平原的过渡地带，位于三峡库区腹心地带，是长江上游生态屏障的最后一道关口，对长江中下游地区生态安全承担着不可替代的作用。而三峡水库作为全国重要淡水资源战略储备库，是长江流域重要生态屏障区，是国家战略性淡水资源库和首批生态文明先行示范区，也是推进成渝地区双城经济圈建设的重要组成区域。长江三峡库区水系与山系互依互融，呈现生态系统的整体性和流域的系统性等多种特点，重庆市位于长江上游的三峡库区，是全国重要的生态功能区，也是农村人口众多、发展相对落后的大山区，区域生态本底脆弱，加之粗放型经济发展方式尚未根本改变，存在城乡统筹发展难度大、经济发展与生态环境保护矛盾突出等问题。深入抓好重庆市生态文明建设，对于筑牢三峡库区整体的重要生态屏障，西南地区整体生态保护格局的形成和推进长江经济带绿色发展示范作用的发挥都起着不可替代的重要作用。2020 年 9 月，农业农村部指出："协调水利、生态环境、财政等相关部门，加强三峡库区水土流失综合治理，统筹纳入相关规划，并在水土保持项目、资金安排上重点向三峡库区倾斜"。三峡库区的生态保护是"两山"理念的重大实践，对于推动三峡库区高质量发展具有重大的现实意义。

通过借鉴前人的研究成果并结合三峡库区（重庆段）的生态特质，以三峡库区（重庆段）为研究对象，运用 InVEST 模型等方法，从当前迫切需要解决的经济和环境问题出发，按照实际情况对生态系统服务价值进行测量，并进一步结合碳排放交易价格、废水处理成本等对其市场化价值进行货币化计量。本研究为完善库区生态系统服务价值货币化测量体系提供了参考，为促进三峡库区乃至整个成渝城市群一体化发展提供了一定的理论依据。

一　研究理论和方法

三峡库区（重庆段）位于长江上游下段，横跨三大经济区域中的都市经济发达区和三峡库区生态经济区，地理范围在北纬 28°28′~31°44′，东经

105°49′~110°12′，总面积为 4.61 万平方公里，覆盖整个三峡库区 85.6%
的面积，共包括重庆市主城 9 个区县、巫山县、巫溪县、奉节县等 22 个
区县，该区域地貌以山地、丘陵为主，对于筑牢三峡库区整体的重要生态
屏障、西南地区整体生态保护格局的形成和推进长江经济带绿色发展示范
作用的发挥都起着不可替代的重要作用。三峡库区（重庆段）东高西低，
四季分明，气候类型明显，平均气温在 15~18℃，该区域多年年平均降雨
量达 1150.26 毫米，雨量充沛但空间分布不均匀。库区土地资源总量多，
但人均土地面积少。库区内植被类型多，且全区矿产资源种类繁多，资源
丰富。

（一）生态系统服务价值测量

1. 生境质量

利用 InVEST 模型中 Habitat Quality 模块，根据景观斑块与生态威胁源
的距离、生态威胁源的影响范围及每种景观类型对威胁源的相对敏感性，评
估生境的退化水平，进而计算生境质量。生境退化度计算基于以下 4 个因
素：威胁因子的影响程度；生境栅格对各类威胁因子的相对敏感性；生境栅
格与威胁源之间的距离；栅格单元的合法保护水平。

模型计算公式为：

$$Qhx = Hx \times \left[1 - \left(\frac{D_{hx}^z}{D_{hx}^z + K^z} \right) \right]$$

Qhx 表示土地利用类型 x 中栅格 h 的生境质量，Hx 是土地利用类型 x 的
生境适宜性。z 是调用参数，k 是饱和常数。D_{hx} 是土地利用类型 x 中栅格 h
的威胁级别。

2. 土壤保持

利用 InVEST 模型中 Sediment Delivery Ratio 模块，包括土壤侵蚀减少量和
泥沙持留量两部分，前者为潜在土壤侵蚀量与实际土壤侵蚀量的差值，后者
表示该地块对进入它的上坡来沙的持留，以来沙量与泥沙持留率的乘积表示。

模型计算公式为：

$$Ea = R \times K \times LS \times C \times P$$
$$Ep = R \times K \times LS$$
$$SR = Ep - Ea$$

SR 是每年的土壤保持率（t/hm^2），Ea 和 EP 是每年的潜在和实际年平均土壤流失（t/hm^2），R 是每一年的降雨侵蚀系数（$MJ \cdot mm \cdot ha^{-1} \cdot h^{-1}$），$K$ 是土壤可侵蚀性因子（$t \cdot ha \cdot h \cdot ha^{-1} \cdot MJ^{-1} \cdot mm^{-1}$）；$LS$、$C$ 和 P 分别代表边坡长度和边坡陡度系数、覆盖管理系数和支护实践系数。

3. 水源涵养

利用 InVEST 模型中 Water Yield 模块，水源涵养模块基于 Budyko 水热耦合公式及水量平衡方程对区域各网格产水进行评估。

模型计算公式为：

$$Yx = (1 - \frac{AETx}{Px}) \times Px$$

Yx 是栅格 x 的水源涵养（mm），$AETx$ 是栅格 x 的实际年蒸散量（mm），Px 是栅格 x 的年平均降水量（mm）。

4. 碳储存

利用 InVEST 模型中 Carbon Storage and Sequestration 模块进行测算，该模型使用土地利用分类图及木材采伐量、采伐产品降解率和 4 个碳库的碳密度估算在当前景观下的碳储量或者一个时间段内的碳固持。

模型计算公式为：

$$NPP(x,t) = APAR(x,t) \times \varepsilon(x,t)$$
$$CS = 1.63NPP$$

$NPP(x, t)$ 是栅格 x 的净初级生产力（$kgC \cdot hm^{-2}$），$APAR(x, t)$ 是月份 t 中栅格 x 吸收的光合作用有效辐射量（$MJ \cdot hm^{-2}$），$\varepsilon(x, t)$ 是栅格 x 在月份 t 的实际光合作用使用效率（$gC \cdot MJ^{-1}$）。

（二）生态系统服务价值货币化核算

1. 土壤保持

参考童妍等人的研究，土壤保持价值涵盖减少泥沙淤积价值和减少面源污染价值。本文使用影子工程法和替代成本法计算，计算公式为：

$$Vsr = Vsd + Vdp$$

$$Vsd = 0.24 \times (\frac{Qsr}{\alpha}) \times c$$

$$Vdp = \sum_{i=1}^{n} Qsr \times Ci \times Pi$$

式中，Vsr表示土壤保持总价值（元/吨）；Vsd表示减少泥沙淤积价值（元/t）；Vdp表示减少面源污染价值（元/吨）；α 表示土壤容重，取 1.24 吨/米³；c 表示水库清淤工程费用，参考《森林生态系统服务功能评估规范》，12.6 元/米³；Qsr表示土壤保持量（吨/公顷²）；Ci表示土壤中氮、磷营养物质的纯含量，取 0.01% 和 0.05%；Pi表示处理氮、磷废水成本，参考《排污费征收标准及计算方法》和重庆市水污染物税额，取 3500 元/吨和 11200 元/吨。

2. 水源涵养

参考陈艳萍、刘菊等学者对水源涵养的测量，学者们认为水资源主要以地下水的形式存储在土壤和地层中，其价值计算公式如下：

$$T = Retention \times D$$

式中，$Retention$ 表示水源涵养量；D 表示中国水权交易所地下水交易的价格，本文以中国水权交易所（http：//www.cwex.org.cn）2015 年地下水交易的市场均价为参考（4 元/吨），2020 年地下水交易的市场均价以 6.11 元/吨为参考进行计算。

3. 碳储存

参考仲俊涛等人的研究，碳储存价值量计算公式为

$$I = CS \times \frac{S}{0.2727}$$

式中，CS 为碳储量（吨/公顷²）；S 表示碳交易价格，研究采用中国碳排放交易中心（http：//www.tanpaifang.com/tanhangqing）北京市场 2015 年每周统计的碳交易价格均值作为 2015 年碳交易价格（45.61 元/吨），2020 年碳排放价格为 51.23 元/吨；0.2727 是碳储量与二氧化碳之间的转换系数。

二　结果和分析

（一）生态系统服务价值分析

1. 生境质量

生境质量指数范围为 0~1，数值越大表示生境质量越高，采用分区统计方法得到三峡库区（重庆段）22 个区县的生境质量指数。2015 年、2020 年三峡库区（重庆段）的生境质量指数平均值分别为 0.5791、0.5628，整体呈下降的变化趋势；从生境质量等级空间分布来看，2015 年和 2020 年三峡库区（重庆段）的生境质量整体呈现"东北高，西南低"的格局。结合研究区实际情况与相关案例，将生境质量结果分为低 [0，0.5]、较低（0.5，0.6]、中（0.6，0.8]、较高（0.8，0.9]和高（0.9，1.0]共 5 个等级（见表 1）。2015 年，生境质量较高等级区域主要分布在研究区的东北部，包括石柱县、巫溪县、巫山县，其中以巫溪县两年的平均值最高（0.8215）；这两年的低等级区域主要集中于重庆市主城区附近，包括沙坪坝区、大渡口区、九龙坡区在内的几个城区生境质量水平明显偏低，这些区域随着近些年人口的迁入和城市化水平的提高，主要用地类型中建设用地的比例逐渐加大，对生境质量产生较大的负面影响。

如表 1 所示，在这两期生境质量等级中，三峡库区（重庆段）各区县内均未出现生境质量高等级区域。从重庆市 2015 年和 2020 年的生境质量变化量和变化幅度来看，重庆市生境质量处于中等级、较高等级和高等级的区域数量相对平稳。低等级的区域增加了 1 个，为渝中区，整体的生境质量水平有所下降。

表1 2015年、2020年三峡库区（重庆段）各区县生境质量等级变化

单位：个

类目	低等级	较低等级	中等级	较高等级	高等级
2015年数量	7	3	10	2	0
2020年数量	8	2	10	2	0
变化量	1	1	0	0	0

如表2所示，三峡库区（重庆段）22个区县2015年、2020年的生境质量指数平均值分别为0.5791、0.5628，整体呈下降的变化趋势，降幅为2.8%。共有18个区县的生境质量指数呈下降水平，其中，沙坪坝区的生境质量指数由0.276下降到0.224，整体降幅约19%，是所有区县中降幅最大的。只有丰都县、忠县、巫溪县、石柱县4个区县保持了生境质量指数上升趋势，其中石柱县的增幅最大，达到了约1.4%。

表2 2015年、2020年三峡库区（重庆段）各区县生境质量指数

单位：%

区县名称	生境质量指数			
	2015年	2020年	变化量	变化幅度
万州区	0.642	0.639	-0.003	-0.445
涪陵区	0.656	0.647	-0.009	-1.404
渝中区	0.509	0.440	-0.069	-13.561
大渡口区	0.246	0.233	-0.014	-5.524
江北区	0.327	0.284	-0.043	-13.167
沙坪坝区	0.276	0.224	-0.052	-18.911
九龙坡区	0.322	0.280	-0.042	-13.011
南岸区	0.336	0.313	-0.024	-7.053
北碚区	0.431	0.422	-0.009	-2.086
渝北区	0.479	0.449	-0.029	-6.095
巴南区	0.535	0.518	-0.017	-3.206

续表

区县名称	生境质量指数			
	2015 年	2020 年	变化量	变化幅度
长寿区	0.529	0.518	−0.011	−2.084
江津区	0.687	0.662	−0.025	−3.609
开州区	0.710	0.688	−0.022	−3.119
武隆区	0.779	0.778	−0.001	−0.164
丰都县	0.708	0.718	0.010	1.368
忠　县	0.652	0.656	0.003	0.523
云阳县	0.722	0.719	−0.003	−0.462
奉节县	0.782	0.773	−0.009	−1.101
巫山县	0.812	0.806	−0.005	−0.637
巫溪县	0.819	0.824	0.004	0.539
石柱县	0.781	0.792	0.011	1.439

注：变化幅度的计算基于原始数据，故存在一定误差。下同。

2. 土壤保持

利用 ArcGIS 中的分区统计方法得到三峡库区（重庆段）22 个区县水源涵养的分布状况，从整体上看，三峡库区（重庆段）2015 年和 2020 年变化较为平稳，22 个区县的整体土壤保持量有略微下降的趋势。三峡库区（重庆段）22 个区县 2015 年、2020 年的土壤保持平均值分别约为 $5.4×10^8$ 吨/公顷^2 和 $5.37×10^8$ 吨/公顷^2，整体的变化幅度较小，平均降幅仅为 1.27%。共有 12 个区县的土壤保持指数呈下降水平，其中，丰都县的土壤保持指数约下降了 $1.6×10^7$ 吨/公顷^2，整体降幅为 2.904%，在所有区县中降幅较大。与此同时，这两年的低等级区域仍主要集中在重庆市主城区，且土壤保持指数整体呈现自西向东增加的趋势。

如表 3 所示，三峡库区（重庆段）22 个区县 2015 年、2020 年土壤保持指数的平均值为 $5.40×10^8$ 吨/公顷^2 和 $5.37×10^8$ 吨/公顷^2，共有 11 个区县的土壤保持指数呈下降趋势。保持平稳的区县较多，达到了 4 个。保持增长趋势的区县共有 7 个。其中，巫山县的增长幅度最高，达到 0.87%。

表3 2015年、2020年三峡库区（重庆段）各区县土壤保持指数

单位：吨/公顷^2，%

区县名称	土壤保持指数			
	2015 年	2020 年	变化量	变化幅度
万州区	5.52E+08	5.53E+08	1.00E+06	0.181
涪陵区	3.67E+08	3.58E+08	−9.00E+06	−2.452
渝中区	1.94E+03	1.94E+03	0	0.000
大渡口区	6.87E+05	6.92E+05	5.00E+03	0.728
江北区	1.83E+06	1.77E+06	−6.00E+04	−3.279
沙坪坝区	1.32E+07	1.30E+07	−2.00E+05	−1.515
九龙坡区	5.30E+06	5.32E+06	2.00E+04	0.377
南岸区	3.63E+06	3.58E+06	−5.00E+04	−1.377
北碚区	7.62E+07	7.63E+07	1.00E+05	0.131
渝北区	6.96E+07	6.95E+07	−1.00E+05	−0.144
巴南区	1.41E+08	1.41E+08	0	0.000
长寿区	6.19E+07	6.18E+07	−1.00E+05	−0.162
江津区	2.15E+08	2.16E+08	1.00E+06	0.465
开州区	1.38E+09	1.35E+09	−3.00E+07	−2.174
武隆区	1.09E+09	1.08E+09	−1.00E+07	−0.917
丰都县	5.51E+08	5.35E+08	−1.60E+07	−2.904
忠　县	1.43E+08	1.43E+08	0	0.000
云阳县	9.39E+08	9.36E+08	−3.00E+06	−0.319
奉节县	1.68E+09	1.68E+09	0	0.000
巫山县	1.15E+09	1.16E+09	1.00E+07	0.870
巫溪县	3.01E+09	3.00E+09	−1.00E+07	−0.332
石柱县	4.35E+08	4.37E+08	2.00E+06	0.460

3. 水源涵养

利用 ArcGIS 中的分区统计方法得到三峡库区（重庆段）22 个区县水源涵养的分布状况，从整体上看，三峡库区（重庆段）各区县 2015 年和 2020 年变化较为明显的主要集中在中部和东北部的部分区县，其平均水源涵养水平呈下降趋势。2015 年、2020 年三峡库区（重庆段）22 个区县水

源涵养平均值分别约为$2.13×10^6$毫米和$1.99×10^6$毫米。另外，从水源涵养的空间分布来看，2015年和2020年三峡库区（重庆段）各区县的水源涵养整体呈现"东北高、西南低"的格局。在这两年里，水源涵养高等级区域主要分布在研究区的东北部和东南部，巫山县、巫溪县、奉节县等的水源涵养水平较高，其中以万州区两年的平均值最高（$3.92×10^6$毫米）。与此同时，这两年的低等级区域仍主要集中在重庆市主城区及其周边较近的区县，除了土地利用类型的影响，东北部和东南部区域整体的经济发展水平与主城区的区县相比相对较低，原始的生态面貌保持得较好，水源涵养能力相对较高。

如表4所示，三峡库区（重庆段）22个区县2015年、2020年的水源涵养指数分别约为$2.13×10^6$毫米和$1.99×10^6$毫米，整体的下降趋势较为明显，平均降幅为6.747%。共有19个区县的水源涵养指数呈下降趋势，其中，巴南区的水源涵养指数约下降了$4.3×10^5$毫米，降幅为17.445%，是所有区县中降幅最大的。保持增长趋势的只有万州区、云阳县和巫溪县。其中，巫溪县的增长幅度最高，达到11.80%。

表4　2015年、2020年三峡库区（重庆段）各区县水源涵养指数

单位：毫米，%

区县名称	水源涵养指数			
	2015年	2020年	变化量	变化幅度
万州区	3.86E+06	3.97E+06	110816	2.872
涪陵区	3.29E+06	2.92E+06	-369739	-11.239
渝中区	3.59E+06	3.42E+06	-171046	-4.761
大渡口区	3.34E+06	2.90E+06	-441938	-13.222
江北区	2.64E+04	2.26E+04	-3831	-14.493
沙坪坝区	2.41E+05	2.04E+05	-36453	-15.150
九龙坡区	4.24E+05	3.57E+05	-66585	-15.722
南岸区	1.12E+05	9.47E+04	-17057	-15.262
北碚区	4.64E+05	3.92E+05	-72152	-15.537

区县名称	水源涵养指数			
	2015 年	2020 年	变化量	变化幅度
渝北区	2.01E+06	1.72E+06	−283775	−14.142
巴南区	2.46E+06	2.03E+06	−428776	−17.445
长寿区	1.61E+06	1.35E+06	−256254	−15.956
江津区	2.04E+06	1.82E+06	−216457	−10.603
开州区	3.31E+06	3.06E+06	−250183	−7.563
武隆区	2.34E+06	2.10E+06	−240969	−10.290
丰都县	1.71E+06	1.48E+06	−230222	−13.499
忠　县	9.67E+05	8.14E+05	−153366	−15.857
云阳县	3.19E+06	3.43E+06	240231	7.522
奉节县	2.60E+06	2.41E+06	−197330	−7.580
巫山县	3.31E+06	2.95E+06	−357878	−10.823
巫溪县	2.45E+06	2.74E+06	289172	11.800
石柱县	3.49E+06	3.49E+06	−2203	−0.063

4. 碳储存

利用 ArcGIS 中的分区统计方法得到三峡库区（重庆段）22 个区县碳储存的分布状况，从整体上看，重庆市 2015 年和 2020 年的碳储存空间变化较小，2015 年、2020 年的碳储存平均值约为 2.5×10^7（$gC \cdot MJ^{-1}$）和 2.48×10^7（$gC \cdot MJ^{-1}$）。另外，生境质量与碳储存的分布和植被覆盖率有着紧密的关系，所以二者在空间分布的格局和趋势上也呈现较高的相似性，与生境质量相同的是，碳储存整体也呈下降的变化趋势；从碳储存的空间分布来看，2015 年和 2020 年重庆市碳储存整体变化主要集中在东北部万州区、开州区、云阳县的碳储存水平有所下降，以及中部丰都县的碳储存有所增加。2015 年，较高等级区域主要分布在研究区的东北部，包括开州区、巫溪县、奉节县在内，其中以巫溪县两年的平均值最高 [5.13×10^7（$gC \cdot MJ^{-1}$）]；东南部的高等级区域主要是石柱县和武隆区。与此同时，这两年的低等级区域主要集中在重庆市主城区及距离较近的区县内，且碳储存整体上也呈现由中心城区向周围区县逐渐增加的趋势。

如表5所示，三峡库区（重庆段）22个区县2015年、2020年共有15个区县的碳储存指数呈下降趋势，其中，沙坪坝区的碳储存指数约下降了5.3×10^5（$gC \cdot MJ^{-1}$），降幅为13.52%，是所有区县中降幅最大的。武隆区的碳储存指数保持不变。丰都县、忠县、巫溪县、石柱县、渝中区的碳储存指数保持了上升趋势。

表5 2015年、2020年重庆市各区县碳储存指数

单位：$gC \cdot MJ^{-1}$，%

区县名称	碳储存指数			
	2015 年	2020 年	变化量	变化幅度
万州区	4.01E+07	3.99E+07	−200000	−0.499
涪陵区	3.43E+07	3.41E+07	−200000	−0.583
渝中区	1.18E+05	1.26E+05	8000	6.780
大渡口区	9.32E+05	8.97E+05	−35000	−3.755
江北区	1.82E+06	1.77E+06	−50000	−2.747
沙坪坝区	3.92E+06	3.39E+06	−530000	−13.520
九龙坡区	4.34E+06	3.97E+06	−370000	−8.525
南岸区	2.31E+06	2.17E+06	−140000	−6.061
北碚区	7.96E+06	7.91E+06	−50000	−0.628
渝北区	1.48E+07	1.43E+07	−500000	−3.378
巴南区	1.98E+07	1.96E+07	−200000	−1.010
长寿区	1.51E+07	1.49E+07	−200000	−1.325
江津区	3.84E+07	3.79E+07	−500000	−1.302
开州区	4.79E+07	4.69E+07	1000000	−2.088
武隆区	3.67E+07	3.67E+07	0	0.000
丰都县	3.48E+07	3.49E+07	100000	0.287
忠　县	2.51E+07	2.52E+07	100000	0.398
云阳县	4.38E+07	4.35E+07	−300000	−0.685
奉节县	5.13E+07	5.11E+07	−200000	−0.390
巫山县	3.73E+07	3.72E+07	−100000	−0.268
巫溪县	5.12E+07	5.13E+07	100000	0.195
石柱县	3.77E+07	3.80E+07	300000	0.796

（二）生态系统服务货币化价值

1. 土壤保持

经核算可知，2015～2020 年，三峡库区（重庆段）整体的土壤保持货币价值量有略微下降的趋势，整体由 997.04 亿元减少到 991.65 亿元。土壤保持总价值的计算中，随着排污费和泥沙淤积价值成本的上涨，土壤保持的货币价值量仍呈下降趋势，可见城市化规模的扩大对于区域生态环境的影响之大。其中，巫溪县土壤保持货币价值量最高，2015 年达到了252.50 亿元，中心城区的渝中区土壤保持货币价值量最低，仅为 0.01 亿元（见表6）。

表6　2015 年、2020 年三峡库区（重庆段）各区县土壤保持货币化计量

单位：吨/公顷^2，亿元

区县名称	土壤保持指数			
	2015 年	2020 年	2015 年货币价值量	2020 年货币价值量
万州区	5.52E+08	5.53E+08	46.31	46.39
涪陵区	3.67E+08	3.58E+08	30.79	30.03
渝中区	1.94E+03	1.94E+03	0.01	0.01
大渡口区	6.87E+05	6.92E+05	0.06	0.06
江北区	1.83E+06	1.77E+06	0.15	0.15
沙坪坝区	1.32E+07	1.30E+07	1.11	1.09
九龙坡区	5.30E+06	5.32E+06	0.44	0.45
南岸区	3.63E+06	3.58E+06	0.30	0.30
北碚区	7.62E+07	7.63E+07	6.39	6.40
渝北区	6.96E+07	6.95E+07	5.84	5.83
巴南区	1.41E+08	1.41E+08	11.83	11.83
长寿区	6.19E+07	6.18E+07	5.19	5.18
江津区	2.15E+08	2.16E+08	18.04	18.12
开州区	1.38E+09	1.35E+09	115.76	113.25
武隆区	1.09E+09	1.08E+09	91.44	90.60
丰都县	5.51E+08	5.35E+08	46.22	44.88
忠　县	1.43E+08	1.43E+08	12.00	12.00

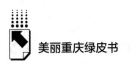

续表

区县名称	土壤保持指数			
	2015 年	2020 年	2015 年货币价值量	2020 年货币价值量
云阳县	9.39E+08	9.36E+08	78.77	78.52
奉节县	1.68E+09	1.68E+09	140.93	140.93
巫山县	1.15E+09	1.16E+09	96.47	97.31
巫溪县	3.01E+09	3.00E+09	252.50	251.66
石柱县	4.35E+08	4.37E+08	36.49	36.66

2. 水源涵养

经核算可知，2015 年三峡库区（重庆段）水源涵养货币价值量为
1873.38 亿元，而 2020 年水源涵养货币价值量为 2668.5 亿元。其中，巫溪
县的水源涵养货币价值量由 98.00 亿元增加到 167.41 亿元，增长幅度最大。
江北区、南岸区是水源涵养货币价值量较低的两个区域（见表7）。

表 7　2015 年、2020 年三峡库区（重庆段）各区县水源涵养货币化计量

单位：毫米，亿元

区县名称	水源涵养指数			
	2015 年	2020 年	2015 年货币量价值	2020 年货币量价值
万州区	3.86E+06	3.97E+06	154.40	242.57
涪陵区	3.29E+06	2.92E+06	131.60	178.41
渝中区	3.59E+06	3.42E+06	143.60	208.96
大渡口区	3.34E+06	2.90E+06	133.60	177.19
江北区	2.64E+04	2.26E+04	1.06	1.38
沙坪坝区	2.41E+05	2.04E+05	9.64	12.46
九龙坡区	4.24E+05	3.57E+05	16.96	21.81
南岸区	1.12E+05	9.47E+04	4.48	5.79
北碚区	4.64E+05	3.92E+05	18.56	23.95
渝北区	2.01E+06	1.72E+06	80.40	105.09
巴南区	2.46E+06	2.03E+06	98.40	124.03
长寿区	1.61E+06	1.35E+06	64.40	82.49
江津区	2.04E+06	1.82E+06	81.60	111.20
开州区	3.31E+06	3.06E+06	132.40	186.97

区县名称	水源涵养指数			
	2015 年	2020 年	2015 年货币量价值	2020 年货币量价值
武隆区	2.34E+06	2.10E+06	93.60	128.31
丰都县	1.71E+06	1.48E+06	68.40	90.43
忠 县	9.67E+05	8.14E+05	38.68	49.74
云阳县	3.19E+06	3.43E+06	127.60	209.57
奉节县	2.60E+06	2.41E+06	104.00	147.25
巫山县	3.31E+06	2.95E+06	132.40	180.25
巫溪县	2.45E+06	2.74E+06	98.00	167.41
石柱县	3.49E+06	3.49E+06	139.60	213.24

3. 碳储存

经核算，2015~2020 年，随着碳交易价格的上升，碳储存货币价值量由 250.71 亿元上涨到 279.59 亿元，其中，碳储存货币价值量的高值区主要集中在周边区县。如奉节县（2015 年碳储存货币价值量为 23.40 亿元）、巫溪县的碳储存货币价值量较高，中心城区如渝中区、大渡口区等的碳储存货币价值量偏低（见表8）。

表8 2015 年、2020 年三峡库区（重庆段）各区县碳储存货币化计量

单位：$gC \cdot MJ^{-1}$，亿元

区县名称	碳储存指数			
	2015 年	2020 年	2015 年货币量价值	2020 年货币量价值
万州区	4.01E+07	3.99E+07	18.29	20.44
涪陵区	3.43E+07	3.41E+07	15.64	17.47
渝中区	1.18E+05	1.26E+05	0.05	0.06
大渡口区	9.32E+05	8.97E+05	0.43	0.46
江北区	1.82E+06	1.77E+06	0.83	0.91
沙坪坝区	3.92E+06	3.39E+06	1.79	1.74
九龙坡区	4.34E+06	3.97E+06	1.98	2.03
南岸区	2.31E+06	2.17E+06	1.05	1.11
北碚区	7.96E+06	7.91E+06	3.63	4.05

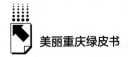

续表

区县名称	碳储存指数			
	2015 年	2020 年	2015 年货币量价值	2020 年货币量价值
渝北区	1.48E+07	1.43E+07	6.75	7.33
巴南区	1.98E+07	1.96E+07	9.03	10.04
长寿区	1.51E+07	1.49E+07	6.89	7.63
江津区	3.84E+07	3.79E+07	17.51	19.42
开州区	4.79E+07	4.69E+07	21.85	24.03
武隆区	3.67E+07	3.67E+07	16.74	18.80
丰都县	3.48E+07	3.49E+07	15.87	17.88
忠　县	2.51E+07	2.52E+07	11.45	12.91
云阳县	4.38E+07	4.35E+07	19.98	22.29
奉节县	5.13E+07	5.11E+07	23.40	26.18
巫山县	3.73E+07	3.72E+07	17.01	19.06
巫溪县	5.12E+07	5.13E+07	23.35	26.28
石柱县	3.77E+07	3.80E+07	17.19	19.47

4. 生态系统服务变化量分析结果

生境质量指数的提升区域大多分布在三峡库区（重庆段）的东北部和中部地区，这与这些地区经济发展较为落后，原始的生态面貌保持较好有着紧密的关系。而气候和降水是影响水源涵养的主要因子，水源涵养指数在研究年份下降的区县数量是最多的，这与近些年全球变暖等气候变化有着一定的关系。土壤保持指数在研究年份的变化不明显，植被覆盖和地貌因子是影响土壤保持变化的主要因子，但是，降水过多的区域冲刷掉了土壤中的营养物质，对土壤保持并不都是有益的。所以土壤保持指数较高的区域大多分布在原始生态面貌较好、降水量相对较少的东北部地区。而随着近些年重庆市政府对生态环境重视程度的不断提升和周边区县对于旅游业的大力扶持，这在一定程度上缓解了三峡库区（重庆段）整体生态系统服务价值的下降趋势。

另外，土地利用是影响生态系统关键因素之一。随着经济的高速发展和城镇化的推进，三峡库区（重庆段）各区县的土地利用格局发生着较大的变化，部分农田、森林、草地和水域都转化成建设用地，而建设用地的增加会对生态系统产生巨大的负面影响。特别是在距离重庆市主城区较近的区县，这些地方接纳了重庆中心地区迁移的人口，需要更多的土地转换为建筑用地以满足城市发展的需要。所以，重庆市主城区周边区县在研究年份呈现生境质量、碳储存、水源涵养以及土壤保持水平较低的情况，而生态系统服务价值较高的区域主要集中在东北部和中部。这些区县距主城区相对较远，经济发展程度相对较低，原始的生态样貌保持得较好，所以在生态价值测量中呈现了较高的水平。

三 讨论和结论

（一）讨论

在当前的经济发展环境下，三峡库区不同地区的经济发展水平和生态保护力度均呈现较大的差异。尤其是三峡库区的重庆段，生态本底条件较为脆弱，且多为山地地形，对于经济发展造成了巨大的阻碍。政府早期在制定开发措施的同时，很容易对当地生态环境造成不可逆的破坏。加之近些年来，长江经济带上游地区不断承接中下游地区工业产业，承接产业转移发展了当地经济的同时，对环境造成比较严重的污染。另外，重庆市主城区近些年来不断承接周围区县迁移的人口，为了满足人口居住的需求，城市建设用地不断扩张，土地利用类型的转变对于生态系统服务的影响力较强。对于三峡库区（重庆段）一些经济发展相对落后的地区，传统制造业发展会造成其环境污染，可以因地制宜，发展生态旅游业，实现产业升级。

值得注意的是，重庆市主城9区的渝中区碳储存指数在2020年保持了上升趋势，是重庆市主城区范围内唯一保持上升趋势的区县，且增幅达到6.78%。经过统计资料对比发现，2015年末，渝中区的公园面积约为120公顷、园林绿地面积约为650公顷、城市绿化覆盖率约为40%、城市人均公园绿地面积 6.5 平方米；到了 2020 年末，渝中区公园面积达到 128.0 公顷、园林绿地面积达到 665.4 公顷、绿化覆盖面积 708.9 公顷、区域绿化覆盖率 39.5%。植被覆盖和森林绿化是影响碳储存量的关键因素，渝中区城市绿化水平的上升很大程度上改变了该区域的碳储存结构。另外，重庆市城市管理局 2019 年在以渝中区为中心的改造范围内，实施"坡坎崖绿化美化项目"，涉及主城区内 1200 万平方米的绿化改造范围，为渝中区碳储存量的提升也带来了积极的影响。

基于前人的研究，本文采用 InVEST 模型对三峡库区（重庆段）的生态系统服务价值进行测量。由于该模型所使用的栅格数据均为 1km，在处理中不可避免地存在一定误差。根据三峡库区（重庆段）的生态特征，本文选取了生境质量、碳储存、土壤保持、水源涵养四个生态系统进行计量并绘图，能够更为直观地观察 2015 年和 2020 年两个周期内不同生态系统的价值。结合碳排放交易价格、地下水交易价格等，对土壤保持、水源涵养、碳储存三个生态系统的货币化价值进行了计量，能够更为直观地观察三峡库区（重庆段）生态系统所呈现的经济价值，为未来三峡库区各地区因地制宜地制定生态保护措施提供理论依据。

（二）结论

在研究年份中，三峡库区（重庆段）生态系统服务价值中四个生态系统相关指数均有所下降，生态系统服务水平较高的地区主要集中在三峡库区（重庆段）的东北部和东南部，如巫溪县、巫山县、奉节县等区域内；生态系统服务受土地利用等要素的影响，主城区的 9 个区县和距离主城区较近的区县生态系统服务价值呈现更低的水平；水源涵养在三峡库区（重庆段）的价值最高，22 个区县水源涵养货币价值量年均约为 2270 亿元，其次是土壤保持，最后为碳储存，22 个区县碳储存货币价值量年均仅为 265 亿元；水源涵养和碳储存的货币价值量呈上升趋势，而土壤保持货币价值量呈下降趋势。其中，水源涵养和碳储存价值量上升主要归咎于地下水和碳交易价格的上升，区域生态环境安全状况不容乐观。

参考文献

张杨、马泽忠、陈丹：《基于生态格局视角的三峡库区土地生态系统服务价值》，《水土保持研究》2019 年第 5 期。

李灿、吴娇、李月臣：《三峡库区生态敏感区生态系统服务价值及生态安全变化——以重庆市云阳、奉节、巫山三县为例》，《水土保持研究》2020 年第 5 期。

刘婷、邓伟、周渝等：《重庆市"一区两群"生境质量及其地形梯度分异》，《环境科学与技术》2020 年第 11 期。

吴娇、刘春霞、李月臣：《三峡库区（重庆段）生态系统服务价值变化及其对人为干扰的响应》，《水土保持研究》2018 年第 1 期。

阳华、王兆林、孙思睿等：《三峡库区生态系统服务价值与经济重心演变的耦合分析》，《水土保持研究》2021 年第 6 期。

庞敏、周启刚、马泽忠等：《三峡库区蓄水前后土地利用与经济发展协调度》，《水土保持研究》2020 年第 1 期。

黄磊、吴传清、文传浩：《三峡库区环境——经济—社会复合生态系统耦合协调发展研究》，《西部论坛》2017 年第 4 期。

勾蒙蒙、刘常富、李乐等：《"三生空间"视角下三峡库区土地利用转型的生态系统服务价值效应》，《应用生态学报》2021 年第 11 期。

张艳军、官东杰、翟俊等：《重庆市生态系统服务功能价值时空变化研究》，《环境科学学报》2017 年第 3 期。

吴娇、李月臣：《三峡库区（重庆段）景观格局变化及其对生态系统服务价值的影响》，《生态与农村环境学报》2018 年第 4 期。

G.17
重庆市武隆区 GEP 核算研究

杨春华　雷波　马榆杰　周浪　郑莉*

摘　要： 生态系统生产总值（GEP），是一个地区生态系统在一定时期内提供的各种最终产品与服务的经济价值总量，主要包括生态系统提供的物质产品、调节服务和文化服务。本研究构建了武隆区 GEP 实物量、价值量核算方法与指标体系，从农业产品、林业产品、畜牧业产品、渔业产品、水资源和生态能源等方面对物质产品进行了核算，从水源涵养、土壤保持、洪水调蓄、固碳释氧、气候调节、空气净化（含负氧离子释放）、水质净化、物种保育等方面对调节服务进行了核算，从旅游休闲和景观价值对文化服务进行了核算，可为其他区域 GEP 核算提供重要参考。

关键词： GEP　物质产品供给　调节服务　文化服务　武隆区

人类社会与其赖以发展的生态环境构成经济—社会—自然复合生态系统。生态系统是指自然界的一定空间内，生物与环境构成的统一整体。在这个统一整体中，生物与环境之间相互影响相互制约，并在一定时间内处于相

---

* 杨春华，教授级高级工程师，主要从事 3S 技术在生态系统中的服务功能、生态环境质量评估等方面应用研究；雷波，重庆市生态环境科学研究院生态环境研究所所长，教授级高级工程师，主要从事生态系统结构与功能及环境生态学相关研究；马榆杰，主要从事遥感、3S 技术在生态系统中的监测评估、环境质量评价等方面应用研究；周浪，工程师，主要从事地理信息系统与环境遥感等方面应用研究；郑莉，工程师，主要从事 3S 技术在生态系统中的服务功能、生态环境质量评估、土壤污染调查及风险评估等方面应用研究。

对稳定的动态平衡状态。它不仅为人类提供了食物、药物、木材等日常生活、生产所必需的产品，还为自然环境提供不同的服务功能，如水源涵养、土壤保持、洪水调蓄、固碳释氧、大气净化、水质净化、气候调节、物质保育等。这些服务功能很好地支持了地球生命系统，为人类的生存和发展提供了良好的条件。

生态系统生产总值（GEP），是一个地区生态系统在一定时期内提供的各种最终产品与服务的经济价值总量，主要包括生态系统提供的物质产品、调节服务和文化服务。武隆区开展 GEP 核算，是深入贯彻习近平生态文明思想，统筹推进"五位一体"总体布局和协调推进"四个全面"战略布局的重要举措，是践行"绿水青山就是金山银山"理念的具体行动，也是实现人与自然和谐共生的具体实践。通过搜集、分析武隆区自然资源调查、野外现场监测、部门统计资料等相关基础数据，建立武隆区 GEP 核算指标体系，对武隆区 GEP 进行核算，为摸清武隆区生态资本家底，开展生态环境保护、生态文明建设、政绩评估考核和资源永续利用等提供科学的技术和理论支撑，也可作为其余区域 GEP 核算的典型案例。

一 核算方法

生态系统生产总值的核算包括两个层级，首先是实物量核算，即对每个功能实物量（物质产品、调节服务和文化服务）进行核算，在实物量核算的基础上，确定各类生态系统服务的价格，核算各类生态系统服务价值，即核算生态系统物质产品价值、调节服务价值和文化服务价值。具体方法如下：

$$GEP = EPV + ERV + ECV$$

式中，GEP 为生态系统生产总值；EPV 为生态系统物质产品价值；ERV 为生态系统调节服务价值；ECV 为生态系统文化服务价值。

为便于空间统计与分析，核算涉及的实物量和价值量，通过技术手段全

部实现了空间化，采用统一的空间分辨率（30 米）和坐标系。

武隆区 GEP 核算的主要依据包括《中华人民共和国环境保护税法》、《重庆市人民代表大会常务委员会关于批准重庆市大气污染物和水污染物环境保护税适用税额的方案的决定》、《陆地生态系统生产总值（GEP）核算技术指南》、《森林生态系统服务功能评估规范》（GB/T 38582-2020）、《森林生态系统服务功能评估规范》（LY/T 1721-2008）、《武隆区国民经济和社会发展第十四个五年规划和二〇三五年远景目标纲要》、《重庆市武隆区生态环境保护"十四五"规划》、《重庆统计年鉴 2021》、《中国水利统计年鉴 2021》和武隆区 2021 年统计年鉴等。

二 武隆区 GEP 核算

（一）物质产品实物量和价值量核算

1. 物质产品实物量核算

物质产品是指人类从生态系统获取的能够在市场交易的产品，满足人类生活、生产与发展的物质需求。本报告结合武隆区自然环境特征、生态系统特点和产业生产特点，收集农业产品产量、林业产品产量、畜牧产品产量、渔业产品产量、生态能源产量等作为物质产品实物量核算指标，具体见表 1。

2. 物质产品价值量核算

由于生态系统物质产品能够在市场上进行交易，存在相应的市场价格，武隆区核算物质产品价值运用市场价值法对生态系统的物质产品进行价值核算，通过各种产品的产量和价格来计算物质产品价值。各类物质产品的价格主要源于重庆市武隆区人民政府网，政府网无法获取的部分物质产品价格源于市场调研。各物质产品均获取 10 天的价格数据后取平均值作为该产品的最终核算价格。

核算结果表明，2021 年武隆区物质产品价值共 1306961.69 万元。

表1 武隆区生态系统物质产品核算指标

类别	项目	内容	指标
农业产品	粮食作物	谷物	水稻、小麦、玉米、高粱等
		豆类	大豆、绿豆、红小豆
		薯类	马铃薯、红薯
	蔬菜	葱蒜类	大葱、蒜头
		水生菜类	莲藕
		蔬菜	蔬菜
		其他蔬菜	其他蔬菜
	瓜类	瓜类	西瓜、甜瓜、草莓
	水果	水果	香蕉、梨、葡萄、柑橘、红枣、柿子、菠萝、其他园林水果等
林业产品			蜂蜜、木材、竹材
畜牧产品			猪、牛、羊肉,蛋等
渔业产品	淡水产品	淡水产品	鱼类、虾蟹类、其他
生态能源			风能、水电

（二）调节服务价值核算

1. 水源涵养实物量和价值量核算

（1）水源涵养实物量核算

武隆区水源涵养量核算采用水量平衡法（公式1）：

$$Q_{wr} = \sum_{i=1}^{n} A_i \times (P_i - R_i - ET_i) \times 10^{-3} \tag{1}$$

式中，Q_{wr} 为水源涵养量（m³/a）；P_i 为产流降雨量（mm/a），通过对降雨量进行空间插值获取；R_i 为地表径流量（mm/a），根据美国农业部水土保持局（Soil Conservation Service，SCS）SCS-CN 模型基于日雨量进行计算，计算过程中利用坡度对 CN 值进行了相应修正；ET_i 为蒸散发量（mm/a），先根据 Penman 方程（详见国家气象局计算指南）利用日值气象数据计算出每日参考蒸散量，再汇总成全年参考蒸散量，最后根据 INVEST 模型计算出全年实际蒸散量（AET，mm），通过调整合适的 Z 值参数，使模拟结果控制

在水资源公报误差范围的 1.1% 以内；A_i 为 i 类生态系统的面积（m^2）；i 为生态系统类型。

核算结果表明，2021 年武隆区水源涵养实物量为 220641.51 万 m^3。

（2）水源涵养价值量核算

水源涵养价值主要表现为蓄水保水的经济价值。运用影子工程法，即模拟建设蓄水量与生态系统水源涵养量相当的水利设施，以建设该水利设施所需要的成本核算水源涵养价值（公式 2）。

$$V_{wr} = Q_{wr} \times C_{we} \tag{2}$$

式中，V_{wr} 为水源涵养价值（元/a）；Q_{wr} 为武隆区水源涵养总量（m^3/a）；C_{we} 为水库建设工程及维护成本（元/m^3）。根据武隆区水利局提供的铜鼓水库、大河沟水库、万峰水库、西山水库、沙河水库、核桃水库、花园水库、龙宝塘水库等 8 座水库近几年建设可研及初设报告资料，对其工程部分取单位体积投资额平均值。

核算结果表明，2021 年武隆区水源涵养价值为 11883751.68 万元。

2. 土壤保持实物量和价值量核算

（1）土壤保持实物量核算

土壤保持量基于修正通用水土流失方程（RUSLE）计算，见公式 3。

$$Q_{sr} = R \times K \times L \times S \times (1 - C \times P) \tag{3}$$

式中，Q_{sr} 为土壤保持量（t/a）；R 为降雨侵蚀力因子（公式 4）；K 为土壤可蚀性因子；L、S 分别为无量纲的坡长、坡度因子；C 为植被覆盖和管理因子；P 为土壤保持因子（无量纲）。

$$R_i = \alpha \sum_{j=1}^{k} (D_j)^{\beta} \tag{4}$$

$\beta = 0.8363 + 18.144/P_{d10} + 24.455/P_{y10}$； $\alpha = 21.586\beta^{-7.1891}$

式中，R_i 表示第 i 个半月时段的侵蚀力值（$MJ \cdot mm \cdot hm^{-2} \cdot h^{-1}$）。$\alpha$ 和 β 是模型参数，根据近 30 年气象数据计算获取；k 表示该半月时段内的天数，D_j 表示半月时段内第 j 天的日雨量，要求日雨量 ≥ 10mm，否则以 0 计算。P_{d10} 为日雨量 ≥10mm 的日平均雨量（mm），P_{y10} 为日雨量 ≥10 mm 的年平均雨量（mm）。

通过 RUSLE 方程逐月计算土壤保持量，汇总形成全年土壤保持量。

核算结果表明，2021 年武隆区土壤保持实物量为 22202.92 万吨。

（2）土壤保持价值量核算

生态系统土壤保持价值主要核算保持表土和土壤保肥两个方面。

生态系统通过保持土壤，使植物（作物）生长的基本载体得以保留，即发挥了土壤保持表土的功能（公式 5）。

$$E_{land} = \sum Q_{sr} V_a / (10000 h \rho) \tag{5}$$

式中，E_{land} 为土壤保持表土价值（元/a）；Q_{sr} 为土壤保持量（t/a）；h 为区域土壤厚度（m），根据野外土壤样方实测数据获取；ρ 为区域土壤容重（t/m³ 或 g/cm³），根据野外土壤样方实测数据获取；V_a 为不同地类年均收益（元/hm²）。

生态系统通过保持土壤，保留了土壤中的养分（氮、磷、钾），即发挥其土壤保肥功能。基于土壤保持量，计算出氮、磷、钾物质量，选取对应化肥平均价格计算最终保肥价值量（公式 6）。

$$E_{fer} = \sum Q_{sr} \times Y_i \times H_i / (\alpha_i \times B_i \times 10000) \tag{6}$$

式中，E_{fer} 为土壤保肥价值（元/a）；Q_{sr} 为土壤保持量（t/a）；Y_i 为土壤中各种养分（氮、磷、钾）的质量含量（%）；α_i 为不同养分换算系数；B_i 为各种化肥折纯率（%）；H_i 为各种化肥平均市场价格（元/t），通过查询2021 年重庆市农业农村委员会官网市场价格获取。

核算结果表明，2021 年武隆区土壤保持价值为 1990387.33 万元。其中土壤保肥价值 1988940.9 万元，土壤保持表土价值 1446.43 万元。

3. 洪水调蓄实物量和价值量核算

（1）洪水调蓄实物量核算

根据武隆区实际情况，选用植被调蓄水量和洪水期滞水量（库塘、水

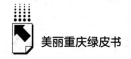

田）表征生态系统的洪水调蓄能力（公式7）。

$$C_{fm} = C_{vc} + C_{rc} + C_{fc} \qquad (7)$$

式中，C_{fm} 为武隆区洪水调蓄量（m³/a）；C_{vc} 为植被洪水调蓄量（m³/a，公式8）；C_{rc} 为水库洪水调蓄量（m³/a，公式9）；C_{fc} 为水田和坑塘洪水调蓄量（m³/a，公式10）。

$$C_{vc} = \sum_{i=1}^{n} A_i \times (P_i - Q_{vegi50}) \times 10^{-3} \qquad (8)$$

式中，C_{vc} 为植被洪水调蓄量（m³/a）；P_i 为降雨量（mm/a）；Q_{vegi50} 为洪水条件下（日雨量50mm以上）植被地表径流量（mm/a）；A_i 为 i 类植被类型面积（m²）；i 为植被类型，仅包含森林、灌丛、草地等自然植被。

$$C_{rc} = 0.28 \times C_t \qquad (9)$$

式中，C_{rc} 为水库洪水调蓄量（m³/a）；C_t 为水库总库容（m³），数据源于武隆区农业农村委。

$$C_{fc} = (H - h) \times S \times t \qquad (10)$$

式中，C_{fc} 表示水田和坑塘洪水调蓄量（m³/a）；H 为水田或坑塘的田埂高度（m），h 为水田或坑塘日常平均蓄水高度（m），均来源于野外实地调查；S 为水田或坑塘面积（m²）；t 为洪水发生次数（次），根据日值降水数据统计获取。

核算结果表明，2021年武隆区洪水调蓄量共39205.07万 m³。其中植被洪水调蓄量22963.52万 m³，水库洪水调蓄量1404.09万 m³，水田和坑塘洪水调蓄量14837.47万 m³。

（2）洪水调蓄价值量核算

运用替代成本法（即水库的建设及维护成本）核算自然生态系统的洪水调蓄价值（公式11）。

$$V_{fm} = C_{fm} \times C_{we} \qquad (11)$$

式中，V_{fm} 为生态系统洪水调蓄价值（元/a）；C_{fm} 为生态系统洪水调蓄量（m^3/a）；C_{we} 为水库单位库容的工程造价及维护成本（元/m^3）。

核算结果表明，2021 年武隆区洪水调蓄价值为 2111585.29 万元。其中，植被洪水调蓄价值为 1236815.17 万元，水库洪水调蓄价值为 75624.18 万元，水田和坑塘洪水调蓄价值为 799145.94 万元。

4. 碳固定实物量与价值量核算

（1）碳固定实物量核算

生态系统固碳功能是指自然生态系统吸收大气中的二氧化碳（CO_2）合成有机质，将碳固定在植物或土壤中的功能。选用固定 CO_2 量作为生态系统固碳功能的评价指标（公式 12）。

$$Q_{CO_2} = Q_{tCO_2} + Q_{kCO_2} \tag{12}$$

式中，Q_{CO_2} 表示总固碳量；Q_{tCO_2} 表示陆地生态系统固碳量，基于固碳速率计算（公式 13）；Q_{kCO_2} 表示岩溶固碳量，是指地下水和地表水对可溶性岩石进行以化学作用为主的溶蚀，每形成 1molHCO$_3$- 需要从大气吸收 0.5mol CO_2，将碳以 HCO$_3$- 形式存储在水体中（公式 14）。

$$Q_{tCO_2} = M_{CO_2} / M_C \times (forsC + grasC + wetC + CSCS) \tag{13}$$

式中，Q_{tCO_2} 为陆地生态系统固碳量（tCO$_2$/a）；$forsC$ 为森林（及灌丛）固碳量（tCO$_2$/a）；$grasC$ 为草地固碳量（tCO$_2$/a）；$wetC$ 为湿地固碳量（tCO$_2$/a）；$CSCS$ 为农田固碳量（tCO$_2$/a）；$M_{CO_2}/M_C = 44/12$，为 C 转化为 CO_2 的系数。

$$Q_{kCO_2} = \frac{1}{2} \times S \times M \times C_{[HCO_3^-]} \times \frac{M_{CO_2}}{M_{HCO_3^-}} \tag{14}$$

式中，Q_{kCO_2} 为岩溶固碳量（tCO$_2$/a）；S 为岩溶地区面积（km^2）；M 为区域地下径流模数 [10^7 L/（$km^2 \cdot a$）]；$C_{[HCO_3^-]}$ 为 HCO$_3^-$ 的浓度（g/L）；M_{CO_2} 为 CO_2 的摩尔质量 44，$M_{HCO_3^-}$ 为 HCO$_3^-$ 的摩尔质量 61。

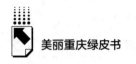

统计结果表明，2021 年武隆区总固碳量为 87.03 万吨。

（2）碳固定价值量核算

生态系统固碳价值根据下述公式进行核算：

$$V_{Cf} = Q_{CO_2} \times Cc \tag{15}$$

式中，V_{Cf} 为生态系统固碳价值（元/a）；Q_{CO_2} 为生态系统固定 CO_2 总量（tCO_2/a）；Cc 为碳价格（元/t），此处根据重庆碳排放权交易中心 2021 年度重庆市碳行情均价计算。

经核算，2021 年武隆区碳固定价值为 2143.58 万元。其中，陆地生态系统固碳价值为 1983.35 万元，岩溶固碳价值为 160.23 万元。

5. 氧气提供实物量和价值量核算

（1）氧气提供实物量核算

生态系统的释氧功能指植物在光合作用过程中释放出氧气的功能。选用植被释氧量作为生态系统释氧功能评价指标（公式 16）。

$$Q_{op} = M_{O_2} / M_{CO_2} \times Q_{CO_2} \tag{16}$$

式中，Q_{op} 为生态系统释氧量（t 氧气/a）；$M_{O_2}/M_{CO_2} = 32/44$ 为 CO_2 转化为 O_2 的系数；Q_{CO_2} 为生态系统固碳量（tCO_2/a），仅针对森林（及灌丛）生态系统固定的 CO_2 进行核算。

经核算，2021 年武隆区植被氧气提供实物量为 440110.82 吨。

（2）氧气提供价值量核算

根据氧气制造价格核算生态系统氧气提供价值（公式 17）。

$$V_{op} = Q_{op} \times C_o \tag{17}$$

式中，V_{op} 为生态系统释氧价值（元/a）；Q_{op} 为生态系统氧气释放量（t 氧气/a）；C_o 为氧气价格（元/t），根据国家林业局《森林生态系统服务功能评估规范》（LY/T 1721-2008）取值。

经核算，2021 年武隆区氧气提供价值为 44011.08 万元。

6. 空气净化实物量和价值量核算

（1）空气净化实物量核算

空气净化功能是指生态系统吸收、过滤、阻隔和分解大气污染物（如二氧化硫、氮氧化物、颗粒物等），净化空气污染物，改善大气环境的功能（释放负氧离子）。武隆区 2021 年各大气污染物均未超标，用实际排放量核算空气净化实物量（公式 18）。

$$eqa_i = Q_i \div t_i \tag{18}$$

式中，eqa_i 为某类大气污染物当量（t/a）；Q_i 为第 i 大气污染物实际排放量（t/a）；t_i 为第 i 大气污染物当量值，根据 2016 年 12 月 25 日通过的《中华人民共和国环境保护税法》中《应税污染物和当量值表》相应项目取值。由于《中华人民共和国环境保护税法》中没有 VOC 当量值，因此武隆区本次仅核算了 NO_x、SO_2 两种污染物。

核算结果表明，2021 年武隆区空气净化全部实物当量为 3945.30 吨。

武隆区森林释放负氧离子可以改善大气环境、净化空气（公式 19）。

$$G_{noi} = 5.256 \times 10^{15} \times Q_{noi} \times A \times H/L \tag{19}$$

式中，G_{noi} 为森林年提供负氧离子个数（个/a）；Q_{noi} 为森林负氧离子浓度（个/cm³），通过实际监测获得；A 为森林面积（hm²）；H 为森林高度（m）；L 为负氧离子寿命（分钟），本次核算取值 10 分钟。

武隆区本次 GEP 核算中，根据三调数据选取森林为核算对象，仅针对面积在 1hm² 以上的森林进行核算。根据野外实测数据，2021 年武隆区负氧离子空气净化实物当量为 2.9474×10^{24} 个。

（2）空气净化价值量核算

生态系统空气净化价值是指生态系统吸收、过滤、阻隔和分解降低大气污染物（如 SO_2、NO_x、VOC、颗粒物等），使大气环境得到改善产生的生态效应。采用环境保护税收法核算生态系统空气净化价值（公式 20）：

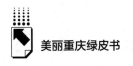

$$V_a = \sum_{i=1}^n Q_{api} \times C_{air} \tag{20}$$

式中，V_a 为生态系统大气环境净化价值（元/a）；Q_{api} 为第 i 种大气污染物净化当量（t/a）；i 为大气污染物类别，$i = 1, 2, \cdots, n$，无量纲；C_{air} 为大气污染物当量价值（元/t），根据《重庆市人民代表大会常务委员会关于批准重庆市大气污染物和水污染物环境保护税适用税额的方案的决定》取值。

负氧离子释放价值根据负氧离子生产费用计算（公式21）。

$$V_{noi} = 5.256 \times 10^{15} \times (Q_{noi} - 600) \times P_{noi} \times A \times H/L \tag{21}$$

式中，V_{noi} 为负氧离子价值（元/a）；P_{noi} 为负氧离子生产费用（元/个），此处取值 5.8185×10^{-18}。

核算结果表明，2021 年武隆区空气净化价值为 2543.43 万元。其中 NO_x、SO_2、负氧离子净化价值分别为 205.14 万元、1175.72 万元、1162.57 万元。

7. 水质净化实物量和价值量核算

（1）水质净化实物量核算

水质净化功能是指湖泊、河流、沼泽等水域湿地生态系统吸附、降解、转化水体污染物，净化水环境的功能。武隆区 2021 年各水体污染物均未超标，用污染物实际排放量核算水质净化实物量，并将其换算为大气污染物当量（公式22）。

$$eqw_j = Q_j \div t_j \tag{22}$$

式中，eqw_j 为某类水污染物当量（t/a）；Q_j 为第 j 水污染物实际排放量（t/a）；t_j 为第 j 水污染物当量值，根据 2016 年 12 月 25 日通过的《中华人民共和国环境保护税法》中《应税污染物和当量值表》取值。

核算结果表明，2021 年武隆区水污染物净化实物当量总计 4452.26 吨。

（2）水质净化价值量核算

武隆区本次 GEP 核算，采用环境保护税收法核算生态系统降解水体污染物、净化水质的价值（公式23）。

$$V_w = \sum_{i=1}^{n} Q_{wpi} \times C_{water} \tag{23}$$

式中，V_w 为生态系统水质净化的价值（元/a）；Q_{wpi} 为第 i 类水污染物净化当量（t/a）；i 为研究区第 i 类水体污染物类别；C_{water} 为水污染物当量价值（元/t），根据《重庆市人民代表大会常务委员会关于批准重庆市大气污染物和水污染物环境保护税适用税额的方案的决定》取值。

经核算，2021年武隆区水质净化价值为 1335.68 万元。

8. 气候调节实物量和价值量核算

（1）气候调节实物量核算

生态系统气候调节服务是指生态系统通过植被蒸腾作用、水面蒸发过程吸收太阳能，降低气温、增加空气湿度，改善人居环境舒适程度的生态功能。武隆区采用生态系统蒸腾蒸发总消耗能量与同等条件下通过空调降温的等效电量作为气候调节实物量（公式24）。

$$E_t = \sum_{i}^{n} ET_i \times A_i \times q \times 10^6 / (3600 \times r) \tag{24}$$

式中，E_t 为生态系统蒸腾蒸发消耗总能量（kWh/a）；ET_i 为 i 像元蒸散量（mm）；A_i 为生态系统面积（km²）；i 为生态系统类型（森林、灌丛、草地、湿地）；q 为挥发潜热，即蒸发 1 克水所需要的热量（J/g）；r 为空调能效比，取值3.0。

核算对象只包括林地、湿地等自然生态系统类型。仅对日最高温度在26℃以上的天数进行气候调节实物量核算；根据气温日值数据，逐像元统计武隆区2021年日最高气温在26℃以上高温天数对应的蒸散量，累加形成全年气候调节实物量栅格数据。

核算结果表明，2021年武隆区高温天数气候调节实物量为 10680516.67 万 kWh。

（2）气候调节价值量核算

运用替代成本法（即人工调节温度和湿度所需要的耗电量）核算生态

系统蒸腾调节温度或湿度价值和水面蒸发调节温度或湿度价值（公式25）。

$$V_u = E_u \times P_e \tag{25}$$

式中，V_u 为生态系统气候调节价值（元/a）；E_u 为生态系统调节温度或湿度消耗的总能量（kWh/a）；P_e 为当地电价（元/kWh），根据国家电网相关数据获取。

经核算，2021 年武隆区气候调节价值为 5553868.46 万元。

9. 物种保育实物量和价值量核算

（1）物种保育实物量核算

物种保育服务是指生态系统为珍稀濒危动植物物种提供生存与繁衍的场所，从而对其起到保育作用的价值。物种保育实物量把濒危动植物、特有动植物和古树名木数量纳入计算中（公式26）。

$$G_{bio} = A \times (1 + 0.1 \times \sum_{m=1}^{x} E_m + 0.1 \times \sum_{n=1}^{y} B_n + 0.1 \times \sum_{r=1}^{z} O_r) \tag{26}$$

式中，G_{bio} 为物种保育实物量（hm^2）；E_m 为区域内物种 m 的濒危分值；B_n 为区域内物种 n 的特有值；O_r 为区域内物种 r 的古树年龄指数；x 为用于计算濒危指数的物种数量；y 为用于计算特有种指数的物种数量；z 为用于计算古树年龄指数的物种数量；A 为群落面积（hm^2）。

根据提供的物种名录，2021 年武隆区物种保育实物量为 685.19 万 hm^2。

（2）物种保育价值量核算

运用单位面积保育成本核算物种保育服务的价值量（公式27）。

$$V_{bio} = G_{bio} \times P_{specon} \tag{27}$$

式中，V_{bio} 为生物多样性价值（元/a）；G_{bio} 为物种保育实物量（hm^2/a）；P_{specon} 为单位面积物种保育成本（元/hm^2）；单位面积物种保育成本 P_{specon} 根据 Shannnon-Weiner 指数计算结果参考《陆地生态系统生产总值（GEP）核算技术指南》确定。

核算结果表明，2021 年武隆区物种保育价值量为 1646514.90 万元。

（三）文化服务价值核算

1. 休闲旅游实物量和价值量核算

（1）休闲旅游实物量核算

休闲旅游指人类通过精神感受、知识获取、休闲娱乐和美学体验从生态系统获得的非物质惠益。采用区域内自然景观的年旅游总人次作为休闲旅游实物量的评价指标（公式28）。

$$N_t = \sum_{i=1}^{n} Nt_i \tag{28}$$

式中，N_t为游客总人数；Nt_i为第 i 个旅游区人数；i 为旅游区个数。

统计表明，2021 年武隆区休闲旅游实物量为 265.72 万人。

（2）休闲旅游价值量核算

运用旅行费用法核算人们通过休闲旅游活动体验生态系统与自然景观美学价值，并获得知识和精神愉悦的非物质价值（公式29）。

$$V_{tour} = \sum_{j=1}^{J} N_j \times TC_j \tag{29}$$
$$TC_j = Wag_j \times (T_{j,r} + T_{j,t}) + Dir_j$$
$$Dir_j = C_{tran,j} + C_{lf,j} + C_{tick}$$

式中，V_{tour}表示核算地区生态系统与自然景观的休闲旅游价值（元/a）；N_j表示从 j 地到核算地区自然景观景点旅游人数（人/a）；TC_j表示 j 地游客平均旅行成本（元/人）；Wag_j表示 j 地游客当地平均工资［元/（人·天）］；$T_{j,r}$表示 j 地游客到达核算地区途中花费的时间（天/人）；$T_{j,t}$表示 j 地游客在核算地区旅游花费的时间（天/人）；Dir_j表示 j 地游客在核算地区的直接旅行费用（元/人）；$C_{tran,j}$表示 j 地游客到达核算地区平均交通费用（元/人）；$C_{lf,j}$表示 j 地游客在核算地区平均食宿费用（元/人）；C_{tick}表示核算地区门票费用（元/人）；$j = 1，2\cdots$，表示来核算地区旅游的游客所在区域。

各种价格主要源于统计部门和相关网站查询。核算结果表明，2021 年武隆区休闲旅游价值为 491082.74 万元。

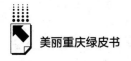

2.景观价值实物量和价值量核算

（1）景观价值实物量核算

生态系统的景观价值是指森林、湖泊、河流、海洋等生态系统可以为其周边的人群提供美学体验、精神愉悦的功能，从而提高周边土地、房产价值。采用能直接从自然生态系统获得景观价值的土地与居住小区房产面积作为景观价值实物量评价指标（公式30）。

$$A_l = \sum_{i=1}^{n} A_{li} \qquad (30)$$

式中，A_l 为从自然生态系统景观获得升值的土地与居住小区房产总面积（km^2/a），A_{li} 为第 i 区的房产面积（km^2），i 为小区个数。

结果表明，2021 年武隆区景观价值实物量为 83.68 万 m^2。

2.景观价值量核算

运用享乐价值法核算生态系统为其周边地区人群提供美学体验、精神愉悦功能的价值（公式31）。

$$V_{house} = Q_{house} \times P_a \qquad (31)$$

式中，V_{house} 为景观美学价值量（元/a）；Q_{house} 为生态系统受益总面积（km^2）；P_a 为由生态系统带来的单位面积溢价（元/km^2）。

单位面积溢价计算方法为：各楼盘"销售均价"与武隆区地产均价之差。武隆区地产均价通过查阅武隆区 2018~2020 年三个年份统计年鉴中商品房、现房、期房的"销售面积"和"销售额"数据后取均值计算获得。

经核算，2021 年武隆区景观价值量为 137446.49 万元。

三　结论与建议

（一）结论

本报告从生态系统物质产品、调节服务和文化服务三个方面,对武隆区

2021 年 GEP 进行了核算,得出的主要结论如下。

2021 年武隆区 GEP 为 2393.14 亿元,单位面积 GEP 强度为 0.828 亿元/km²,人均 GEP 为 58.82 万元,GEP 是当年 GDP(262.14 亿元)的 9.13 倍。

武隆区 GEP 核算体系中,价值最大的二级指标是水源涵养、气候调节、土壤保持和洪水调蓄,分别为 1188.38 亿元、555.39 亿元、199.04 亿元、211.16 亿元;价值最小的二级指标是水质净化、碳固定、空气净化,分别为 1335.68 万元、2143.58 万元、2543.43 万元。

2021 年武隆区物质产品价值为 130.7 亿元,占全区 GEP 的 5.46%。其中农业产品价值为 101.29 亿元,渔业产品价值为 1.23 亿元,林业产品价值为 1.03 亿元,生态能源价值为 27.14 亿元。

2021 年武隆区调节服务价值为 2199.59 亿元,占全区 GEP 的 91.91%,是全区 GEP 最重要的组成部分。水源涵养、气候调节、土壤保持和洪水调蓄占据绝对优势(四者共占本项价值的 97.93%)。

2021 年武隆区文化服务价值为 62.85 亿元,占全区 GEP 的 2.63%,休闲旅游优势明显(占本项价值的 78.14%)。

(二)建议

从武隆区 GEP 核算结果来看,武隆区生态系统总体上为武隆区提供了良好的生态产品和服务,在生态文明建设中发挥了重要作用。本报告根据核算结果,针对 GEP 提升提出以下建议。

大力保护湿地资源。湿地 GEP 密度高,在洪水调蓄、水质净化等方面发挥了较大功能,开发利用中应保证湿地资源不减少,保护并维护好水田、水库、坑塘等湿地资源。

在巩固生态环境保护和现有旅游产品的同时,进一步挖掘旅游资源,打造或开发更多"靓景",努力提升武隆区在文化服务方面的功能和价值。

大力发展生态农林产品,增强物质产品供给能力。武隆区物质产品在GEP 中占比较低,尚具有较大的挖掘空间。

将 GEP 核算常态化。武隆区已率先在全市规范化、系统化地开展 GEP

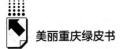

核算，摸清了全区 GEP 家底，下一步可积极探索如何科学应用 GEP 核算成果，率先在全市建立镇街生态保护绩效考核制度。

参考文献

白玛卓嘎、肖薇、欧阳志云、王莉雁：《甘孜藏族自治州生态系统生产总值核算研究》，《生态学报》2017 年第 19 期。

蔡崇法、丁树文、史志华等：《应用 USLE 模型与地理信息系统 IDRISI 预测小流域土壤侵蚀量的研究》，《水土保持学报》2000 年第 2 期。

陈正维、刘兴年、朱波：《基于 SCS-CN 模型的紫色土坡地径流预测》，《农业工程学报》2014 年第 7 期。

许联芳、张海波、张明阳、王克林：《南方丘陵山地带土壤保持功能及其经济价值时空变化特征》，《长江流域资源与环境》2015 年第 9 期。

章文波、谢云、刘宝元：《利用日雨量计算降雨侵蚀力的方法研究》，《地理科学》2002 年第 6 期。

治理能力篇

Governance Capability

G.18

成渝地区双城经济圈
减污降碳协同增效研究*

李振亮　卢培利　段林丰　翟崇治**

摘　要： 当前，成渝地区双城经济圈减污降碳协同增效仍面临诸多突出问
题，包括减污降碳结构性矛盾突出，产业结构偏重且同质化严
重，发展战略协同不足；能源结构仍以化石能源为主，本地清洁
能源优势未能有效发挥；交通运输高度依赖公路，运输结构调整
任重道远；跨行政区域协调管理机构缺位，区域环境经济政策一
体化融合不够，自主实现区域联防联控的动力弱；减污降碳科技

* 国家重点研发计划项目"成渝地区大气污染联防联控集成技术与应用示范"和中国工程科技
发展战略重庆研究院重点咨询项目"成渝双城经济圈经济社会发展与大气质量改善的协同战
略研究"相关成果。
** 李振亮，博士，重庆市生态环境科学研究院大气所所长、正高级工程师，重庆英才"大气污
染溯源与防控"创新创业示范团队负责人，主要从事大气污染溯源与防治相关研究；卢培
利，博士，重庆大学环境与生态学院教授，主要从事环境规划、环境微生物以及能矿资源绿
色开发和污染防治等相关研究；段林丰，重庆大学环境与生态学院博士研究生，主要从事大
气环境与气候应对相关研究；翟崇治，重庆市生态环境科学研究院党委书记、正高级工程
师，重庆市大气科学学科带头人，主要从事空气质量监测、大气污染防治等相关研究。

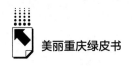

创新体系不完善，减污降碳科技产业化发展滞后等。针对上述问题，本报告提出成渝地区双城经济圈减污降碳协同增效六条对策建议，包括着力推动结构调整、强化产业链上下游协作发展，积极争取天然气、页岩气和水电等清洁低碳能源就近本地消纳，加快形成以铁路、水运为主的大宗货物和集装箱中长距离运输格局，建立跨行政区域的成渝地区双城经济圈减污降碳协调管理机构，协同制定统一的大气环境经济政策与法律法规，加快构建减污降碳科技创新体系等。

关键词： 成渝地区　减污降碳　协同增效

地区一体化发展理念和生态优先、绿色发展等原则，推动成渝地区双城经济圈建成具有全国影响力的重要经济中心和高品质生活宜居地等。大气污染物和二氧化碳具有"同根同源"性，协同减污降碳，持续改善环境质量是经济圈建设的关键任务之一。预计到 2035 年，成渝地区双城经济圈生态环境质量将根本改善，基本建成美丽中国先行区；到 2050 年，基本实现碳中和，生态环境质量位居全国前列。

统筹推进区域减污降碳是实现成渝地区双城经济圈建成高品质生活宜居地战略目标的关键，剖析成渝地区减污降碳协同增效存在的问题，进而提出针对性、前瞻性、系统性的解决途径，对于深入贯彻落实《成渝地区双城经济圈建设规划纲要》要求和推动区域协同绿色低碳高质量发展有着重要意义。

一　成渝地区中长期减污降碳协同增效存在的问题

（一）产业结构偏重，产业竞争力不强，大气污染存量持续削减的途径和空间有限

成渝地区双城经济圈的产业结构、工业内部结构偏传统重工业，新兴产

业发展较弱。钢铁、水泥、火电、化工、有色金属等高污染高耗能产业仍然是支撑经济增长的重要力量，贡献了超过 40% 的大气污染物排放和 60% 以上的碳排放。多数城市仍然以传统的能源和资源密集型行业以及农产品加工行业为主导。小型微型企业数量占比呈逐年升高趋势，超过了 80%。但是从经验来看，在相同经济社会发展阶段，国内外先进城市群通过产业结构的大幅度乃至根本性的调整转型有力保障了空气质量的根本好转和持续改善。但是，成渝地区地处中国西部，营商环境和产业发展条件先天较弱且面临承接东部产业转移任务，中长期产业结构发展的惯性强、大幅优化调整的内外部支撑条件有限，转型难度较大。

（二）本区域清洁能源优势未有效发挥，清洁能源利用政策突破难、替代门槛高，清洁能源支撑减污降碳的潜力释放难预期

成渝地区双城经济圈水电、天然气等清洁低碳能源外输格局受国家能源政策限制，地方难以突破。成渝地区具有丰富的清洁能源资源禀赋，2020年天然气储量和水电技术可开发量分别占我国的 31.2% 和 32.5%。但是，成渝地区清洁低碳能源产出大幅调出，近年天然气（含页岩气）和水电调出比例均接近 40%，成渝地区能源结构仍以化石能源为主，非化石能源占比不足 20%，未充分体现区域水电、天然气和页岩气等清洁低碳能源的资源禀赋优势，清洁低碳能源本地利用不足。近年的能源缺口已经驱动本地火电、陕煤入渝、疆电入渝等高碳高污染化石能源补位，使得煤炭对外依存度接近 80%，油品对外依存度接近 100%。化石燃料燃烧对主要城市大气中 $PM_{2.5}$ 的浓度贡献超过 50%，对区域二氧化碳排放总量贡献超过 70%。

（三）交通运输总量增长快、结构调整受制于基础设施建设，城市交通大气污染加剧形势难逆转

铁路、水运在大宗物资运输中所具有的低成本、低能耗和相对环境友好的优势尚未充分发挥，"公转铁" 和 "公转水" 进程缓慢，部分区域铁路集疏运能力不足，特别是铁路专用线短缺。公路货运在全社会货运中占比超过

80%，工业园区和重点企业大宗货物铁路专线接入比例不足50%。公路运输消耗了全社会60%的油品燃料，机动车排放对城市$PM_{2.5}$和O_3污染的贡献超过30%。铁路运输网络高度协作和产业物流优化布局任重道远，长江上游黄金航道作用没有完全发挥。新能源汽车销售比例低于20%，公共领域纯电动车渗透率低于10%。柴油货车仍是移动源污染防治的重中之重，非道路移动机械和船舶尾气治理尚未有效开展，对用车治理精细化监管不到位。据本研究预测，在支撑未来成渝地区经济社会发展目标下，成渝地区交通运输量将快速上涨，2035年客运周转量和货运周转量将分别较2020年增长3.0倍和0.8倍，达到7366亿人公里和11080亿吨公里，在缺乏有效交通行业整体优化和管控措施的背景下，交通行业大气污染仍将加剧。

（四）经济基础偏弱，大气环境质量现状与当前经济社会发展阶段相对错位，中长期区域经济发展需求旺盛，大气污染防控增量压力大

2021年成渝地区双城经济圈GDP和人均GDP分别为7.4万亿元和7.55万元，相比京津冀地区的9.6万亿元和7.6万元、长三角地区的27.6万亿元和11.7万元、珠三角地区的10.0万亿元和12.8万元，无论是总量还是人均方面都具有一定差距。与此同时，近年来成渝地区空气质量呈现快速向好趋势，2021年优于京津冀和长三角地区，大气环境与经济社会发展的耦合协调关系属于中级耦合协调经济滞后型。在成渝地区双城经济圈经济高水平建设和西部大开发等国家区域发展战略目标的驱动下，成渝地区未来经济增速和目标年经济总量增长的需求和动力充足。2022年上半年，四川、重庆围绕成渝地区双城经济圈建设提出了新一轮规划目标，重庆提出2026年GDP突破4万亿元，成都提出在未来5年的时间里，GDP突破3万亿元。本研究开展的中长期成渝地区双城经济圈战略情景模拟预测结果显示，在成渝地区双城经济圈未来经济社会发展目标达成但大气环境保护的总体政策措施维持现有体系不变的情况下，成渝地区$PM_{2.5}$年均浓度将由2020年的30.2微克/米³分别上升至2025年的40.8微克/米³和2035年43.2微克/米³，O_3年均浓度将由2020年的139.2微克/米³分别上升至2025年的146.5

微克/米³ 和 2035 年的 148.5 微克/米³，经济社会发展的进展将超越大气环境保护的进展，到 2035 年成渝地区经济与大气环境呈现良好耦合协调大气滞后型。成渝地区双城经济圈面临中长期经济快速发展带来的大气污染防控的新压力。

（五）区域内部经济社会发展不均衡，跨行政区域综合协调的管理机构缺位，自主实现区域联防联控的动力弱

成渝地区双城经济圈整体处于工业化后期阶段，但区域发展格局存在显著的空间差异，处于后工业化阶段（成都市和重庆主城片区）、工业化后期（璧山区、大足区和涪陵区等）、工业化中期（德阳市、眉山市和合川区等）和工业化初期（雅安市、资阳市和城口县等）的发展区域共存。当前各行政区的经济社会各项规划制定过程尚没有有效的整体协调机制，缺乏区域产业统筹发展总体规划，一体化的顶层规划设计尚处于起步阶段，各地大气污染物排放总量控制、许可交易政策"各行其政"。协同治理大气污染的监管力度不够，造成一些高排放行业、"散乱污"企业在成渝地区双城经济圈内利用各地大气污染监管力度的不同而跨区转移，对区域整体产业布局、各地的竞争与合作，以及大气污染防治措施的效果等均产生不利影响。成渝地区内区域性大气污染特征明显，城市间 $PM_{2.5}$ 传输贡献达到 40% 以上，但成渝地区大气污染联防联控的进展缓慢且主动性不强，缺乏旧金山、纽约和东京等国外城市湾区，以及国内京津冀、长三角和粤港澳地区的跨行政区域协调管理机构或半官方性质的地方政府联合组织来解决跨区域的重大大气环境保护问题。

（六）减污降碳科技创新体系不完善，减污降碳科技产业化发展滞后，高水平协同的科技创新能力欠佳

成渝地区双城经济圈减污降碳科技体制改革推进缓慢，产学研融合、科技创新政策支持力度不够，两地协同科创研发平台有待建设完善，高层次人才仍未实现"互认互用"，减污降碳关键技术攻关尚未实现优势互补、形成

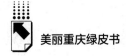

合力。成渝地区双城经济圈污染治理和低碳技术研发基础薄弱,缺乏国内知名的环保头部企业,环保产业发展较东部地区滞后。企业污染治理普遍依靠简单复制或者直接外购成套装备,技术设备适应性差,运行管理水平低,设施运行不正常导致污染排放超标现象频频发生。

二 成渝地区中长期减污降碳协同增效对策建议

（一）推动传统工业绿色低碳转型升级,强化上下游产业链协作,联合共建国家级产业集群,化解低效同质竞争问题

一是合理推进产业转移与淘汰。鼓励东部发达省份与成渝地区老工业基地、资源枯竭型城市转型合作设立产业转移和转型发展园区。以钢铁、水泥、电解铝、平板玻璃等行业为重点,制定范围更广、标准更高的成渝地区统一的限制、禁止和淘汰类项目目录并适时更新。大力发展光伏、锂电、新能源汽车、节能环保产业,利用构建成渝氢走廊的契机,开展工业领域氢能示范项目。二是推动产业深度融合和合理聚集,成渝两地联合设立产业链合作、创业投资、科技创新和成果转化引导等基金,推动再生能源技术装备研发制造,构建绿色氢能"产输储用"全产业链。设立成渝地区双城经济圈绿色低碳产业基金,加快绿色低碳优势产业"建圈强链"。三是联合共建国家级先进制造业集群、战略性新兴产业集群和创新性产业集群,加速建设国家数字经济创新发展试验区,建设全国一体化计算机网络成渝国家枢纽节点,共同打造成渝地区大数据产业基地,共建成渝地区工业互联网一体化发展示范区。

（二）成立成渝地区能源管理统一协调部门,优化区域清洁能源统筹利用,制定区域化石能源总量管控统一政策规划,出台清洁能源行业优先发展政策措施,联合开展清洁能源利用研究攻关

一是统筹安排成渝地区双城经济圈天然气、页岩气和水电等清洁低

碳能源就近利用，推动区域内资源就地优先消纳。协同开发成渝地区油气资源，建设川渝天然气（页岩气）千亿立方米级产能基地，提升煤气油的储备能力。推动"天然气＋可再生能源"融合发展，提升电网、气网等调峰能力，形成多能互补融合发展格局。加快川渝电网一体化建设，扩大"川电入渝""西电送川渝"规模。二是鼓励开展煤电机组灵活性改造，试点利用富氧燃烧技术提高火电机组调峰能力，推动燃煤自备电厂清洁替代，探索燃煤机组与天然气机组"增减挂钩"机制，力争到2025年、2030年煤炭消费总量分别压减至1.1亿吨、1.0亿吨左右。三是开展氢能利用研究，加快"油气电氢"综合能源站建设，发展智能电网、能源微网，实施节能低碳调度机制，共同打造"成渝氢走廊"。探索建立川渝电力交易机构工作融合机制，推进电力市场化交易。联合争创国家氢燃料电池汽车示范城市群，共同打造具有国际竞争力的清洁能源装备产业。

（三）加快成渝地区低碳交通运输结构转型，建立成渝地区双城经济圈交通一体化体制机制，构建智能交通系统，打造全国智能交通发展高地

一是推进以低碳排放为特征的绿色公路、绿色航道、绿色港口建设，加快形成以铁路、水运为主的大宗货物和集装箱中长距离运输格局。提速推进城际客运"公交化""轨道化"，在重点地区率先推动交通实现"同城待遇"。提高新能源汽车的市场占有率，全域推进充电加氢设施和网络建设。二是加快建立成渝地区交通共享融资平台和交通建设沟通交流机制，构建毗邻地区路网协同运行与应急联动系统，实现交通管理互联互通。提升区域内交通源污染排放精细化监管能力，实现在用车排放监管—执法—维修淘汰的区域统一闭环管控。三是构建基于北斗、物联网等先进技术的智能交通系统，推动智慧城市基础设施和智能网联汽车协同发展，在成渝、成遂渝高速公路探索建设融合智能停车、能源补给、救援维护等功能的现代智慧服务区。

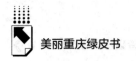

（四）构建成渝地区统一的领导机构与执行机构，协同制定统一的大气环境经济政策与法律法规，强化区域大气污染协同防控措施的落实以及市场经济的引导作用，统筹推进两地经济社会与大气环境协同发展

一是成渝地区联合成立成渝地区双城经济圈建设示范区执行委员会，理事会由四川省级和重庆市级直管部门以及示范区内地市和区县政府部门、知名企业家和智库代表组成，突出政府作用和属地责任，充分凝聚各方智慧力量。二是协商制定跨行政区域的环境管理法律法规体系，明确污染防治管理部门、地方政府在跨界污染防治管理方面的权力与责任，建立跨行政区域的环境污染责任制和责任追查制度。制定生态环境规划统一、排放标准统一、监测统一、执法统一、考核统一的"五统一"机制与制度，加强区域经济社会发展和大气污染治理基础信息共享，建立和完善信息共享机制。三是建立健全以"一张网"统一的大气环境质量监测评估、污染源监测监控和环境预警应急监测的体系。建立两地环境污染联防联控指标体系，强化用"一把尺"实施大气环境联合执法，组建大气环境联合执法队，实现跨界执法协作互认。建立健全生态产品价值实现机制，构建区域一体化绿色金融政策，建立统一的"重污染天气重点行业应急减排措施制定技术指南"，加强重污染行业的激励约束。

（五）构建成渝地区减污降碳协同增效的统一环境经济政策体系，发挥环境经济政策的"联动性"作用，强化区域内各地市、各区县减污降碳协同管理，加快推进减污降碳多尺度区域的应用示范

一是共建西部气候投融资（碳中和）创新服务中心，推动成渝地区各区域碳普惠规则共建、标准互认、信息共享、项目互认，打造"规则共建、标准统一"的碳普惠政策体系，协调推动区域应对气候变化法律法规的制修订。实施区域绿色低碳财税金融一体化行动，加大区域绿色低碳发展财政投入，建立跨区域合作项目地方留存部分财税利益分享机制。二是

联合建立区域内"环评+碳评"制度，实施"一张清单管两地"，开展区域重点行业建设项目环境影响和碳排放影响联合评价，全面深化区域环境准入和联防联控。建立统一的减污降碳统计核算体系，编制统一源分类体系和特征的温室气体和大气污染物排放清单。建立成渝地区碳排放和空气质量监测预警和响应机制，定期开展大气污染防控和降碳形势的预警和会商。三是推动成渝地区双城经济圈区域减污降碳协同试点，联动打造绿色技术创新中心和绿色工程研究中心，共建西部环境资源交易中心，共建川渝一体化电力现货市场和辅助服务市场，打造"双近零"排放标杆园区和企业，征集和应用减污降碳技术推广目录，开展跨区域减污降碳协同应用示范。

（六）大力推动科技引领示范，发展本地减污降碳科技力量，建设全国减污降碳产研高地，支撑成渝地区双城经济圈减污降碳科技保障需求

一是建设减污降碳改善空气质量科技新体系。强化科技资源开放共享，推动建设成渝地区减污降碳联合攻关中心，加快构建二次污染物和温室气体监测监管体系。建立以减污降碳行业头部企业为核心的创新体系，形成以企业为主体、市场为导向、产学研用深度融合的新体系，给予企业扶持政策。二是加快布局高能级创新平台。布局清洁空气、温室气体控制、减污降碳协同领域高能级创新平台，提升西部科学城绿色低碳政策技术策源地功能和转化效率。构建多污染物跨行业全过程精细化控制技术体系和支撑平台，建设西南地区温室气体监测与控制政策技术研究中心。三是实施减污降碳改善空气质量重大工程。依托中国工程院和成渝地区有关科研机构，实施一批减污降碳重大科技项目，加快落地"碳捕集、利用和封存（CCUS）+天然气（页岩气）"技术攻关、重点行业减污降碳协同增效技术体系构建、$PM_{2.5}$和O_3污染精细化防控技术应用等重大示范工程，带动实施一批重大科研成果应用、推广和示范。

G.19
重庆市碳普惠机制的
法律风险与应对策略*

乔 刚 许卓镕**

摘 要: 碳普惠是消费端社会公众参与的碳减排措施。重庆市碳普惠机制
依托地方核证自愿减排项目在公众领域展开,通过开创性的实践
探索,重庆市逐步建立起基于碳惠通平台的碳普惠机制,发挥着
培养市民绿色出行、减塑降碳等消费习惯的作用。在实践中碳
普惠机制存在因渝碳信用属性模糊、方法学标准性欠缺等导致
的碳普惠行为价值转化风险、平台运营过程中个人数据隐私泄
露风险以及因监管主体单一和范围模糊引发的碳普惠机制监管
风险等法律风险。为应对法律风险、完善重庆市碳普惠机制,
可以通过明确渝碳信用属性并构建其流通机制以优化碳普惠减
排行为的价值转化方式、从外部和内部两个层面规范碳惠通平
台数据抓取行为以及引入公众和第三方评估机构来强化碳普惠
机制的运行监管。

关键词: 碳普惠 碳减排 法律风险 重庆

---

* 基金项目:国家社会科学基金西部项目"碳中和背景下碳排放权交易立法构造及展开研究"
(22XFX012)。
** 乔刚,法学博士,西南政法大学经济法学院教授,主要研究方向为环境法、能源法、生态法
等;许卓镕,西南政法大学经济法学院,主要研究方向为环境法。

一 重庆市碳普惠机制的实践探索

（一）重庆市碳普惠机制的发展脉络

1. 缘起：公众参与碳排放交易缺乏途径

1997 年《京都议定书》在全球范围内建立了三种市场化解决气候和生态危机的机制，碳排放权交易就是其中之一。2011 年 10 月，国家发展改革委办公厅发布《关于开展碳排放权交易试点工作的通知》，将重庆市确定为我国首批碳排放权交易试点省市之一。2014 年 6 月，重庆市碳排放权交易市场正式启动。市生态环境局统计数据显示，截至 2022 年底，重庆市碳市场累计成交碳排放指标约 4000 万吨，金额高达 8.35 亿元。可以说，重庆市的碳排放权交易已取得一定成效，但其不足也较为明显。碳排放权交易控制重点排放单位的温室气体排放，即生产端减排。而联合国环境规划署《2020 年排放差距报告》指出，家庭消费温室气体排放量约占全球排放总量的 2/3。这表明消费端是温室气体排放的重要组成部分，但是当前的控排重点仍只停留于生产端，公众参与温室气体减排的路径不足。为解决这一问题，重庆市政府推动建立本土化碳普惠机制，建成"碳惠通"生态产品价值实现平台（以下简称碳惠通平台），以参与低碳场景的经济激励培育市民个人碳减排行为。

2. 溯源：重庆市地方自愿减排量的核证

核证自愿减排量是指由经量化核证的温室气体减排项目产生，并在有关注册系统中登记的温室气体减排量。核证自愿减排量在我国可交易，常被用于碳市场配额清缴或公益性注销。[①] 核证自愿减排量是与强制碳配额相对的自愿减排，其项目参与主体通常为排放温室气体或运营能够吸收、减少温室

[①] 刘精山、任杰、吴志芳等：《中国核证自愿减排量的发展现状、问题及政策建议》，《海南金融》2022 年第 8 期。

气体项目的单位。核证自愿减排量根据主体差异，在我国分为国家核证自愿减排量和地方核证自愿减排量两类。重庆市的地方核证自愿减排量（CQCER）被称为"碳惠通"项目自愿减排量，由经审定或核证的"碳惠通"项目产生，可以通过碳履约、碳中和等方式抵消。其中，公众个体自愿减排的核证抵消项目就是碳普惠。重庆市生态环境局2021年9月印发的《重庆市"碳惠通"生态产品价值实现平台管理办法（试行）》将碳普惠定义为"利用CQCER或CCER等其他国家允许的产品机制，通过社会广泛参与温室气体减排行为，依据特定的方法学可以获得碳信用的制度，包含碳普惠行为的确定、碳普惠行为产生的减排量的量化及获益等环节"。由此可知，重庆市碳普惠是地方的、个人自愿减排量的收集、核证与抵消的运行机制。

3. 落地：重庆市碳普惠机制的确立

碳普惠机制关注社会公众的自愿减排行为，国家层面还未曾出台直接与之有关的政策文件，但《建立市场化、多元化生态保护补偿机制行动计划》《减污降碳协同增效实施方案》等部门工作文件均认可并大力支持碳普惠的探索实施。生态环境部2022年答复政协提案的函也表明，国家"高度重视以碳普惠在内的市场机制控制和减少温室气体排放，支持和指导各地方深入开展碳普惠探索实践"。这些顶层设计为我国深入展开碳普惠试点实践奠定了基础。

2021年9月，重庆市生态环境局发布《重庆市"碳惠通"生态产品价值实现平台管理办法（试行）》（以下简称《碳惠通管理办法》）。根据该办法第四章碳惠通低碳场景建设的规定，重庆市碳普惠是通过低碳场景运行的社会公众减排机制。该章规定了场景建设和参与主体及其在机制运行中发挥的作用。第五章监督管理进一步明确各主体在机制运行中需要承担的责任。该行政规范性文件成为指导重庆市碳普惠机制建设发展的直接法律依据。2022年2月，重庆市人民政府印发《重庆市生态环境保护"十四五"规划（2021—2025年）》，要求"持续推进'碳普惠'生态产品价值实现试点，建立碳履约、碳中和、碳普惠等3类产品的价值实现机制"。同年10

月，市人民政府印发《重庆市"十四五"节能减排综合工作实施方案》，该方案提出"完善碳普惠机制，拓展碳普惠场景，建立能够体现碳汇价值的生态产品价值实现机制"。2023年1月，市人民政府办公厅发布《重庆市建设绿色金融改革创新试验区实施细则》，再次强调碳普惠机制建设发展的重要性。以上地方政策文件和行政规范性文件都表明，碳普惠机制的构建、完善和发展已成为重庆市生态环境保护、节能减排政策的重要组成部分。

此外，碳惠通平台是碳普惠机制运行媒介，是重庆市碳履约、碳普惠、碳惠林和碳中和等生态产品价值实现路径的操作平台。自2021年10月22日上线，碳惠通平台已登记注册企业54家，登记减排量约155万吨。平台公布的《碳惠通生态产品价值实现平台积分规则》（以下简称《积分规则》）和《碳惠通平台登记服务合同》（以下简称《服务合同》）及其附件对碳普惠机制的各参与主体也具有一定约束力。由此可以总结出，重庆市碳普惠机制已初步形成制度体系，但是尚不完善，主要依附于碳惠通生态产品价值实现机制，独立性稍显不足。

（二）重庆市碳普惠机制的基本现状

碳普惠机制的核心是使减排者受益，进而实现激励减排的效果。① 重庆市碳普惠机制的运行以碳惠通平台为载体，提供碳普惠项目的企业、参与碳普惠项目的社会公众需要在该平台上进行与碳普惠有关的认证、权益兑换活动。结合《碳惠通管理办法》第四章对"碳惠通"低碳场景建设、运行与参与主体、申请和运用方式的规定，可以从参与主体和运行流程两方面总结重庆市碳普惠机制运行的基本现状。

1. 重庆市碳普惠机制的参与主体

（1）碳普惠项目申请方

碳普惠项目申请方是向公众提供碳普惠项目的企业。《碳惠通管理办

---

① 潘晓滨、都博洋：《我国碳普惠制度立法及实践现状探究》，《资源节约与环保》2021年第4期。

法》并没有直接限制碳普惠项目申请方条件，仅在第 24 条中提出"鼓励国内企事业单位、团体、协会等社会组织"参与创建。如果将碳普惠也视作碳惠通项目的一种，那么根据第 8 条的规定，只要是在中国境内注册的企业，就可以按照规定要求申请碳普惠项目。目前碳普惠平台中的低碳场景包括绿色出行和减纸减塑两类，其中绿色出行是由重庆公交、T3 出行、滴滴出行、哈啰出行与碳惠通平台联建的出行减排方式，减纸减塑则与渝快办、重庆人社两个政府机关的无纸化办公相关。结合立法与实践，重庆市碳普惠机制的实际项目申请方包括社会企业和政府机关两类。

（2）碳普惠项目参与方

碳普惠机制的核心是利用市场机制挖掘生活、消费领域的节能减排潜力，利用正向激励机制引导小微企业、社区家庭和个人的低碳行为达到促进温室气体减排的目的。[①] 借用《碳惠通管理办法》政策解读中的表述，碳普惠是"社会公众分享低碳红利、获得普惠价值的'储蓄罐'，低碳行为被量化成积分储蓄起来，可兑换商品，享受权益"。社会公众是碳普惠项目应然的参与方。重庆市碳普惠项目的参与方是参与平台低碳场景的用户。目前重庆市碳惠通平台上的 11 个低碳应用场景都针对个人用户的低碳行为。由于平台低碳场景的参与需要先行注册碳惠通平台账户，碳普惠项目的权益兑换也以个人储户为单位，因此只能以个体为单位参与重庆市碳普惠项目，还不能以小微企业、社区家庭为单位参与。

（3）碳普惠项目运营方

根据《碳惠通管理办法》的规定，碳惠通平台的运营主体由市生态环境局通过公开竞争比选的方式确定。目前，碳惠通平台由市生态环境局主管、重庆征信有限责任公司（以下简称征信公司）开发运营。对碳普惠机制而言，运营主体的作用主要体现在三个方面：一是为个人或企业提供便

---

① 朱艳丽、刘日宏：《"双碳"目标下我国碳普惠制度的地区协调研究》，《西北大学学报》（哲学社会科学版）2023 年第 4 期。

捷的碳普惠行为核算和量化，二是对碳普惠平台进行持续维护和优化，三是推动碳普惠政策的实施和宣传。在运营主体的协助下，可以充分发挥市场化力量，带动公众参与碳减排行动，持续激励用户低碳行为。概言之，征信公司开发运营的碳惠通平台是碳普惠项目申请方构造低碳场景、提供适当数量的商品和服务给参与方兑换的中介，是项目申请方和参与方的沟通桥梁。

2. 重庆市碳普惠机制的运行流程

重庆市碳普惠机制的运行采用"低碳场景+个人碳账户"的模式，首先依照规定创设一个低碳场景（适用领域），再在低碳场景中利用方法学核算，将个体（参与主体）特定的低碳行为量化为减排量，折算为渝碳信用发放至个人碳账户，个人可以通过碳账户中的渝碳信用（激励模式）换取权益。这些流程均可在碳惠通平台上进行。以下将重点介绍场景构建、行为量化和激励三个主要流程。

（1）低碳场景构建：减排项目引入

碳惠通平台将碳普惠减排项目分为绿色低碳出行场景、减塑低碳消费场景、低碳政务场景和公众参与"碳惠林"项目四类。公众端碳惠通平台上的减塑低碳消费场景暂未上线。从生态产品价值实现路径上看，又可以分为碳普惠和碳惠林两类。其中，碳普惠包括碳惠通中绿色低碳出行场景和低碳政务场景。绿色低碳出行场景通过应用场景和商业联盟的循环，形成个体减排和入驻商家推广与客群汇集的双赢；碳惠林类似阿里巴巴旗下的"蚂蚁森林"，打造线上培育树木的应用场景，培育完成后可以申请实地认养或种植属于自己的"碳惠树"。这些低碳场景由碳普惠项目申请方申请构建。根据《碳惠通管理办法》的规定和《服务合同》的约定，申请方需要填写《重庆市"碳惠通"低碳场景创建申请表》，只有符合评价规范要求的低碳场景才能在碳惠通平台上线。

（2）减排行为量化：方法学换算

碳普惠机制成功运行的关键是将公众的绿色低碳行为量化和积分化，而这主要取决于方法学的成熟程度。碳普惠方法学指用于确定碳普惠基准线、额外性，计算减排量的方法指南，是微观领域碳排放数据核算的标准。

重庆市碳普惠机制的方法学并不像其他省市直接以"碳普惠"方法学命名。正如碳普惠是内嵌于碳惠通平台的一部分那样，重庆市碳普惠的方法学统一被归口至碳惠通方法学。2021年以来，重庆市共发布5批碳惠通方法学。2021年发布的13个方法学涉及可再生能源、建筑、交通、林业碳汇、农业甲烷减少及利用和甲烷回收6个领域；2023年发布4批共8个碳惠通方法学则集中于交通、林业和能源领域。由于各个方法学并没有以项目区分命名，因此并不能仅从命名看出碳普惠的方法学，只能推测其中CQCMS-007-V01号重庆市共享电动助力车骑行项目方法学与CQCM-006-V01号城市公共交通汽车出行温室气体减排方法学等或与碳普惠项目有关（见表1）。重庆市碳普惠机制从项目到权益的转化需要经过方法学换算，使平台用户的低碳行为被量化为减排量，再根据《积分规则》转换为渝碳信用和碳动力（见图1）。

表1 部分碳普惠方法学

领域	方法学编号	方法学名称	对应碳普惠项目
交通领域	CQCMS-007-V01	重庆市共享电动助力车骑行项目方法学	绿色交通
交通领域	CQCM-006-V01	城市公共交通汽车出行温室气体减排方法学	绿色交通
林业碳汇	AR-CQCM-002-V01	森林经营碳汇项目方法学	未知
交通领域	CQCM-005-V01	电动汽车充电站及充电桩温室气体减排方法学	未知

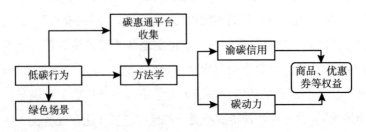

图1 重庆市碳惠通机制

（3）减排行为激励：减排权益兑换

经过方法学换算的个人减排行为会被折抵成平台上用于衡量权益大小的

"货币单位"，在碳惠通平台上表现为渝碳信用和碳动力。它们是重庆碳普惠的最终结果，也是"惠"之所在。

渝碳信用是指注册用户参与碳惠通生态产品价值实现平台低碳行为应用场景，由平台依据《积分规则》向用户授予的碳信用。渝碳信用根据重庆市发布的方法学产生，由个人低碳行为产生的渝碳信用是减排量的直接体现，反映个人的减排成果。但是渝碳信用暂时不能进行货币化评估，只能用于兑换碳惠通平台上商家的商品、权益等，如文化衫、环保袋、牛奶、火锅底料、出行优惠券、技能培训抵扣券等。

碳惠通平台碳动力是注册用户参与碳惠通生态产品价值实现平台相关活动、平台互动等，由平台依据《积分规则》向用户授予的平台碳动力（原"碳积分"）。碳动力是对注册用户参与平台活跃度的激励措施。此外，用户也可以通过参与碳惠林项目来兑换碳动力。

二　重庆市碳普惠机制的法律风险

（一）碳普惠行为价值转化风险

1.渝碳信用的属性不明确

个人碳普惠行为的价值转化可以简化为"碳普惠行为—碳普惠减排量—碳积分—减碳权益"的过程。在这个过程中，相对应的碳普惠方法学帮助实现从行为到减排量的转换；《积分规则》记载从减排量到渝碳信用（重庆市碳普惠机制的碳积分）的转换公式；用户积累的碳积分可以在碳惠通平台的商城中兑换减碳权益。严格意义上讲，现阶段重庆碳普惠机制中只有渝碳信用才具有碳普惠的性质，碳动力只是促进用户参与实施碳普惠行为的激励，与个人减排行为本身并无直接关系。即使是碳惠林项目中产生的碳动力，在现有披露的文件中也无法表明其与现实生活中的碳汇储蓄林有关联。

渝碳信用作为重庆市碳普惠机制实质的碳积分，其法律属性涉及多个层

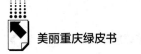

面，包括减排行为的法律性质、碳普惠权益的法律权利等。法律属性的不确定，不利于碳普惠减排行为的价值转化。同时，由于数据披露的不足，权益兑换的资金来源对参与用户而言也处于未知状态。

2. 碳普惠方法学的标准性欠缺

碳普惠方法学是量化减排行为的重要标准和指南，其准确性和通用性对碳普惠机制的运行有关键意义。这种方法学的价值在于能够在更大范围内对减排行为进行有效量化，并建立有效的激励机制，推动公众参与到减排行动中。

目前，重庆市已有 21 个碳惠通项目方法学，但这些方法学在碳普惠低碳场景构建中的运用细节尚未公开。公众能够清晰了解渝碳信用的生成情况，但是对于数据的来源和计算方式却一无所知。而且，碳惠通平台也未明确阐释个人减排行为和公共减排项目之间的关系，部分项目在已公布的方法学中找不到对应标准。模糊的方法学标准，意味着对数据采集的流程、标准、质量和数据的使用存在多种解释，不利于对碳普惠行为、碳惠通平台的监督管理，以及碳普惠机制的良性发展。

3. 价值持续转化的激励不足

碳普惠机制的核心是完善的激励机制。[①] 碳普惠减排量是准公共性生态产品的一种，它将个人的减排量最终兑换成物品、优惠券等权益。仅就重庆市碳普惠机制所能产生的对参与公众的利益来看，长年累月坚持换得牛奶、文化衫、环保袋等不足以支撑起公众参与其中的欲望。这种利益的兑付价值太小，而要花在积累减排行为、兑换权益上的时间太多，对减排个体来说并不是经济实惠的选择。同时，渝碳信用兑换权益的方式过于单一，对用户持续性参与碳普惠行为的激励也稍显不足。

（二）个人数据隐私泄露风险

数据收集与用户隐私保护之间的矛盾是重庆市碳普惠机制进一步发展必

---

① 刘超、吕稣：《我国生态环境监管规范体系化之疏失与完善》，《华侨大学学报》（哲学社会科学版）2021 年第 2 期。

须解决的问题。个人减排行为的数据收集是碳普惠行为转化的必要条件，随着碳普惠机制的发展、绿色低碳场景的增加，个人隐私的泄露风险越来越大。因为在减碳行为数据的收集中，用户的数据经由碳普惠项目提供方与平台运用方共收共享，数据转换间加剧个人隐私的暴露风险和隐私保护与数据收集之间的矛盾。

个人隐私信息也被称为个人隐私数据，个人隐私保护主要是保护个人的隐私数据安全。[①] 传统个人隐私权主要包括信息隐私、通信隐私、空间隐私与身体隐私四大类。大数据时代下，数据采集者通过数据整合，可以精准定位某一个以及与之相关的系列隐私信息。[②] 碳惠通平台的低碳场景集中于用户交通出行领域，需要用户提供其手机号码、公交卡号、出行形成信息等，这些信息足以和特定个人身份联系，甚至有可能涉及敏感个人信息。一旦这些个人信息被非法获取或滥用，将对被识别出的个人的生活安宁及私密空间、私密活动和私密信息的安全产生侵害。因此，怎样处理好个人权益与合理使用信息的关系是碳普惠机制发展必须直面的现实课题。

（三）碳普惠机制监管风险

1. 监管主体单一

重庆市碳普惠机制的监管采取市生态环境局监管的单一监管体制。《碳惠通管理办法》第 3 条规定，市生态环境局是碳惠通平台的主管部门，负责平台建设工作的组织实施、综合协调与监督管理。重庆市碳普惠机制是碳惠通平台的业务之一，依法应由市生态环境局统一监管。此外，对碳普惠机制运行中的违法违规行为，任何单位和个人都有权向生态环境局举报。但是，由于碳普惠项目的方法学、申请主体等在《碳惠通管理办法》中未与其他碳惠通项目进行明显区分，因此公众很难知悉与碳普惠项目直接相关的项目论证信息与运行过程，因此也难以参与碳普惠项目的监管。

---

① 唐要家：《中国个人隐私数据保护的模式选择与监管体制》，《理论学刊》2021 年第 1 期。

② 吴卫华：《个人隐私保护的伦理反思与体系建构》，《中州学刊》2019 年第 4 期。

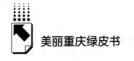

2. 监管范围模糊

如前所述，重庆市碳普惠机制由市生态环境局统一监管，但具体监管内容、细则并不清晰。碳惠通项目有多种类型，每一种类型都有相对独立的参与主体、运行流程，它们的排放数据、排放方法学标准也并不统一。由此，市生态环境局面临监管范围广但模糊的问题。

三 重庆市碳普惠机制的完善对策

（一）优化碳普惠减排行为价值转化方式

1. 明确渝碳信用的法律属性

随着碳普惠机制的推广，社会公众参与的增多，应当首先在渝碳信用与碳动力中作出选择，尽量简化重庆市碳普惠机制中的"碳币"，避免公众对普惠权益的理解混乱。根据碳惠通平台的定义，渝碳信用是"注册用户参与低碳行为的激励措施"，碳动力是"注册用户参与平台活跃度的激励措施"。用途上，它们都能用于兑换平台上架的商品和权益，只是，渝碳信用和碳动力均不进行货币化评估，碳动力还被明确不具有金融属性。由于碳普惠行为旨在推动公众的绿色消费、出行行为，因此，建议取消或者更改碳动力，将渝碳信用作为重庆市碳普惠机制的"碳币"发行。同时，明确渝碳信用的财产属性，使碳惠通平台上个人碳账户具有实然层面的储蓄功能，增强平台用户参与绿色场景的信赖和信心。

2. 完善适用的碳普惠方法学

首先，由于碳惠通平台同时运营碳履约、碳中和与碳普惠项目，并且各个项目相对独立，因此应当明确区分不同项目方法学名称，而不是笼统称之为碳惠通方法学。

其次，应出台与平台碳普惠项目相对应的碳普惠方法学。碳普惠方法学是碳普惠行为量化的依据和标准，应确保一项目一标准，或者准许参照适用其他省市出台的碳普惠标准，避免出现标准缺位的情形。

3. 构建渝碳信用的流通机制

对比其他省市的碳普惠机制，成都市"碳惠天府"要求低碳场景申请方回购当地核证自愿减排项目，通过项目申请方这一"中介"搭建个人减排量与核证自愿减排的桥梁，解决个体减排量过小的问题。深圳市碳普惠也采用了类似方法。为增强碳普惠机制的可持续性，重庆市可以参考此种市场化行为，给予碳普惠项目申请方更大自主性，鼓励多元多样的权益来源和兑换方式。

（二）规范普惠平台数据抓取行为

为实现实质正义，应侧重构建和完善以制约信息处理者之数据权力、算法权力为中心的保护机制。[①] 在重庆市碳普惠机制中，碳惠通平台和项目申请方是数据收集方。其中，碳惠通平台收集参与用户的个人微信和电话以确定减排行为人身份，项目申请方根据项目本身确定其收集的个人信息范围。但是在碳惠通平台上，不同碳普惠项目对用户公示的隐私政策及平台服务协议内容和形式均有差别。因此，为完善碳普惠机制，应当在充分了解平台用户隐私政策的基础上，从平台外部监管和内部监督两个方面规范数据抓取行为。

首先，针对不同的碳普惠项目，政府主管部门应制定明确的碳数据采集规则和标准。引导平台根据项目的特点，明确收集哪些类型的数据、收集数据的时间范围以及数据处理的基本原则，确保在碳数据收集过程中，充分保障用户的权益。

其次，建立健全平台管理制度，明确平台数据抓取范围。在用户隐私政策的指导下，限制平台以及碳普惠项目申请方收集的用户数据范围，避免过度收集、滥用个人信息。同时，为应对不同项目的需求，碳惠通平台应设立合规审查机制，确保用户数据的合规性。

---

① 王苑：《数据权力视野下个人信息保护的趋向——以个人信息保护与隐私权的分立为中心》，《北京航空航天大学学报》（社会科学版）2022 年第 1 期。

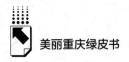
再次，加强行业自律与第三方监管。碳惠通平台在运营中除应当完善内部自我监督外，还可与其他城市碳普惠机制运营主体合作，通过建立行业自律组织和引入第三方监管机构，对碳数据收集平台进行定期检查和监督，以确保其合规、合法地开展数据收集工作。

最后，为保护用户隐私，碳惠通平台应提供便捷的隐私保护功能，如用户可随时查看、修改、删除其个人信息。同时，应定期向用户提供隐私政策的更新通知，确保用户对平台隐私政策有充分的了解。

（三）强化碳普惠机制的运行监管

1.明确政府监管主体及其监管范围

重庆市碳普惠机制由项目申请、普惠行为等共同构成，整个过程中市场化运营的特征明显，因此，应当确立政府引导者的地位。明确市生态环境局对普惠项目进行总体监管，监管范围应当聚焦项目申请、方法学批准两个方面。而普惠行为的数据收集、方法学换算以及权益兑换等，应当让位于民事监管，以意思自治和合同管理为主。

2.拓宽碳惠通平台的公众参与监管渠道

有数据调查显示，当前居民对碳普惠的了解不足，平台信息的安全性和操作难度是阻碍居民参与碳普惠的主要因素。[①] 重庆市碳惠通平台上的低碳场景并没有披露足够多的信息让公众参与监管。重庆市碳惠通平台是碳普惠机制的运营主体，但在平台上披露的碳普惠规则并不全面和完善。碳普惠方法学、碳普惠项目的申请主体等，均未被公开。因此，应当首先拓展碳普惠项目的信息披露，在碳惠通平台首页或公告中披露项目申请方、适用方法学等，确保公众参与碳普惠项目的知情权，便于公众监督权的实施。其次，明确公众参与者和监督者的双重地位，作为碳惠通平台的参与用户、被服务方，有权监督平台碳普惠项目的运行；作为社会公众，对依托互联网发展的

---

① 杨珂玲、罗雨：《碳普惠背景下居民绿色低碳行为的影响因素分析——以武汉市为例》，《湖北经济学院学报》（人文社会科学版）2023年第7期。

碳惠通平台也需要发挥"群众力量",为碳普惠项目的健康运行添砖加瓦。

3. 强化碳普惠项目申报运行的过程监管

重庆市碳普惠机制的运行围绕碳普惠项目展开,而项目的上线需要经过碳惠通方法学申报、项目申请和评估等环节,因此有必要针对不同环节强化过程监管。第一,对于碳惠通方法学申报环节,应建立相关的评价体系,对于申报方法学的碳减排效果进行定期评估,以确保方法学的科学性和有效性。第二,在项目评估环节,应引入第三方评估机构定期对碳普惠项目的效果进行评估。碳普惠机制运行涉及低碳场景建设,因此具有技术性;普惠机制将社会公众低碳行为量化并与具体权益对接,与最普惠的大气"民生"和财产性权益直接相关。加之市生态环境局是碳普惠机制的主管部门,因此在第三方评估机构的引入时,可由市生态环境局主持招标选择和委托评估机构。评估时,还可从市环境技术评估专家库中筛选碳惠通平台运行领域的学术类专家、法律法学专家等与会了解并提出对碳普惠项目的意见。必要时,邀请群众代表列席参加,使上线的碳普惠项目更符合群众需求。

参考文献

潘晓滨、都博洋:《我国碳普惠制度立法及实践现状探究》,《资源节约与环保》2021 年第 4 期。

朱艳丽、刘日宏:《"双碳"目标下我国碳普惠制度的地区协调研究》,《西北大学学报》(哲学社会科学版) 2023 年第 4 期。

刘航:《碳普惠制:理论分析、经验借鉴与框架设计》,《中国特色社会主义研究》2018 年第 5 期。

刘超、吕稣:《我国生态环境监管规范体系化之疏失与完善》,《华侨大学学报》(哲学社会科学版) 2021 年第 2 期。

唐要家:《中国个人隐私数据保护的模式选择与监管体制》,《理论学刊》2021 年第 1 期。

G.20
三峡库区农村面源污染
趋势、问题与治理路径

伏 虎*

摘　要： 农村面源污染存在分散性和隐蔽性、随机性和不确定性、滞后性
和风险性等特点，其渐已成为治理盲区和"死角"，直接影响三
峡库区水体安全，是影响库区乃至长江沿线生态的主因之一。为
此，需高度关注库区农村面源污染区域转移、类型转变、动因转
换、特征转型等"四个新趋势"，积极正视库区环境类公共服务
责任、监管能力、基层参与等"三个不到位"。本报告提出职能
"复位"、独立执法、多元筹资、群众引导等建议，以期对加强
和改善库区乃至我国农村环境治理有所借鉴。

关键词： 三峡库区　农村面源污染　环境治理

党的十八大以来，习近平对长江流域共抓大保护不搞大开发、黄河流域
生态保护和高质量发展等作出一系列重要部署。2016 年 1 月，习近平总书
记在重庆调研时指出，保护好三峡库区和长江母亲河，事关重庆长远发展，
事关国家发展全局，并叮嘱重庆"建设长江上游重要生态屏障"。党的二十
大报告提出，必须牢固树立和践行绿水青山就是金山银山的理念，站在人与
自然和谐共生的高度谋划发展。党的十八大以来，三峡库区坚持守好长江生

---

* 伏虎，重庆市委党校社会和生态文明教研部副教授，中央党校博士研究生，主要研究方向为
生态经济、环境管理等。

态屏障的关口，取得了阶段性的可喜成果。截至 2022 年底，中央财政累计安排三峡后续工作转移支付资金 931. 76 亿元、项目 6661 个，长江沿线生态优先、绿色发展、人水和谐的美丽画卷正在徐徐展开。但与此同时，三峡库区污染防治"只有进行时没有完成时"，由于三峡库区直接关乎长江沿线生态安全，需要在新的起点上着眼趋势研判形成长效治理策略。

当前，农村面源污染已成为三峡库区污染的主要类型，由于农村面源污染分布存在隐蔽性和不确定性，在治理中存在滞后性和风险性，与其他污染类型（如点源污染、工业污染）等相比更难预防，属于环境治理的"死角"，其治理既需要技术手段，更需要"经济—社会—生态"的复合视角。为此，需要在认识三峡库区农村面源污染新趋势、新问题基础上，形成"绿色转型"导向的治理策略。

一　三峡库区农村面源污染防治研究进展

作为"长江上游生态屏障的核心区"，三峡库区的生态环境保护与污染治理一向受到重视。与三峡库区的主要环境压力相伴，其治理策略先后经历了三个阶段，形成了以"绿色转型"为导向的理论认识与治理取向。

一是建库前以"防范成库后水体污染"为目标的预防治理。出于对三峡建库后水体排污能力减弱的担心，以保护三峡水库腹地的水质为目标，形成了"三峡地区环境污染治理重点是城市'三废'污染"的认识。此阶段，倾向于以工业污染、点源污染为重点，采取拉网式筛查、整体性搬迁等行政手段开展了"项目制治理"。

二是蓄水期以"清理库体内部漂浮物"为目标的专项治理。2003 年三峡库区开始蓄水后，长江上游及支流内大量漂浮物进入库区，形成了城镇岸段污染带、江面巨型漂浮带、回水区垃圾带等，引发社会关注。2003 年 12 月，以《国务院批转环保总局关于三峡库区水面漂浮物清理方案的通知》为标志，开启了专项治理。该通知要求"库区地（市）人民政府具体负责行政区域内支流水面漂浮物的打捞、上岸、焚烧、综合利用和安全处置以及

船舶垃圾的上岸转运",落实了属地化责任。此阶段的治理方式强调针对性、专门化和责任划分,带有部分"合作治理"的特点。

三是与成库后三峡出现的新特点新问题相对应,开启了"多元治理""整体性治理"的政策实践。三峡全面蓄水成库后,由于冬季、夏季蓄水高度差的存在(冬季正常蓄水水位为175米,夏季为防洪水位降至145米),沿岸地区出现了大面积消落带,直接影响水库水体环境质量。此阶段治理方式注重全局性综合手段和多元主体参与,形成了工程防护模式、季节性农耕模式、生物工程模式、水产养殖模式等。值得注意的是,该阶段的部分治理实践也可能引发负面的生态环境问题,比如季节性农耕模式、水产养殖模式侧重发挥经济功能,可能导致富营养物进入库区水体进而加重三峡库区农村面源污染问题。

在回顾各阶段三峡库区污染特征及其治理手段的基础上,可发现其存在"污染新特征—治理新手段"的对应规律。既体现以"运动式治理"为主的政策取向,也暗含对三峡库区污染治理的策略启示:要根据各阶段不同的污染特征及其主要成因,根据污染类型的变动趋势及其未来预判,形成前瞻性、精准化的治理思路。当前,农村面源污染已成为三峡库区污染的主要类型,需要在深刻认识库区农村面源污染新趋势、新问题基础上,形成相应的治理策略。

二 三峡库区农村面源污染呈现"四个新趋势"

农村面源污染是指农业生产和农村生活的过程中产生的污染物,其类型主要包括化肥污染、农药污染、集约化养殖场污染、农膜污染、固体废弃物污染等。由于农村面源污染分布存在隐蔽性和不确定性,在治理中存在滞后性和风险性,与其他污染类型(如点源污染、工业污染)等相比更难预防,需要作为三峡库区环境治理的重中之重。

从增量势头来看,近年来三峡库区农村面源污染总量增速得到遏制。但在总量稳定的同时发生新的"结构性变化",体现为:一是污染区域的转移，二是污染类型的转变，三是污染动因的转换，四是污染直接影响的转型等，上述新的趋势性动向亟须加以重视，并作为库区农村面源污染治理策略的形成依据，以确保库区生态环境持续向好的势头更加巩固。

一是三峡库区农村面源污染的空间区域2017年以来发生明显变化，表现为从"库区核心区"向"外围次级区域"转移。借助实地调研和库区20个县域环保数据发现，近三年来重度污染物排放增量较多的区域，由原来的"淹没涉及县等库区核心区"变为"库区外围周边区域"。例如，云阳、丰都、秭归等县的支流次流域中污染物增速明显。上述变化可能与区域间差异化的环境治理强度有关。一方面，日益加大的环境监察力度，导致库区核心区域高度重视，采取生产性污染外迁、生活性污染集中治理等举措，遏制了库区核心区域的污染增势。另一方面，外围区域环境管控力度相对薄弱，形成了"环保政策洼地"，导致"强环境压力"类型的农业生产活动尚未禁绝，农村生活性污染治理尚未落实，以及"环境友好型"农业技术决策行为未能实现。这种"增量区域"从"库区核心区"向"外围次级区域"转移，导致农村面源污染源在三峡库区范围内"外迁外移未脱离"，仍威胁着三峡库区生态安全，需要重新优化环境治理主体的参与方式和参与范围。

二是三峡库区农村面源污染的主要污染物类型2017年前后发生一定变化，表现为增量污染物类型从"生活性污染物"向"生产性污染物"转变。研究发现，近年来库区增量的主要污染物类型，由以往三峡库区农村面源污染中"生活性污染源"为主（涉及农村生活污水、生活垃圾和农田土壤侵蚀等），转为种植业和畜禽养殖业等"生产性污染源"为主（涉及化学肥料施用、农作物秸秆、畜禽养殖等）。相关研究发现，"耕地、林地"对面源污染物总氮负荷贡献率最大，"畜禽养殖、耕地"对总磷负荷贡献率最大。根据已有研究测算，2018年三峡库区范围内，种植业和畜禽养殖业的"等标污染负荷比"分别为42.4%和23.2%，排放量合计占到库区污染物总量的六成以上。上述变动可能反映了生产活动对生态承载的直接压力，将是影响库区环境安全的趋势性变量，需要调整相应的环境治理客体。

三是三峡库区农村面源污染的核心成因近年来发生转变，表现为污染物增量变化中正在从"外源性输入"向"内源性自养"转变。库区蓄水初期，污染物主要来源于外部输入，包括干流、支流的富营养化物质流入等。上述"外源性输入"在后续治理过程中受到高度重视，采取属地化责任、分级断面监测等治理手段和技术工具，外部输入性污染物及污染总量得以有效控制，取得了一定成效。与此相伴，在重视"外源性输入"的同时忽视了"内源污染物"，体现为库区农村的土壤、水体中"自养自生"污染物比重的提高。成库以来，三峡库区次级河流的水位被动"抬升"，形成了流速缓慢的江段和库湾，农村面源污染物中的氮磷等富营养化元素随之沉积，在特定河段江面出现藻类生长爆发等情形，从而导致内源性的间接、次生污染。上述污染难以追责和管控，是三峡库区农村面源污染治理的难点，需要考虑调整环境治理的重点领域及其政策工具。

四是三峡库区农村面源污染的直接影响正在发生变化，呈现为环境压力正在从"水体"向"土壤"转换。以往三峡库区范围内农村面源污染的直接影响对象是水体，包括库容水体、流域水体等，这是各类污染物向水体汇集、水体产生自养型污染等因素导致的。但新时期的重要变化是，土壤污染的增量已经加速，且库区农村范围内不同的土壤类型形成了差异化的污染强度。包括喀斯特等浅丘区域存在由土壤侵蚀带来的重金属污染，山地林地区域存在由水土流失带来的富营养化元素超标排放，等等。环境压力从"水体"向"土壤"转换的新趋势要求环境治理的目标导向做出相应调整，不同土壤类型所形成的差异化污染强度要求环境治理策略进行转型。

三 三峡库区农村生态环境治理存在"三个不到位"

一是库区农村生态环境治理中环境类公共服务缺位。其一，环境治理中尚未扭转农资滥用、农肥流失的势头。根据《2019年长江三峡工程生态与环境监测公报》，库区施用化肥（折纯量）11.95万吨，流失量高达1.06万吨，流失率仍然保持高位。上述环境公共服务缺位导致库区农村水环境质量恶化、土壤土质及肥力下降。其二，环境管控策略中对于三峡库区农村畜禽养殖污染的防治力度偏弱。在夷陵太平溪镇调查时发现，畜禽养殖场地分散、治污设施缺失，养殖废物沿公路堆放或直接排向溪河，导致地表水的有机污染、富营养化污染、大气恶臭污染，成为库区环境压力的主要增量来源。其三，基层乡镇对三峡库区农村生活性污染的治理能力存在短板。以宜昌市某镇许家冲村为例，全镇仅有的1个污水处理场在其村内，但由于建设早、标准低，尚不能满足本村需要，致使部分场镇污水未经任何处理直接排放，影响农村当地及库区的水环境质量；场镇生活垃圾占用农田或沿河堆放，污染了土壤、地表水、地下水和空气环境；农村垃圾中转场缺少防渗漏、渗漏液收集等防护措施，滋生蚊虫、细菌。三峡库区农村生活性污染相对分散、隐蔽，在环境治理的"运动式整治"中缺少显示度，一直未引起足够关注。

二是三峡库区农村环境治理中基层环境服务能力有待加强。其一，污染防治资金难以满足当前三峡库区农村环境治理的需求。当前基层在污染防治资金来源上主要依靠环保业务经费，缺少成本分担机制和环境类公共服务筹资机制，难有充足财力开展事前检测、主动预防、主动环境治理。其二，三峡库区农村环保基础设施建设较为滞后。存在环保基础设施数量少、等级低、效果差等问题，硬件短板制约了基层环境服务供给能力。对宜昌太平溪镇的调研发现，其农村部分地区还采取政府补助的方式，不加区分地将废弃电池、电子产品等挖坑填埋，存在重金属污染水系的隐患。其三，库区广大农村地区还未建立起完善的垃圾处理基础设施，采取"村收集、镇转运、县处理"的模式。但该模式在实践中效果不佳，由于乡镇一级的垃圾转运至县处理厂的运行成本过高，少数村庄为节约处理费用而自行堆放填埋，成为库区农村生态环境恶化的二次污染源。调研中还发现，库区部分移民社区由于建设较早，当时未开展排污管网、污水处理等规划，导致当前面对日益增多的生活垃圾、生活污水"束手无策"。其四，库区县级环保部门无法守住环保底线。在对库区腹心三县的环保部门访谈中，其普遍反映基层环保部门的监管能力受限，环保部门的执法权偏软。基层环保局在乡镇无分支机构，乡镇也未建立专门的环保机构和队伍，使主动监管、有效服务的触角难

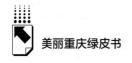

以下沉到基层,环境监测和环境监察工作在农村存在盲区。

三是三峡库区农村生态环境治理中的基层参与不够。其一,村社一级组织并未有效介入库区农村生态环境治理。调研发现,库区部分村社认为"安稳致富"是第一要务,对本级集体经济组织内部的农业企业、种养大户和散户养殖所产生的污染关注不够。其二,农业经营主体缺乏主动环保的责任感。调研发现,库区规模以下畜禽、水产养殖业的经营者数量多、分布散,是造成农村面源污染的主体。这类经营者本小利薄,不愿意也没有能力主动投资修建集中处理畜禽排污物的设施。即使环保部门有权对规模以上的农业经营主体罚款,但该类经营者宁愿受罚,也不愿意花更多的钱投资兴建排污设施。其三,农村群众日常生活中环保意识淡薄。近年来,农村生活性垃圾的成分日趋复杂,如塑料、废弃电子物等不可降解的物质,但库区农村居民的垃圾分类和分拣意识不强,与其他一般性污染物体混杂堆放、填埋或焚烧,农村的生态环境和土壤安全形势不断恶化,在生物富集、水系汇集后可能形成更为严重的后果。上述基层参与不足的治理盲区需要"整体性治理"工具加以介入,从而更好地调动和激发全社会参与库区农村面源污染治理的积极性。

四 三峡库区农村面源污染治理的绿色转型路径

(一)切实提高库区基层政府环境类公共服务的供给能力

库区基层政府环境类公共服务供给短板长期制约着当地的农村面源污染治理,需要在明确各级政府事权的基础上围绕库区农村面源污染的新动向,形成环境公共服务精准化供给的新导向。

其一,以环保责任追究为抓手,重塑三峡库区范围科学的政绩考核制度。在离任环保审计和环保责任追究制度的基础上,构建以生态涵养为导向的绩效评价考核制度体系。其二,以土地规划和涉农服务业引导库区农业经营的适度集中布局。将村集体用地纳入整体规划,将农技中心、兽医站、饲料加工厂、保险理赔点等涉农生产性服务业向特定区域集中，带动库区在"产业生态化、生态产业化"的发展路径中，实现空间范围向既定的功能分区集聚，提高污染治理的精准度和效率。其三，将城市成熟的环卫管理方法延伸到乡镇，构建库区环卫一体化格局。以农村环境卫生综治为突破口，不断提高农村生活垃圾收集率、清运率和处理率。逐步建立和完善农村垃圾收集、分类、中转、运输、处理体系。因地制宜开展农村生活垃圾收集处理，对于远离城镇、村庄分散的地区，可选择"户分类、村收集、连片村处理""户分类、村收集、村处理"等模式。其四，开展三峡库区农村跨区域生态环境联合治理。三峡库区涉及不同省（直辖市）的30个县，需要协同联动才能共同确保长江上游的"一池碧水"。建议开展中心集镇污水处理厂建设试点，为周边乡镇提供生活污水处理的公共服务。按照周边畜禽养殖量确定覆盖半径，定点建设各乡镇共享的畜禽排放物无害化处理站。

（二）突出三峡库区环保部门监管的主体地位

三峡库区农村面源污染治理涉及环保、农业、移民、林业等多个部门，在我国生态环境部职能重组的当下，需要进一步凸显三峡库区环保部门在农村面源污染监管中的主体地位，以强化监管能力为突破，做实库区农村面源污染的执行责任。

其一，以职能整合为抓手，明确三峡库区环保部门对环境保护的监管职责。积极推进、总结重庆市环保机构监测监察执法垂直管理制度改革的经验，将环境执法机构列入政府行政执法部门序列等做法在成熟时，推广至全库区。其二，以环境监测为支撑，强化三峡库区环境事前监管和动态追踪。在三峡库区农村主要饮用水水源地、基本农田、重要水库、次级河流等重点区域实现环境监测点的全覆盖。对库区成规模的畜禽养殖场，开展环境实时监测和数据互联。其三，以联合执法为途径，提高三峡库区农村环境治理效度。建立环保部门与公安、法院等机构的联合执法机制，对环境污染事件快速启动行政和司法程序，若发现重大环境违法线索，环保执法机构一经取证，直接移送司法机关。

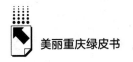

美丽重庆绿皮书

（三）建立库区农村环境治理专项资金的多元投入机制

三峡库区农村面源污染治理中，由于"点多面广""分散隐蔽"等自身特点，资金需求量大。在绿色转型的治理体系中，需要形成整合性的多元投入机制，进而做实库区农村环境的长线治理机制。

其一，央地两级要不断加大三峡库区农村生态治理资金投入力度，"十四五"期间保持一定比例增长。不断加大对渝东北、渝东南、鄂西等三峡库区农村地区生态治理资金专项转移支付力度。将分散在各线的环境建设资金进行集中整合、统一调配，出台环保专项奖励补助办法，并进一步理顺区县农村生态环境治理的分级财政负担机制。其二，探索村集体内部生态环境治理资金的自筹渠道。结合农村集体资产量化确权改革试点及重庆"三变改革"试点，对库区规模以下和分散农户的生产性资源进行有效整合，鼓励种养业向专业合作社等农业经营主体适度集中，以节约而来的建设用地指标收益反哺村集体层面的生态环境治理。其三，引入社会资本参与三峡库区农村生态环境基础设施建设运营。重庆市已签约的 PPP 项目包括垃圾处理和城市供水两类，未来在三峡库区的农村地区可逐步引入区域和流域水环境治理、农村环境整治、园区废水综合治理和乡镇污水处理等项目。其四，逐步引入库区农村排污权交易。通过市场化手段，形成对外可交易、可转让的生态收益。例如，鼓励库区农村规模以上养殖企业（大户）采取各类技术手段，包括循环综合利用、建设无害化处理站、兴建污水处理厂等，将减少的污染物折算为碳、氮、磷当量，允许其在特定产权交易所进行转让，纳入区域环境污染排放总量计划中实行可交易的总量上限管理。

（四）强化三峡库区农村干部及群众参与环保的责任意识

三峡库区农村面源污染治理中，尤其要重视社会性参与的价值。这既是农村面源污染重的角色多元、主体分散等客观因素导致的，也是"社会—生态"系统的相互作用机理所决定的。为此，绿色转型的库区农村面源污染治理体系需要强化社会动员能力，通过激发多元主体的责任意识，形成库

288

区环境保护的"参与式治理"。

其一，在库区群众中因势利导提升农村环保的感知度。在"3·12 植树节""4·22 地球日""6·5 世界环境日"等重大纪念日期间，利用广播、电视等媒体，及时报道农村环境保护的典型事迹，将库区发展稳定与环境保护有机结合。通过生态监察、评先争优、创建优美乡镇等活动，使库区群众进一步认识到农村生态治理的紧迫性。其二，提高库区居民的环保法治意识，以法治思维树立库区环保的"心理红线"。包括《中华人民共和国环境保护法》《中华人民共和国水法》《排污许可管理条例》《中华人民共和国水污染防治法》《重庆市长江三峡水库库区及流域水污染防治条例》等，将乡风文明与法律普及相结合，将美丽乡村、人居环境整治与库区农村面源污染治理相结合，树立库区环保的"法制红线"。此外，切实完善农村居民环境权相关法律体系，为协同治理提供法律保障。其三，充分发挥农村基层组织在环境保护中的带头模范作用，以村集体为纽带实现库区基层环保多元主体的有效整合。

G.21

三峡库区山水林田湖草沙系统治理与协同修复机制[*]

何金科 黄 磊[**]

摘 要： 三峡库区受三峡工程及地理气候影响，其生态结构严重失衡，生态要素退化日趋严重，域内地质灾害频发、水土流失面积巨大。本文以山水林田湖草沙生命共同体理念为指导思想，通过库区多要素系统治理，构建生态发展新格局，具体包括：①研究库区多要素、多过程耦合机理，揭示生产—生活—生态功能协同机制，建立生态系统退化评价模型，识别退化程度，形成自然要素生态分布格局；②提出多要素生态系统综合治理技术，围绕库区突出生态环境问题，研发多要素、多过程、全系统治理技术；③识别影响生态系统功能的关键自然—社会过程，契合三峡库区生态环境治理需求的同时，将生态修复的成果转变成民生优势、经济优势，提升绿色民生福祉。

关键词： 三峡库区 生命共同体 生态修复 自然—社会耦合

"统筹水资源、水环境、水生态治理，推动重要江河湖库生态保护治理"，是党的二十大对于持续深入打好蓝天、碧水、净土保卫战的进一步重

---

* 基金项目：重庆市教育委员会科学技术研究项目（KJQN202100210）；重庆市自然科学基金面上项目（cstc2020jcyj-msxmX0365）。

** 何金科，西南大学，研究方向为水污染治理；黄磊，西南大学教授，硕士生导师，研究方向为污染治理与生态修复。

要指示。三峡库区作为长江上游生态屏障核心区,其发展状况关乎长江大保护全局。国家高度重视库区生态状况,开展了长期的针对性生态修复工作。当前,库区生态环境虽有所好转,但仍呈现脆弱化特征。习近平总书记在2013年《关于〈中共中央关于全面深化改革若干重大问题的决定〉的说明》中首次阐述了"山水林田湖生命共同体"的概念和意义,提出了开展自然资源综合治理的路径,指明了中国绿色可持续发展的方向;在2022年《高举中国特色社会主义伟大旗帜 为全面建设社会主义现代化国家而团结奋斗》中再次着重指出,推进美丽中国建设,要坚持山水林田湖草沙一体化保护和系统治理,提升生态系统质量和稳定性。

基于三峡库区形成方式、发展模式以及特殊的地理气候等多重因素的影响,进一步改善三峡库区生态环境迫在眉睫。但是,面对三峡库区复杂多因素脆弱区的大面积生态修复工作,传统治理技术和举措显得力不从心。如何打破现有治理模式,贯彻落实党的二十大精神,推进长江经济带成为我国生态优先绿色发展主战场,实现三峡库区山水林田湖草沙系统治理与协同修复,正确引导人与自然、局部与整体、发展与保护的关系,获得最佳、可持续的生态修复成效,推进生态资源产业化,将生态修复的成果转变为民生优势、经济优势,推动自然—社会协同高质量发展,成为当前和未来一个时期我国生态环境保护和发展的重要战略任务。

一 三峡库区自然和社会生态概况

(一)自然生态概况

三峡库区地理坐标介于106°56′~118°8′E,29°31′~31°50′N,西迄重庆,东止宜昌,北抵大巴山,南接武陵山,全长660公里,总面积6.3万平方公里。在《三峡后续工作规划》中界定长江三峡库区包括重庆库区和湖北库区,前者含重庆市所辖的巫山县、大渡口区、巴南区等22个区县,后者含湖北省所辖的夷陵区、秭归县、兴山县、巴东县4个区县,共26个区

县。三峡库区属中亚热带湿润季风气候,年均气温 15~19℃,年均降雨量 948.2~1565.2 毫米,相对湿度 60%~80%,无霜期 290~340 天。受三峡工程影响,一方面,大量居民地、田地、植被等被淹没,导致库区生态结构严重失衡;另一方面,为解决库区移民带来的社会经济问题,选择牺牲生态效益的经济发展模式,不断消耗和过度开发绿色资源,生态要素退化日趋严重;另外,受地理气候影响,库区内地质灾害频发、水土流失面积巨大,使得本就脆弱的后生库区生态遭到进一步破坏。

(二)社会生态概况

"三峡库区"是中国相对特殊的一个地域环境单元,集"大农村、大山区、大库区"于一体,城乡发展地域差异明显,整体城乡融合水平偏低。随着新型城乡一体化发展和乡村振兴战略的实施,库区城镇化水平有所提升,但仍是城乡融合发展"洼地"。人均耕地不足、土壤环境较差等现实条件导致农业发展相对滞后,长期采取单一化、短链式、同质化的传统"粮猪型"农业发展模式,过度依赖化肥、农药、农膜等的使用,加深了对生态环境的破坏。"缺农少渔"的产业结构、农业粗放式规模发展和资源过度消耗、农业生态循环利用率较低等限制了库区社会生态的可持续发展。针对三峡库区突出的城乡、农业问题,协调人地关系显得尤为重要,需要构造人与自然互利互助的山水林田湖草沙生命共同体,在解决生态环境问题、恢复山清水秀的同时,兼顾生活和生产级联福祉。

二 识别多要素生态系统退化程度与分布格局

山水林田湖草沙一体化系统保护与治理是国土空间生态修复中的重要一环,生态本身就是一个有机的系统,生态治理也应该以系统思维考量、以整体观念推进,顺应生态环保的内在规律。准确把握现状问题是有效治理的前提,现有三峡库区生态系统调查监测及评估体系,无法满足山水林田湖草沙复合生态系统的监测、要素解析和动态识别,这对精准统筹山水林田湖草沙系统的治理、恢复与保护形成了极大制约。势必要从生命共同体视角，系统地重构统筹山水林田湖草沙的调查监测体系，解析生态系统耦合过程、退化机理与分布格局，评估生态系统损害及其诱因，以满足有针对性地开展综合治理、系统修复和整体保护保育的需求。

（一）构建监测网络组网技术，实现自然资源立体时空观测

基于"充分整合，有效融合"的理念，融合现有单一要素观测网络，通过划分要素单元、空天遥感和地面定点观测，建立具有较高感知精度和全域实时观测能力的自然资源要素观测网；围绕生态系统质量、生态系统敏感性和稳定性、生态景观格局和生态系统服务功能等，建立综合观测模块指标体系和质量控制体系；研究全要素自然资源数据的整合技术，通过统一归集和处理，实现不同资源不同类别数据的共享、集成和融合；构建自然资源地表基质层、地表覆盖层等分类模型，通过空间位置管理，形成完整支撑生产、生活和生态的自然资源立体时空观测。

（二）探究多要素、多过程耦合机理，揭示生产—生活—生态功能协同机制

基于多目标生态要素空间叠置、生态过程整合分析等，定量研究自然资源要素的空间关联性及相互影响的程度；在空间格局基础上，耦合土壤侵蚀过程、污染物传输过程等地表过程，探究自然资源与生态环境响应机制；利用格局与过程互馈，从生态功能出发，解析生态过程中的近程耦合和远程耦合；解耦社会系统需求与生态系统的时空关系，明晰生态系统服务的跨区域流动过程，从时空流动的角度，揭示国土空间生产、生活、生态功能的关联协同机制。

（三）建立生态系统退化评价模型，明确不同尺度国土空间退化程度

遵循生态系统过程耦合机理，识别生态系统退化的内在因素和外部驱动力，揭示生态系统退化驱动机制；围绕土地退化风险、生态系统脆弱性和敏

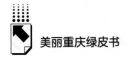

感性评估、生物多样性等，研判生态安全阈值和影响生命共同体系统恢复力的关键结构参数，构建生态安全评估体系；通过"源地识别—阻力面构建—廊道提取—战略点判别"，利用途径诊断方法，探究不同尺度国土空间关键生态要素的关联缺失、功能缺损和损害程度等；梳理、整合生态过程，建立生态系统退化评价模型，明晰生态系统退化程度。

（四）判别退化生态系统数量结构，形成自然资源要素生态分布格局

基于生态系统退化程度，鉴别受损关键生态要素的空间位置及范围，明确区域退化生态系统的数量结构与空间格局；研发生态安全屏障、重点生态功能区、生态修复优先区的定量识别技术，有效判别国土空间生态修复重点地域及其生态功能；综合考虑社会经济系统的发展偏好与自然生态系统的本底约束，识别生产—生活—生态空间中结构失衡、功能紊乱、综合效益低下的冲突区；通过立体组织，形成体现自然资源要素之间及其与社会要素整体联系的生命共同体全域网络布局图。

三 山水林田湖草沙多要素生态系统综合治理技术

落实山水林田湖草沙生命共同体综合治理"一张图"制度，坚持统筹协调、任务衔接，推进山水林田湖草沙系统治理，必须加强顶层设计，从全局出发统筹兼顾、综合施策、整体推进，全方位、全地域、全系统开展生态治理。但从三峡库区整体生态情况来看，库首、库腹和库尾地区均面临着不同的生态环境问题，需要抓不同重点，因地制宜，精准施策，实现一体化保护和修复，提升国土空间治理体系和治理能力的现代化水平。面对长江三峡库区突出的生态修复重大科学问题，根据当前生态修复技术不足和功能需求，本文围绕山、水、林、田、湖、草、沙等各方面提出了8类生命共同体综合生态修复关键技术，以期实现全领域、全要素、全过程的山水林田湖草沙生命共同体综合治理（见图1）。

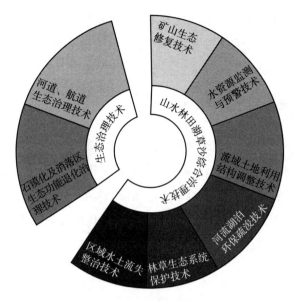

图 1　多要素生态系统综合治理技术

（一）矿山生态修复技术

矿山生态修复是开展三峡库区内生态修复治理的重要手段。针对矿山开采的全过程，需要明确不同破坏程度的矿山全生命周期和恢复阶段的关键控制因素，探索"矿区自然—社会复合生态系统"的时空演变规律和控制技术，发展矿区及相关流域"土壤—植被—水体耦合"的风险评估和预警防控技术，需要特别关注矿区土质重构、植被重建、地表—地下水系统修复、高陡硬质边坡修复、生物多样性保护与重构等关键技术体系的研发。

（二）水资源监测与预警技术

调节水资源供需平衡和动态平衡是实现生态系统可持续管理的基本保障，发展水资源监测和预警技术也是三峡库区内生态修复和管理的重点领域。在完善国家含水层探测和三维可视化技术的基础上，明确不同地区大气降水、地表水、地下水和固态水等各类水资源的相互转化规律和动态平衡原理，建

立水资源数量和结构优化配置的技术体系，发展以水资源质量改善为导向的可持续生态系统评估和管理修复技术。建立水资源平衡全过程的"监测—模拟—预警"系统，率定三峡库区生态修复与管理规划中水资源控制指标阈值。

（三）流域土地利用结构调整技术

改善集水区水体养分流失现状，提升流域水质，研究坡耕地、林地和园地坡面流失一体化控制技术，探究林茶、林果间作模式，高效拦截坡面径流，降低氮磷污染物负荷。在综合考虑生态与经济收益的前提下，优化布设林地，控制园地及耕地比例，开发生活污水以及禽畜粪便的强化处理技术，探究精准施肥和"双减"农田管控技术，减少氮磷养分的过度输入，从源头上减少面源污染物。

（四）河流湖泊环保疏浚技术

针对自然水体内源污染治理问题，亟须开发能够将淤泥清理与水体治理相结合的协调化生态修复方案。摒弃传统工程疏淤技术，研发利用当地客土重建近岸水域内植物适生基底及内源污染控制技术，以"底质信息高精度分析—污染物迁移转化模拟—污泥原位治理—污泥疏浚去除—基质生态修复"为主体思路，基于网格层次法开发环保疏浚定位技术，研究受污染淤泥疏挖、输送以及处理的综合技术体系，推进研究淤泥资源化利用技术。

（五）林草生态系统保护技术

为促进林草植被建设的健康发展、合理规划和布局，需综合规划生态修复重点区域，适时优化封山育林育草和退耕还林还草等技术，研究森林生态林草植被快速恢复技术，以生态廊道和局部重点区域为依托，打通河流、湖泊、草地等自然要素的水文联系，研发林草水等多要素一体化修复技术，形成点（生态修复重点区等）+线（生态廊道）+面（连片山脊）交汇连通的生态用地安全网络。

（六）区域水土流失整治技术

在完善水土流失环境问题监测—预警模式的同时，需采用封禁治理、保土耕作、国土绿化提升、塌方生态修复等措施，巩固山体水源涵养功能，提升区域水土保持能力。研发"大横坡+小顺坡"耕作技术，引入半透水型截排水沟新技术，优化设置截水沟、排水沟，配套沉沙池、过滤带、蓄水池等，基于水沙过程一体化整治，实现"既能截、排地表径流，又能排、导壤中流"的效果。

（七）石漠化及消落区生态功能退化治理技术

三峡库区长期以来自然植被不断遭到破坏，水土流失后岩石逐渐凸现裸露，出现石漠化现象，同时库区两岸形成很大范围的消落区改变了库区原有的生态系统，影响库区的生态安全。未来亟须开展石漠化区和消落区多尺度功能监测与时空演变评估，研究分级分类协同治理技术，基于土壤结构、土地利用、水文过程、库区调度等情景研发典型区域生态问题治理预警技术，构建和强化面向生态问题治理的管制体系。

（八）河道、航道生态治理技术

研发适用于长江干流，既满足防洪、航运、涉水工程安全运行需求，又与生态环境协调的河道生态治理新技术，基于关注三峡库区新水沙生态条件，兼顾航运、发电、供水、生态等多目标需求，深入开展长江生态航道的基础理论和总体框架研究，建设航道生态监测分析系统和生态监测机制，采用工程和非工程措施，保护和恢复航道生境，促进航道管理与生态环境保护的协调和融合。

四 协调三峡库区自然生态和社会生态功能

推进可持续绿色发展、提升区域民生福祉，是"绿水青山就是金山银

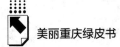
山"生态理念指导下要达成的重要目标。三峡库区开展生态修复治理工程并非只面向自然生态系统要素，需要形成"以人为中心，山水林田湖草沙环抱治理"的理念，在自然多要素、多过程耦合的基础上进行生态修复治理，贴近和满足民生福祉，体现由多点辐射到人，又从人指向多点的过程，如乡村生态振兴中农田生产生态功能提升，新型城镇化目标下城市生态质量改善，能源革命趋势下绿色矿山建设等（见图2）。

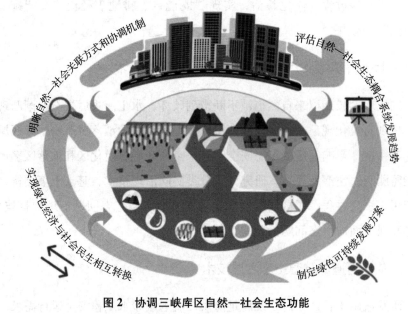

图2　协调三峡库区自然—社会生态功能

（一）解耦自然—社会生态系统关系，明晰自然—社会关联方式和协调机制

传统生态治理往往忽略了自然要素之间的关联性及生态退化驱动机制，就会出现"久治无果""治理反复"的问题。因此，需要通过反向解耦，根据生态退化类型逆向逐条梳理在人地系统中起主导作用的一个或多个自然和社会指标，对多要素修复和保护技术进行微调，推动治理举措成效的可持续。另外，明晰自然与社会要素之间的脉络，突出环境过程变量，明确自然

生态和社会生态系统的协调机制，有利于科学制定山水林田湖草沙复合生态系统修复措施。

（二）搭建生命共同体生态修复治理模型，评估自然—社会生态耦合系统发展趋势

在山水林田湖草沙系统治理与协同修复的模式下，构建不同尺度（小流域—支流流域—干流流域）库区生态修复治理模型，模拟复杂人地系统，识别并匹配地理环境和人类活动数据，建立社会—生态系统要素、过程和生态系统服务的级联关系，揭示生态系统服务的稳定机制，完成生态系统演变趋势定量评估，建立多目标约束下面向系统治理的流域管理协调机制，为提升三峡库区生态系统治理和修复水平提供技术支撑。

（三）建设自然—社会双亲耦合系统，制定绿色可持续发展方案

推行山水林田湖草沙多要素综合生态修复工程，需根据自然—社会功能联系及双向需求建设亲自然、亲社会的双亲耦合系统，打通绿色生态信息高速通道，加强双向连贯与耦合，通过试点工程先行战略精确掌握生境数据，明确双向需求，科学合理地制定绿色双向动态响应的可持续发展方案，实现三峡库区"农林牧渔"社会模式与生命共同体生态综合治理模式长效相融，落实绿色民生福祉。

（四）加快自然—社会生态耦合系统内部良性循环，实现绿色经济与社会民生相互转换

"共抓大保护，不搞大开发"是新时代国家对长江流域生态建设的新要求，要实现绿色经济转型，就必须依靠生态来实现民生，而民生一旦享受生态红利，便会促进生态发展，形成自然—社会生态耦合系统的良性循环。通过开发特色自然资源，开创绿色经济格局，开辟生态保护景区，形成生态保育与发展群落，逐步实现"绿色民生—经济民生—科创民生……"列车式牵头模式，实现绿色经济与社会民生相互转换。

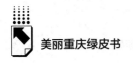

参考文献

苏冲、董建权、马志刚等：《基于生态安全格局的山水林田湖草生态保护修复优先区识别——以四川省华蓥山区为例》，《生态学报》2019年第23期。

彭建、吕丹娜、董建权等：《过程耦合与空间集成：国土空间生态修复的景观生态学认知》，《自然资源学报》2020年第1期。

周旭、彭建、翟紫含：《国土空间生态修复关键技术初探》，《中国土地》2021年第8期。

傅伯杰：《构建统一的自然资源调查监测体系 支撑"山水林田湖草沙"统一管理与系统治理》，《青海国土经略》2020年第6期。

郇庆治：《开辟马克思主义人与自然关系理论新境界》，《人民日报》2022年7月18日。

G.22

双碳目标下重庆规划自然资源管理
面临的挑战与应对策略

张桂瑜 孙芬 宇德良 黄文妍*

摘　要： 2020 年习近平总书记作出"力争 2030 年前二氧化碳排放达到峰值，努力争取 2060 年前实现碳中和"的重大宣示。重庆市"十四五"规划和 2035 年远景目标纲要提出"采取有力措施推动实现2030 年前二氧化碳排放达峰目标"。本研究在分析重庆规划自然资源管理促进减碳增汇现状的基础上，提出重庆面临的四个挑战，包括战略布局与减量发展空间矛盾加大、城乡发展与低碳减排双重压力叠加、高碳排放与产业转型仍有较大差距、生态修复与固碳增汇协同提升不足等。为加快促进双碳目标完成，研究从规划自然资源管理角度提出六点建议，包括强化用途管控、突出规划引领作用，优化用地结构、加强节约集约用地，突出系统治理、提升生态碳汇能力，加强碳汇核算、完善调查监测评价，强化地灾防治、积极应对气候变化，探索增汇技术、不断拓展创新领域。

关键词： 规划自然资源管理　国土空间规划与用途管制　生态系统保护修复

---

* 张桂瑜，重庆市规划和自然资源调查监测院，工程师，研究方向为规划和自然资源领域的理论和政策研究、中长期发展规划编制和规划实施评估、重大改革问题研究跟踪等；孙芬，重庆市规划和自然资源调查监测院，规划和自然资源经济研究所副所长、正高级工程师，研究方向为区域经济、土地资源利用、自然资源规划与研究等；宇德良，重庆市规划和自然资源调查监测院，规划和自然资源经济研究所所长、正高级工程师，研究方向为土地实证政策研究、土地资源利用等；黄文妍，重庆市规划和自然资源调查监测院，高级工程师，研究方向为自然资源调查监测、土地资源评价与管理、自然资源政策研究等。

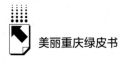

全球变暖和极端气候变化是当今世界面临的重大挑战之一,已被证实与人类活动排放的二氧化碳以及其他温室气体息息相关。联合国政府间气候变化专门委员会(Intergovernmental Panel on Climate Change,IPCC)2023年报告显示,2011~2020年全球地表温度相较于1850~1900年平均高出1.1℃。2023年7月,中国科学院发布《全球人为源碳排放与陆地生态系统碳收支遥感评估科学报告》,显示过去10年,大气二氧化碳浓度以平均每年增长约6‰的速度持续升高。意味着人类经济社会发展带来的化石燃料、采伐森林、围湖造田、建设用地扩张等活动排放的二氧化碳以及其他温室气体未得到有效控制,全球变暖趋势仍在持续。报告还显示,过去40年,全球土地利用变化平均每年产生约32亿吨二氧化碳排放量,是仅次于化石能源燃料碳排放的第二大排放源。土地作为陆地生态系统的自然空间载体和人类生产活动的社会经济载体,其利用变化直接影响区域的自然碳循环过程。因此,从规划自然资源管理角度,助力求解"碳达峰、碳中和"目标实现路径,碳减排是关键,碳增汇是补充,这些都离不开国土空间规划与用途管制、生态系统保护修复、自然资源综合治理、资源节约集约利用等方面。

为加快推进碳达峰、碳中和,世界各国纷纷展开行动,欧盟、美国、日本分别于1979年、2007年、2008年实现碳达峰,并计划于2050年实现碳中和。2020年9月22日,习近平总书记在第75届联合国大会上做出了中国2030年前碳达峰、2060年前碳中和的重要承诺。2021年10月,《关于完整准确全面贯彻新发展理念做好碳达峰碳中和工作的意见》(中发〔2021〕36号)、《2030年前碳达峰行动方案》(国发〔2021〕23号)等"1+N"政策相继出台,标志着我国实现碳达峰、碳中和目标的顶层设计基本形成。在当前中央将碳达峰、碳中和纳入生态文明建设整体布局背景下,重庆结合实际,2022年7月,出台《关于完整准确全面贯彻新发展理念做好碳达峰碳中和工作的实施意见》,细化明确了加快推进经济社会发展全面绿色转型、全面提升城乡建设绿色低碳发展水平、持续巩固提升生态系统碳汇能力等十大举措,涉及规划自然资源领域共计8项任务。按照市委、市政府工作部署，2023 年 7 月，规划自然资源部门、林业部门联合印发《重庆市生态系统碳汇能力巩固提升行动方案（2022—2030 年）》，提出强化国土空间规划和用途管制、加强地质灾害防治，推进实施重要生态系统保护和修复重大工程，构建生态系统碳汇调查、监测、评价、巩固、提升技术体系和法规政策支撑体系，有效提升生态系统碳汇增量。鉴于此，面对新形势、新要求，聚焦重庆规划自然资源管理在助推实现双碳目标过程中取得的实际成效和面临的关键问题，笔者进行了梳理与思考，为双碳目标下规划自然资源管理的系统性应对提供理论支撑和实践探索。

一 规划自然资源管理促进减碳增汇现状

近些年，聚焦生态文明建设，站在人与自然和谐共生的高度谋划发展，规划自然资源管理在加强优化国土空间布局、节约集约利用资源、生态系统保护修复等方面推动经济社会发展方式转型做了大量卓有成效的工作，对重庆市减碳增汇做出了一些实质性的探索和贡献，具体表现在以下几方面。

（一）国土空间规划方面

2022 年，重庆市委、市政府出台《关于完整准确全面贯彻新发展理念做好碳达峰碳中和工作的实施意见》，明确提出强化绿色低碳发展规划引领，加强规划支撑保障和衔接协调，将碳达峰、碳中和目标要求全面融入全市经济社会发展中长期规划中；坚持"一区两群"协调发展，率先推动中心城区经济社会发展全面绿色低碳转型，加快主城新区产业提质升级示范引领，做优做强渝东北三峡库区城镇群、渝东南武陵山区城镇群生态产业，利用生态资源优势，提升生态系统碳汇能力。

2015 年以来，全市城镇常住人口保持年均增长 55 万以上，城镇建设用地增速由 6.5% 逐步下降至 2018 年的 3.27%，规划引领促进大中小城市和小城镇协调发展，紧凑型网络化城镇群结构初显。2010~2020 年，中心城区常

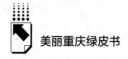

住人口、地区生产总值分别增长38.7%、173%，人均GDP、地均GDP分别增长103%、74%，人才、产业等要素向中心城区进一步流动集聚。主城新区依托新型城镇化主战场功能和重大项目落地见效，实现传统产业改造提升，第二产业产值增长242.9%。"两群"常住人口城镇化率由35.2%增至52%，第三产业产值占比由33.1%增至49.3%，渝东北、渝东南实现人口城镇化发展与产业向绿色生态转型的协同提升。

（二）资源利用效率方面

2022年，重庆市政府印发《以实现碳达峰碳中和目标为引领深入推进制造业高质量绿色发展行动计划（2022—2025年）》，提出要正确处理好发展和减排、整体和局部、短期和中长期的关系，到2025年，产业结构、生产方式绿色转型取得显著成效，力争规模以上工业单位增加值能耗、用水量较2020年分别下降14.5%和15%，绿色新兴产业总产值突破8000亿元。针对土地集约节约利用，明确提出完善集约节约用地评价体系，分行业、分区域制定产业园区单位投资、产出、能耗和容积率等指标体系，开展产业园区土地监测、统计和评价。提升园区土地复合利用水平，允许存量工业用地与仓储、研发、商办等功能混合利用。积极推动新增工业用地"标准地"出让。到2025年，全市产业园区投产工业用地产出强度提升至85亿元/公里^2。

2019年，全市万元GDP水耗、能耗和地耗分别为32.4立方米、0.33吨标煤和23.51平方米，较2015年分别降低33.2%、26.1%和48.1%，全面提高节能、节水、节地、节材和资源的综合利用效率。2021年、2022年全市出让工业用地分别是"十三五"期间平均水平的96%、87%；因时因势调整住宅用地供需结构，2022年全市住宅用地出让同比下降48%，土地资源配置进一步优化。盘活存量土地，清理补办轨道等基础设施土地审批和权证办理手续，2021年盘活存量项目土地资产价值占当年土地收入的20%。开展坡坎崖绿化美化示范点建设，"十三五"期间，利用边角地建设社区体育文化公园92个，成为自然资源部低效用地再开发的全国范例。

（三）生态保护修复方面

2023 年 7 月，重庆市规划和自然资源局、市林业局联合印发《重庆市生态系统碳汇能力巩固提升行动方案（2022—2030 年）》，将大力实施生态保护修复重大工程，开展长江重庆段"两岸青山·千里林带"工程建设，提升农田生态系统和城镇生态系统碳汇能力。该方案要求，到 2025 年，基本摸清全市生态系统碳储量本底和增汇潜力，初步建立生态系统碳汇监测评估与计量核算体系；到 2030 年，不断完善生态系统碳汇调查监测与计量核算体系，生态系统碳汇能力稳步提升。

"十三五"期间，全市完成缙云山、水磨溪等自然保护区保护修复和长江干流及其主要支流 10 公里范围废弃露天矿山生态修复任务。国家山水林田湖草沙生态保护修复工程试点基本完成，生态地票、森林覆盖率指标交易入选国家首批生态产品价值实现典型案例，获评 2019 年市民最喜爱的十项改革第 4 名。完成长江经济带国土空间用途管制和纠错机制试点，自然保护区以及长江、嘉陵江、乌江干流岸线一公里和第一山脊可视范围矿业权全部退出。有效实施碳汇造林，全市森林覆盖率达到 52.5%。围绕综合性解决农村耕地碎片化、空间布局无序化、土地资源利用低效化、生态质量退化等问题，在 12 个乡镇开展全域土地综合整治国家试点，提升土壤有机碳储量、增加农田碳汇。

（四）能源结构调整方面

2023 年 8 月，重庆市生态环境局、市发展和改革委员会、市经济和信息化委员会、市住房和城乡建设委员会、市交通局、市农业农村委员会、市能源局联合印发《重庆市减污降碳协同增效实施方案》，对能源转型、城乡建设、生态建设等方面提出了具体要求和措施。其中，针对能源绿色低碳转型，提出持续推动涪陵区、南川区、綦江区、梁平区页岩气全产业链集群式发展，推动全市煤炭消费比重下降，到 2025 年，非化石能源消费比重达到 25%。

2015~2019 年全市煤炭消费占能源消费总量比重由 57.7% 降至 52.8%，天然气消费比重由 14.6% 增至 17.9%，化石能源消费比重有效下降。强化

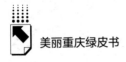

能源供给侧改革，协同化解煤炭过剩产能，全市国有煤矿整体退出。充分发挥重庆市天然气、页岩气能源资源优势，"十三五"期间，全面完成找矿突破战略行动目标任务。中石化涪陵示范基地获批全国首个页岩气采矿许可证，积极打造川渝百亿方页岩气生产基地。近年来，涪陵页岩气田年均万元产值综合能耗 0.393 吨标煤，加大清洁能源生产力度。目前，重庆城镇气化率超过 80%，比全国平均水平高约 40 个百分点，中心城区气化率高达 90%。

（五）碳汇市场建设方面

2023 年 10 月，重庆市市场监管局、市发展和改革委员会、市经济和信息化委员会、市规划和自然资源局、市生态环境局、市住房和城乡建设委员会、市林业局等九部门联合印发《重庆市建立健全碳达峰碳中和标准计量体系实施方案》，明确健全碳达峰碳中和市场化机制标准体系，为绿色金融、碳排放交易、生态产品价值实现等提供了关键保障。针对生态产品价值实现标准制定方面，方案要求完善生态产品调查监测和价值评价，加快推进生态产品价值核算、生态产品认证评价、生态产品减碳成效评估标准制定。

重庆是西部地区唯一纳入全国 8 个地方试点碳市场的省区市，于 2014 年 6 月正式启动碳交易，引导建设项目履行碳减排义务，推动减污降碳协同共治。2019 年，全市单位地区生产总值二氧化碳排放量为 0.73 吨/万元，较 2015 年累计下降 18.3%。"十三五"期间，重庆碳市场累计成交碳排放指标 4139 万吨、8.76 亿元。重庆在全国率先形成集碳履约、碳中和、碳普惠于一体的"碳惠通"生态产品价值实现平台，拓宽"两山"价值转化路径推动共同富裕。目前，"碳惠通"平台累计交易绿色交通、清洁能源等领域碳减排量 344 万吨、8618 万元。

二　双碳目标下重庆规划自然资源管理面临的挑战

（一）战略布局与减量发展空间矛盾加大

重庆市正处于共建"一带一路"、长江经济带发展、新时代西部大开发、成渝地区双城经济圈建设等国家多重战略叠加重要机遇期，势必将实施一批重大项目，建设用地需求激增。在国家新增建设用地规模总量管控背景下，用地政策不断收紧。根据中央和国务院部署要求，自然资源部反复强调，建设用地规模要以"十三五"为基础，按照"十四五"比"十三五"减少10%，"十五五""十六五"同比减少15%和20%进行测算，那么2035年规划新增建设用地规模将较大幅度压减。如何在框定总量倒逼规模精简的背景下，充分保障战略定位和产业发展空间，对重庆市资源节约集约利用和城镇用地规模管控提出了更高要求。

（二）城乡发展与低碳减排双重压力叠加

2022年，重庆市常住人口3213.34万人、城镇人口2280.32万人，城镇化率70.96%、居中西部前列，但"一区两群"之间差异明显：主城都市区城镇化率达到79.8%，其中，中心城区93.3%、主城新区66.65%；渝东北和渝东南城镇化率分别为54.51%和51.68%。城乡发展不充分、不平衡仍是重庆市城镇化发展的特殊市情。按照2030年前实现碳达峰目标，人均能耗宜控制在3.0吨标煤以内计算，那么未来十年重庆市人均能耗年均增长宜控制在1.8%以内，仅为过去十年的一半。研究证明，影响人均能耗和单位GDP能耗水平的关键因素，主要是人均GDP、第二产业比重和农村人口比例等。如何适应城乡发展不充分、人均能耗水平发展空间受限，满足人民日益增长的美好生活需要，对加强基础设施补短板、基本公共服务提能级，促进低碳生产、低碳生活提出了更高要求。

（三）高碳排放与产业转型仍有较大差距

2019年重庆市单位GDP能耗为0.41吨标煤/万元，第二产业占比为45.3%，相较于东部地区，如上海市单位GDP能耗为0.34吨标煤/万元，第二产业占比仅为27%，重庆市仍处于产业结构深化调整的关键时期，工业企业带来的高碳排放将使重庆市实现碳达峰、碳中和目标比东部沿海发达城市面临的压力更大、时间更加紧迫。根据2022年7月，重庆市

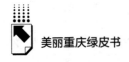

政府印发的《以实现碳达峰碳中和目标为引领深入推进制造业高质量绿色发展行动计划（2022—2025 年）》，明确到 2025 年，全市产业园区投产工业用地产出强度提升至 85 亿元/公里^2。新形势下，产业结构转型升级面临资源利用效率低、生产要素成本上升、传统化石能源依赖等挑战，培育新动能顺应工业体系调整中存在一系列客观压力，经济结构调整和产业升级任务艰巨，短期内实现碳排放与经济增长脱钩压力巨大，同时对促进工业企业土地集约节约利用、提高经济产出效率等提出了更高要求。

（四）生态修复与固碳增汇协同提升不足

重庆集大城市、大农村、大山区、大库区于一体，山水环绕、江峡相拥，受地形因素影响，生态、农业、城镇空间破碎交织，开发与保护的协调难度大。全市实际得地率仅相当于平原城市的 80%，重庆市人均城镇用地面积低于全国平均水平。另外，全市耕地保护形势日益严峻，"三调"数据显示，重庆市现状耕地面积已突破现行耕地保护目标。加之，重庆市生态系统总体脆弱，是全国 8 个石漠化严重发生地区之一，水土流失面积占全市总面积的 34.8%，在极端气候影响下将加速土地退化和诱发地质灾害。当前，保发展、保耕地、保生态"三保"压力持续加大，多重用地矛盾叠加，对优化生态系统碳汇资源空间布局，巩固耕地、湿地、草地等自然生态系统固碳空间，发挥生态保护系统修复、国土综合整治等工程的增汇作用提出了更高要求。

三　规划自然资源管理应对的建议措施

实现碳达峰、碳中和的目标，必须统筹好发展与保护、增量与存量、城市与农村、人口与土地的关系，围绕"减排降耗、固碳增汇"要求，多措并举、综合施策，促进国土空间绿色经济发展，切实巩固和提升生态系统碳汇能力。

（一）强化用途管控，突出规划引领作用

贯彻碳达峰、碳中和目标的决策部署，结合各级国土空间规划，将低碳发展理念融入规划的编制、实施和动态管理中，统筹开发建设、生态保护、粮食安全等长远发展需要。落实耕地保护，提升耕地质量，保障粮食安全并提升农田碳汇能力。以生态保护红线和自然保护地为重点，严格保护各类自然资源，严控对生态空间的破坏。坚持"优地优用、大疏大密"合理确定城镇开发边界，积极开展绿色低碳城市建设，通过"公共开放、尺度适宜、窄路密网"优化城市形态、密度、功能布局和建设方式，打造紧凑型、集约型的空间格局。开展海绵城市、立体绿化规划建设，有序推进城市更新和城市绿化，通过屋顶绿化、下凹式绿地、人工湿地等措施增强碳汇能力。加强公共基础服务设施、老旧小区改造、城市绿色生态廊道等专项规划对低碳城市建设的引导。

（二）优化用地结构，加强节约集约用地

全面推进资源节约集约利用，严格控制国土开发强度，逐步减少新增建设用地计划，推进城乡存量用地盘活利用。优化用地供给，合理控制工矿用地规模和比例，引导产业转型升级，探索设置碳门槛限制高碳土地利用类型供应。进一步完善用地标准和评价体系，以绿色低碳为目标进一步优化当前区县、开发区和工业企业节约集约用地评价，强化评价成果应用，将其纳入区域经济考核内容。开展城市地下空间资源调查与评估，依山就势做好城市地下空间开发利用专项规划。按照"规划统筹、综合利用、安全环保、公益优先、地下与地上相协调"的原则，优先安排市政、应急防灾等公共基础设施功能。大力发展节地新技术，拓展土地混合利用和功能复合，推广 TOD 模式，加强产业集群发展，科学设置容积率，促进城市空间更加疏密有致、绿色低碳。

（三）突出系统治理，提升生态碳汇能力

系统推进国土空间生态保护修复，深入挖潜土壤、植被等碳库的碳

汇作用与固碳能力，进一步实施山水林田湖草一体化治理，探索开展低碳型全域土地综合整治，推进生态退化区域治理修复，提升生态系统质量和稳定性，增强自然生态系统碳汇功能。实施山水林田湖草沙一体化保护和修复重大工程，统筹推进山水林田湖草沙系统治理、综合治理、源头治理。加大森林、草原、湿地资源保护力度，继续大规模开展国土绿化行动，持续实施"两江四岸"治理、"四山"保护，持续提高全市森林覆盖率，充分发挥森林碳汇在应对气候变化中的作用。强化耕地数量、质量、生态"三位一体"保护提升，实施千万亩高标准农田改造提升行动。巩固和提升城市的生态碳汇能力，在人均公园绿地面积、建成区绿地率、绿化覆盖率等维度对标国际水平，综合考量生态建设和维护中的碳排放。

（四）加强碳汇核算，完善调查监测评价

在第三次国土调查的基础上，结合自然资源调查监测体系的建立，通过"空天地网"一体化调查监测技术手段，持续推进林业碳汇计量监测，以及草地、湿地、农田等各类土地利用碳汇核算，积极探索生物多样性、生态多样性调查监测，为估算碳汇储量提供基础支撑。深入研究不同区域、不同类型生态系统碳汇量评价指标，以及生态保护修复、全域土地综合整治等重大工程实施与生态系统碳汇增量关系评价指标，并将指标纳入生态保护修复全生命周期评价体系中。

（五）强化地灾防治，积极应对气候变化

加强地质灾害调查评价体系、监测预警体系建设，尤其是气候变化导致降水异常或可能诱发的滑坡、崩塌和泥石流等地质灾害研判防治。强化防灾规划综合统筹，对威胁较大的地质灾害隐患点，实施避险移民搬迁，不宜搬迁的开展地灾工程治理以及周边生态修复工程。降低灾害对生态固碳能力的损害程度，加强重大自然灾害和极端气候事件对生态系统碳汇能力影响的监测评估、预报预警。充分集成云计算、大数据等新技术，建立地质灾害监测

预警人工智能分析模型，全面提升地质灾害多跨协同风险识别、监测预警、源头管控和综合治理能力。

（六）探索增汇技术，不断拓展创新领域

深化各类生态系统科学认知，研究不同区域国土空间碳源、碳汇的科学机理及评估方法，积极开展二氧化碳捕集、利用和封存试验示范，研发关键技术，推动成果转化。在高排放集中区开展封存潜力评价、场地调查以及相关科研工作。进一步探索岩溶地区土壤改良、外源水灌溉、水生植物培育等人为干预增汇技术，拓展碳汇应用领域。

参考文献

高雅丽：《全球碳排放与碳收支遥感评估科学报告发布》，《中国科学报》2023 年 7 月 31 日。

武爱彬、赵艳霞、郭小平等：《碳中和目标下河北省土地利用碳排放格局演变与多情景模拟》，《农业工程学报》2023 年第 14 期。

G.23
重庆治理长江流域非法捕捞的困境及对策

刘国辉　袁　赓*

摘　要： 党的十八大以来，中央高度重视生态文明建设，提出"绿水青山就是金山银山"的重要论断，并将生态安全纳入总体国家安全观，将生态保护工作提到了前所未有的高度。但近年来长江流域生态违法犯罪案件频发，而非法捕捞案件多发频发，严重破坏长江流域生态安全，物种保护工作形势严峻。在治理体系和治理能力现代化推进过程中，立足"一域"视角切入社会治理研究面临新的课题。按照党中央和国务院要求，自 2021 年开始全面实施长江干流和重点支流及其他重点水域"十年禁渔"，着力恢复长江水域生态环境，推动生物多样性保护。重庆作为长江上游地区重要生态屏障，深入推进长江流域重点水域非法捕捞综合治理，对建成山清水美之地，服务长江经济带高质量发展具有重要意义。笔者通过深入渝中、九龙坡、巴南、万州、奉节、巫溪等地实地调研，并联系对接重庆市公安局环保总队、重庆市农业农村委、重庆海事局等部门开展座谈交流，获得了大量一手案例数据和动态信息，运用实证调查、文献研究、综合分析等方法，以重庆市打击长江流域非法捕捞工作现状为基础，立足推动市域社会治理现代化角度对治理长江流域非法捕捞工作提出建议。

关键词： 长江流域　非法捕捞　市域社会治理　生态安全

---

* 刘国辉，重庆市公安局警令部，重庆警察学院重庆国家安全与社会治理研究院秘书长、研究员；袁赓，重庆论之语律师事务所副主任、高级合伙人。

长江生态安全指长江流域具备支持沿岸生存，经济和社会发展功能不受威胁的一种生态恢复能力。《中华人民共和国国家安全法》规定"国家必须要进一步完善生态环境保护制度体系，加快和强化生态安全建设"。长江作为世界第三大河流、中国水量最丰富的河流，共分布有水生生物4300多种，其中鱼类400多种，特有物种170多种，具有重要的科研、生态和经济价值。而重庆作为长江上游重要中心地区，境内主流和支流交汇，河流湖泊纵横交错。特别是2019年4月，习近平总书记视察重庆时强调"重庆是长江上游生态屏障的最后一道关口，对长江中下游地区生态安全承担着不可替代的作用"。

长江流经重庆辖区长达691公里，三峡库区重庆段水容量近400亿立方米，维系着全国35%的淡水资源。其中流域面积大于100平方公里的河流有274条，水域面积约占全市面积的2.65%。对生态安全和生物多样性具有重要意义的水生生物自然保护区4个，即长江上游珍稀特有鱼类国家级自然保护区重庆段、乌江—长溪河鱼类市级自然保护区、酉阳三黛光大鲵县级自然保护区、合川大口鲶县级自然保护区，涉及永川、江津、九龙坡、彭水、酉阳、合川6个区县。纳入常年禁捕的水产种质资源保护区3个，即嘉陵江合川段国家级水产种质资源保护区、长江重庆段四大家鱼国家级水产种质资源保护区、奉节九盘河市级水产种质资源保护区，涉及巴南、南岸、江北、渝北、长寿、涪陵、合川、奉节等8个区县。

一　长江流域非法捕捞概况

（一）全国范围内的相关情况

全国各地特别是长江流域地区深学笃用习近平生态文明思想、习近平法治思想，深入推动打击非法捕捞工作，在公安部、农业农村部联合发布的工作方案中，要求各地按照"一年起好步、管得住，三年强基础、顶得住，十年练内功、稳得住"的目标，压紧压实地方主体责任，完善共建共管执法协同机制，深入开展打击整治专项行动，提升执法监管支撑保障水平，推进禁渔执法规范化建设，强化涉稳风险隐患排查，注意禁渔执法监管安全和防疫安全。为此，2020 年 6 月以来，沿江各地和长江航运公安机关积极会同农业农村等部门，扎实开展打击长江流域非法捕捞专项整治行动，取得阶段性明显成效。截至 2021 年底，沿江各地和长航公安机关已侦破非法捕捞刑事案件 8900 起，抓获犯罪嫌疑人 1.9 万余人，打掉非法捕捞犯罪团伙 697 个（见图 1），公安部挂牌督办的重点案件全部告破。

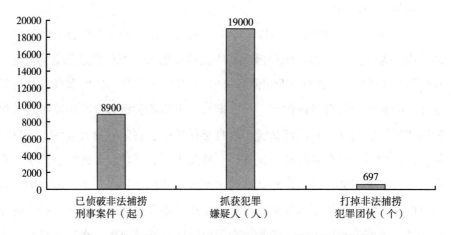

图 1　截至 2021 年底沿江各地和长航公安机关已侦破非法捕捞案件

（二）重庆市打击非法捕捞工作情况

据笔者调研了解，重庆市于 2020 年成立由公安、农业农村、发展改革、交通、水利、市场监管、港航、海事、乡村振兴、生态环境等 10 个市级部门组成的工作专班，组建打击长江流域非法捕捞专项整治行动联合指挥部，开展打击长江流域非法捕捞三年专项行动。2020 年至 2022 年 6 月，先后组织实施了长江流域退捕、打击非法捕捞、打击市场销售非法捕捞渔获物、退捕渔民转产安置保障和渔政执法能力提升五大行动，实现了全市非法捕捞犯罪发案数持续下降，长江、嘉陵江、乌江干流发案量大幅下降，有效扭转非法捕捞高发多发势头。主要成效体现在三方面：一是开展 2022 年打击长江流域非法捕捞专项行动，上半年全市累计侦办非法捕捞水产品案 360 起、破案 284 起、移送起诉 464 人，抓获犯罪嫌疑人 632 人，收缴违法工具 808 套，查获渔获物 1011 公斤，侦破公安部督办案件 3 起（见图 2），2021 年度"长江禁渔 2021"行动考核结果排名全国第二。二是自启动长江禁捕退捕工作以来，全市渔船 5342 艘、渔民 10489 人提前一年完成退捕，"打非禁捕"保持高压态势，江河水面基本实现"四无四清"（无渔船、无渔具、无渔网、无捕捞行为，清船、清网、清江、清河）。相关区县在各个保护区增殖放流各类鱼苗 6300 万尾，修建人工鱼巢 13.6 万平方米，珍稀特有鱼类资源得到补充，有效保护了长江生物多样性。三是农业农村、公安、生态环境、市场监管等 10 个市级部门会同相关区县坚决贯彻落实长江流域禁捕要求，围绕地域水域特点，分阶段、分步骤、多轮次开展集中整治，严厉打击长江流域非法捕捞犯罪，水生生物保护区发案量大幅下降。

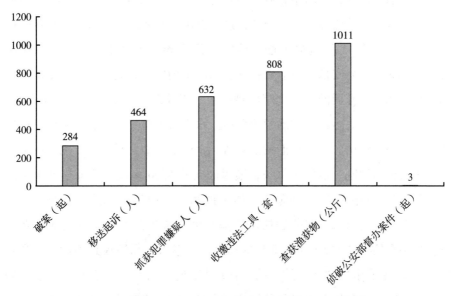

图 2　2022 年上半年打击长江流域非法捕捞专项行动成果

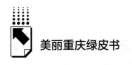

二　重庆打击非法捕捞工作存在的问题不足

近年来，长江流域生态保护、禁渔工作逐渐被学界和实务界关注并成为热点，特别是农业农村部的相关报告显示，"目前长江流域生态管理和物种管理体制机制未理顺，有的省出现监管真空地带，加上禁捕以后水生生物保护区资源相对较好，导致保护区违法捕捞情况多发易发"。而重庆作为长江上游的最后一道生态屏障，根据笔者从重庆市了解的情况，从辖区长江水域整体看，既有水生生物保护区人防物防技防缺失的外在原因，也有非法捕捞工作打击动力不足的内在影响，且"不法分子作案区域主要集中在长江干流和重要支流水域，案发地在保护区的占比超20%"。笔者调研认为，重庆在打击非法捕捞工作中主要存在以下五类短板和不足。

（一）监管工作不足，基层执法力量相当薄弱

一是消费市场长期暗中存在，全链条监管存在漏洞。据笔者座谈了解，经过2年多的持续治理，违法分子为逃避打击，其非法捕捞行为已经从先捕后卖转向"预约式"违法生产，导致"发现难、监管难、取证难、执法难"。在2022年公安部、农业农村部、国家市场监管总局等部门和重庆对应的市级工作专班开展的常态化暗察暗访中，累计发现可疑问题线索165条，涉及禁捕水域违规垂钓、涉渔餐饮场所、水产市场售卖河鲜、渔具市场销售禁渔工具等。暗访的所有涉渔餐饮场所和水产市场中，平均每5家就有1家存在违法售卖问题，占比达20%；通报破获的5000多起非法捕捞刑事案件中，80%以上的作案工具来源于实体店铺和网络销售。从重庆市侦破情况看，仅2021年就有23起非法捕捞"捕运销"链条案的渔获物流向消费市场，特别是侦办的"5·18"非法捕捞案，涉案水产品销售到餐饮、水产场所36家，说明市场"产、捕、销、收、售、吃"等环节仍存空间，全链条监管存在跑冒滴漏情况。二是基层监管力量不足，渔政执法主力作用尚未充分发挥。当前，全市禁捕水域垂钓管理、禁用渔具目录等制度规范已于

2021 年 8 月出台，对禁渔的区域、水域、时段和禁用的渔具、器具、船舶等均予以细化规定，虽有制度层面的规制，但是经过与渔业执法部门和市公安局相关警种座谈了解，全市跨部门、跨区域、跨流域的沟通协作和联勤联动机制尚未广泛建立，毗邻交界水域执法协作机制还不够健全，行政执法主体力量配备不足。全市纳入禁捕范围的河流共 754 条，总长度 1.8 万余公里，但截至 2022 年初，全市现有渔政执法队伍力量仅 326 人，人员数量低于国家指导标准，人均监管河段 56.5 公里、岸线 120 余公里。此外，作为重点水域的水生生物保护区"点多线长"水域广阔，依靠人力巡防捉襟见肘。例如，合川大口鲶县级自然保护区面积 2788.6 公顷，但目前管理人员仅有 6 人。奉节县农业农村部门在保护区设立工作站，仅有 2 人值守，日常监管多以执法人员沿江河巡查为主，巡防手段单一。三是"三无"船舶（无船名船号、无船舶证书、无船籍港）整治不够彻底。2021 年，重庆市查获利用"三无"船舶作案的涉案渔获物 1000 余公斤，占查获渔获物总量的32%。嫌疑人均使用"三无"船舶或自用船、密眼网、电捕设备等禁用工具，深入禁捕水域捕捞渔获物数量大。目前，全市累计排查出"三无"船舶 3621 艘，尚有近 20%未完成清理整治任务，部分区县清理整治进度较慢，乡镇自用船舶整治不彻底。四是无证事实渔民服务管理存在短板。未登记造册渔民没有明确的政策帮扶，在从事非法捕捞活动移送执法部门违法处罚后，部分江上从业人员重操旧业，且流动性大、居住地点不固定、活动轨迹难以准确掌握，往往造成信息登记难、动态更新难、落实政策难。笔者认为，这部分人没有固定职业和收入，如后续保障不到位，一旦心理失衡、行为失控将会带来较大的社会治安风险隐患。

（二）执法保障支撑不足，巡查防范多有盲区

一是整合视频监控等技防措施仍需要进一步加强。因涉及水域管理的事权部门众多、职能相对分散，而主管水域河流的部门，如重庆海事局、重庆海关等部门整合的硬件管理资源多，作为执法监管的视频监控更是"遍地开花"，但是目前重庆地区尚未整合上述中央驻渝单位的视频资源，导致相

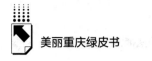

关水域存在监控盲区、数据分散。加之重庆水域交界多而广且多偏远地域，该类区域视频监控数量不足，无法实现水域防控全方位、全时段的有效覆盖。2021年侦破的案件中，发生在该类水域的案件158起、占92%。二是预警处置设施建设推进滞后。虽然长江流域重点水域视频监控建设工作已完成点位勘查，但受资金影响工作推进较为滞后，无法进行全域监控。经相关部门测算，全市应配置预警处置设施（视频监控点位）2165个，且应全部接入"重庆渔政执法预警处置系统"，发挥自动识别、精准推送、统一调度等作用，其中在水生生物保护区、三江干流（长江、嘉陵江、乌江）、其他重要河流通航水域，平均2~3公里需安装1个前端设施，共计1661个；其余河流或非通航水域应在流经乡镇安装1个前段设施，共计504个。但目前全市仅九龙坡区、南岸区、巫山县等3个区县建成43个预警处置设施并接入"重庆渔政执法预警处置系统"，武隆区、两江新区等7个区县（开发区）正在推进建设。永川区、渝中区、北碚区等19个区县以共享方式建设视频监控点位246个，但均未接入"重庆渔政执法预警处置系统"，无法实时发现违法行为线索。三是水生生物保护区装备经费保障短板突出。长江上游珍稀特有鱼类国家级自然保护区九龙坡段岸线21.39公里，仅有5个视频监控摄像头、2个小冲锋舟和1个无人机。彭水县乌江—长溪河市级鱼类自然保护区仅在核心区长旗坝电站、缓冲区舟子沱、实验区七里塘安装了视频监控系统，无法做到重点区域全覆盖。奉节县九盘河市级水产种质资源区行政执法无专项经费，未配备交通工具。合川大口鲶县级自然保护区未配备车辆、船只等，除了2020年市级财政10万元日常管理经费外，缺乏本级财政专项工作经费，监管工作难以开展。彭水县乌江—长溪河市级鱼类自然保护区管理处现有办公室2间60平方米，仅配备电脑、摄像机、照相机等基础性办公设备。

（三）影响水生生物因素多，生态保护管理难度较大

一是水上交通对生态保护产生影响。长江干流水上各类船舶往来交通繁忙，不可避免地对水生生物特别是各类水生生物保护区中的珍稀特有鱼类的

生存、栖息、繁衍等造成影响，也会增加非法捕捞的风险，在客观上导致生态保护难度大。二是旅游开发对生态保护产生影响。出于历史原因，相关区县"靠山吃山、靠水吃水"，利用当地江河资源发展旅游业改善民生。例如，彭水阿依河景区在开发过程中，虽然积极开展针对性生态修复等补救措施并完成整改，最大限度保护和恢复河道原有自然形态，但是水流流态、水温水质、河床地形及栖息地连续性的改变、破坏对鱼类洄游活动产生了一定影响，旅游产生的油污染、生活废水和生活垃圾等会破坏水体质量。三是农业生产对生态保护产生影响。相关区县反映，目前农村围塘养鱼日渐增多，且大多邻近河流，特别是部分专业养殖大户在清塘换水时，将富营养化的养殖废水未经处理直接排入支流汇入长江，种植业发展过程中不当使用农药、化肥等对水体产生污染，尚缺乏有效措施进行监管。

（四）相关法律制度不健全，地方配套措施难到位

2017年修订完善的《中华人民共和国自然保护区条例》（以下简称《条例》）对自然保护区建设、管理、保护等方面进行规定，但对跨行政区域的河流型自然保护区工作缺乏针对性和可操作性。例如，《条例》规定"自然保护区所在地的公安机关，可以根据需要在自然保护区设置公安派出机构，维护自然保护区内的治安秩序"。长江作为跨行政区域的河流，水利部长江水利委员会是流域管理机构，长航公安机关负责长江中央管理水域行政、治安、刑事等相关工作，但管理力量偏弱。据科研人员反映，2019年国务院部门职能调整后，自然资源部作为长江水生生物保护区的归口管理部门（实施管理通常为林业部门），而水中的鱼类资源则属于农业农村部门管理，水生生物保护区缺乏职能全面的专管部门，从长远来看不利于统筹管理和流域治理。重庆市2019年颁布《重庆市长江经济带发展负面清单实施细则（试行）》，但随着《中华人民共和国长江保护法》的施行，重庆市相关规定需要跟进完善。

（五）专业打击非法捕捞犯罪手段方法不丰富

一是打击非法捕捞方式较为传统。通过一年多的打击整治，传统蹲点

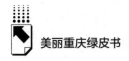

守候、巡逻打现方法，成效已不如初期明显。笔者调研朝天门地区水上执法部门，从反映的情况来看，多数现行犯罪案件依靠民警现场蹲守的传统方式，而通过大数据分析、科技化手段延伸打击下游获利环节案件和非现场打击少，侦破"捕运销"全链条案件占比低，尚未真正达到"源头"和"增量"治理。二是不法分子利用时差规避打击。从作案时间看，非法捕捞多为 18 时至凌晨 6 时，想尽一切办法钻空子避免被发现，但执法人员工作时间为白天 8～18 时，与不法分子"猫鼠不同步"情况突出。例如，在何某等人非法捕捞案件中，该团伙安排专人放哨，待护渔站执法人员巡逻返回后，选择深夜作案，累计非法捕捞 30 余次。三是巡防主体参与和后勤保障不足。农业农村、市场监管、海事、港航、公安等执法力量和退捕渔民、志愿者、公益人员等社会力量参与的巡防网络存在薄弱环节。目前，已组建专职群防护渔队伍的 27 个区县中虽然整体运行良好，但据了解，专职的群防护渔人员占比仅为 14%，其余均为兼职协管员，且管理考核、激励奖励等配套机制尚不健全，未能充分发挥护渔禁捕的主体作用。

三 打击长江流域非法捕捞的破题路径

（一）进一步完善顶层设计，推动地方立法

要切实把思想认识统一到习近平总书记关于推动长江经济带发展的一系列重要指示批示精神上来。笔者建议：一是根据《中华人民共和国长江保护法》，由规划和自然资源、农业农村、公安等部门加强与长江水利委员会相关部门沟通协调，进一步畅通中央事权单位与地方政府之间的沟通协调机制，形成治理合力，共同推进长江大保护工作。二是对标中央事权部门设置，明确重庆市长江流域打击水生生物保护区非法捕捞管理建设牵头部门，细化规划和自然资源、农业农村、生态环境和公安等部门职能职责，指导基层区县开展执法工作。三是结合长江水生生物保护区建设的特殊性，突出水体环境治理关键，修订完善重庆市《关于加强自然保护区管理工作的意

见》，加强长江环境监测和执法力量建设，从根本上杜绝非法捕捞违法犯罪，切实有效改善长江流域水生生物的生存环境。

（二）进一步加强科技防控力量建设

一是开展保护区分级分类保障。建议农业农村、海事、公安等事权部门针对不同等级类型的水生生物保护区，明确基础执法设备配置和选配执法装备，满足基本执法需求。要建设有独立执法机构、专门执法人员、必要执法装备、专业执法经费、协助巡护队伍、公开举报电话的"六有"专业队伍，结合社区网格化管理，加强"护渔员"培训管理，健全有奖举报制度，推进"专业人员+群防群治"力量体系建设，实现"长江大保护"工作的人力无增长改善。二是加大视频监控保障投入。全面开展长江重庆流域视频监控建设，笔者强烈建议整合联网生态环境、交通、水利、农业农村、文物保护等部门视频监控，全力推进长江、嘉陵江、梅溪河重庆流域重点水域公共安全视频监控补点建设，统筹纳入本地区本单位视频项目建设，实现涉水流域区域"人车船货"实时管理，满足实时预警、查缉查控、可视指挥等实战需求。同时，相关部门还应该积极推进沿江重点水域视频监控建设，比如，经测算在 2021 年已有 1500 余路基础上，2022 年继续新增加 1000 路以上。三是强化数字化防控建设。笔者建议，可以根据实际情况，探索现有视图数据、航道基础数据、船舶轨迹数据、水文监测数据、环境监测数据的融合应用。公安、海事等部门要深入分析涉水犯罪规律特点与应用逻辑，进一步梳理涉水警务应用场景，开发打击涉水犯罪相关应用算法模型，构建水域涉水治安防控体系的大数据应用环境。

（三）进一步促进形成综合防范合力

一是农业农村、公安、检察院、法院、交通、市场监管、海事等部门要牢固树立"一盘棋"思想，进一步强化联勤联动机制体系，开展常态化暗访检查，强化执法、司法协作，增强行刑衔接合力，及时消除问题隐患，实现共商共治、共抓共管。二是公安机关要加强水域治安防控圈建设。依托社会治安防控体系建设推进工作，推进具有"造价成本低、建设周期短、布

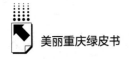

控速度快、吸附警力少、查控效率高"等特点的移动式智慧水上公安检查站建设，力争实现"智能感知、精准识别、触圈预警、实时响应"等闭环功能。三是公安武警要联合加强水域单元防控。探索建立"地方公安巡线、专业公安屯点守站、武警联勤联动"巡防格局，强力推进水域监控建设，不断优化重点码头、桥梁、交汇处、回水沱等部位镜头布局，加强"人脸识别""入侵报警"等功能推广应用，实现重点区域、重点部位视频监控全覆盖。四是加强治安要素管控。上述相关职能部门和属地区县党委、政府要广泛收集禁捕退捕政策施行后的社情民意，研究制定实际渔民服务管理的认定标准和措施办法，妥善处置实际渔民就业安置、生活补助等问题。并将未登记造册的渔民纳入治安重点人群加强管控，开展风险评估预警，排查梳理水域和沿线"两失"人员、严重精神障碍患者、涉稳群体、退捕渔民等重点人群，严格防止造成现实危害。同时，做好应急处置准备，及时深入摸排梳理相关案件线索。五是加强重点地区挂牌整治。上述部门要常态排查梳理非法捕捞案件易发高发区域，笔者建议可通过市委、政法委牵头进行动态挂牌整治，整治效果与平安重庆建设暨防范化解重大风险考核挂钩，以党政责任推动工作，不断提升打击非法捕捞工作质效。

（四）进一步创新推进河库警长制度

笔者建议严格落实国务院"共抓大保护"要求，深入贯彻河长制工作，做实落细河库警长制度，推进"河长+警长"全流域保护防治、联防联控工作格局。需做好四方面工作：一是进一步厘清和明晰基层河库警长职责与同级河长、辖区行政部门之间的职责边界、衔接协作事项，制定完善配套工作机制。二是进一步推进在全市重要河段、重要水库、重要部位设立规范统一的河库警长标识牌，公示河库警长姓名、举报电话、工作职责等，夯实筑牢河库警长责任。将基层河库警长履职情况纳入年度述职报告，探索河库警长任命的规范程序，从形式和制度上强化河库警长身份认同和有效履职。三是进一步规范巡河制度，将重要时间节点集中巡河与常态不定期巡河结合，将日常巡河与基层巡防相结合，将实地巡河与可视摄像头、无人机巡查相结合，并充分利用好社区巡防力量，逐步实现巡防工作做深做实。四是进一步加强对河库警长履职的暗访督导，不定期进行问题通报，探索建立打击成效和发现解决问题的能力制度考核规则，进一步巩固水域治安管理体制建设。

（五）进一步深化部门合作，突出"综合+专项"治理

一是针对保护区管理机构技术力量不足的情况，规划和自然资源、农业农村、生态环境等部门会同相关高校和科研机构，要全力畅通信息渠道，开展科研调查，合理制定中长期保护规划。二是针对种植业、养殖业等污染长江水体的情况，建议农业农村、生态环境、文旅等部门加强对相关区县的指导，规范农作物化肥农药使用，加强养殖业污染物和旅游业废弃物排放治理，从源头上减少污染源，完善保护区水体环境监测体系，以"水域+陆地"的大流域治理模式促进水生生物保护区建设，降低人类活动对保护区的影响破坏。三是规划和自然资源、农业农村等部门组织力量，持续开展水生生物资源监测、增殖放流、人工鱼巢（鱼礁）等保护措施，最大限度恢复鱼群栖息地的连续性、完整性，持续开展生态修复工作，促进长江水生生物多样性。四是结合地域特点、时间节点，上述部门及时联动开展专项治理行动。比如，笔者注意到，为坚决贯彻落实习近平总书记关于长江流域禁捕工作的重要批示指示精神，2022年3月中旬，公安部、农业农村部结合长江口及长江下游相关水域已陆续进入刀鲚汛期的实际情况，部署上海、江苏、安徽、浙江和长航公安机关会同农业农村部门，认真开展为期一个半月的长江流域非法捕捞销售专项执法行动，严厉打击非法捕捞、销售、加工长江刀鲚等行为，切实维护长江下游禁捕管理秩序。五是改进宣传方式。笔者建议，上述事权部门可借鉴江苏南京、湖北武汉等地保护长江江豚的宣传教育方式，结合"我为群众办实事"等活动，在主城区滨江路建设具有重庆特色的长江上游鱼类科普宣传基地和救助中心，适时开展珍稀鱼类救助、讲座等公益活动。同时，积极协调有关电信运营部门，将禁捕政策规定向沿江群众普发提示、警示短信，推动形成全社会共同参与的良好氛围，把生态保护与城市营销结合起来，打造城市形象的新名片。

附录一
案例1：探索生态环境损害赔偿
制度改革试点

生态环境损害赔偿制度是深入贯彻习近平生态文明思想的具体举措，以"环境有价、损害担责"为基本原则，以及时修复受损生态环境为重点，是破解"企业污染、群众受害、政府买单"的有效手段，是切实维护人民群众环境权益的坚实制度保障，是生态文明体制改革的重要组成部分。2015年12月，重庆被纳入全国7个试点省市开展生态环境损害赔偿制度改革试点。2018年9月，重庆发布《重庆市生态环境损害赔偿制度改革实施方案》。生态环境赔偿制度是对切实履行政府生态环境保护职责，严格追究生态环境损害的责任者责任，治理修复受损的生态环境，保障环境安全的重要探索。

一 主要做法

（一）明确生态损害赔偿范围

重庆将因非法排放、倾倒、处置有放射性的废物、含传染病病原体的废物、有毒物质（包括危险废物、持久性有机污染物、含重金属的污染物和其他具有毒性、可能污染环境的物质），对生态环境造成严重损害的；因环境污染或者生态破坏导致疏散、转移人员1000人以上或者乡镇以上集中式饮用水水源取水中断6个小时以上的；致使基本农田、防护林地、特种用途林地 2 亩以上，其他农用地 5 亩以上，其他土地 10 亩以上基本功能丧失或者遭受永久性破坏的；致使森林或者其他林木死亡 50 立方米以上，或者幼树死亡 1000 株以上的；因矿山开采、河道采砂、水资源开发、交通道路及水利工程建设和其他建设项目未依法落实生态环境保护措施，导致严重环境污染或者生态破坏的；因非法采伐、毁坏珍贵树木或者国家重点保护的其他植物，盗伐、滥伐森林或者其他林木，导致林业资源遭受严重破坏的；因非法捕捞水产品、非法猎捕、杀害珍贵和濒危野生动物，导致野生动物资源遭受严重破坏的等情形纳入生态环境赔偿范围，主要包括控制和减轻损害的费用、清除污染的费用、生态环境修复费用、生态环境修复期间服务功能的损失、生态环境功能永久性损害造成的损失以及生态环境损害赔偿调查（含监测分析）、鉴定评估及修复方案制定、修复效果后评估等合理费用。

（二）加强赔偿资金管理和使用

成立生态环境损害赔偿制度改革推进领导小组，并设立生态环境损害赔偿与替代修复资金核算专账。生态环境损害赔偿制度，以"赔偿到位、修复有效"为制度建设目标，明确赔偿义务人与资金管理和使用的权利人。赔偿义务人根据磋商或判决要求，对造成的生态环境损害开展自行修复或委托具备修复能力的社会第三方机构进行修复。实施委托修复的，修复资金由赔偿义务人向委托的社会第三方机构支付。对造成的生态环境损害无法修复的，实施货币赔偿，其赔偿资金作为政府非税收入，全额上缴同级国库，纳入预算管理。由赔偿权利人指定的部门或机构结合本区域生态环境损害情况开展替代修复。环保部门负责牵头制定信息公开和公众参与实施细则，依法公开生态环境损害调查、鉴定评估等信息，并加强审计部门与全社会对政府赔偿资金使用的监督。

（三）完善配套政策，促进赔偿制度落地见效

重庆市大力推进生态环境损害赔偿案例实践，大胆探索，积极创新，构建了实施方案和配套的事件报告、鉴定评估、赔偿磋商、损害修复、资金管

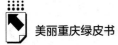

理、司法衔接等"1+10"生态环境损害赔偿制度框架，建立起生态环境损害赔偿专家支持机制、联合指导机制、动态管理机制、司法衔接机制，助力生态环境损害赔偿制度改革在重庆落地见效。2017年以来，全市已办理生态环境损害赔偿案件503件，赔偿量化金额约2.4亿元，其中，累计修复土壤约49.7万立方米、农田约8.6万平方米、林地约60.5万平方米，清理固体废物约1.4万吨。环境损害赔偿制度的推行，旨在破解"企业污染、政府买单"困局。重庆生态环境赔偿主要涉及非法倾倒、违法排污、违规占用林地、非法捕捞、非法采砂等多种情形，覆盖了地表水、土壤、森林等环境要素，从案件承办部门、损害赔偿情形、赔偿义务人范围、鉴定评估方式、生态环境损害与环境公益诉讼衔接等方面进行了深入探索和实践，为生态环境损害赔偿制度改革提供了较好的借鉴。

二 经验启示

（一）坚持协同推进制度实施

重庆将生态环境损害赔偿制度改革纳入政府管理考核体系，有力地促进了生态环境损害赔偿试点。由生态环境局牵头，对生态环境赔偿进行分析研判，征询各部门意见，根据具体案情确定赔偿方案。主动邀请检察部门、公安部门全过程参与案件办理，为赔偿责任合理分配、科学确定赔付方案等提供专业指引，确保了案件磋商的有序推进。同时，司法机关在刑事案件审理过程中同步推进生态损害赔偿磋商，将赔偿履行情况作为刑罚裁量参考，推动损害赔偿顺利进行。

（二）坚持强化社会主体责任

各类主体明确在生态环境保护的责任与担当，明晰各级政府的财政事权和支出责任，真正在生态环境保护中形成权责清晰、上下协调、空间均衡、分配有效的生态公共品供给制度。明确企业是法律法规规定的污染防治责任主体，承担生态环境保护的主体责任。社会组织和公众既是生态环境保护中的直接实施者，也是社会秩序的监督者、组织者，对政府、企业的行为起到监督作用。有效衔接、协同推进生态环境损害赔偿制度、生态环境公益诉讼制度等制度建设，严格实行生态环境损害责任终身追究制度，明确生态环境损害责任终身追究的实施主体和责任承担主体，统一规范责任终身追究的标准和程序，健全责任倒查机制，完善配套法律制度。

附录二
案例2：森林覆盖率指标交易的探索

践行"绿水青山就是金山银山"的理念，重庆坚持生态优先、绿色发展，提出到 2022 年全市森林覆盖率从 45.4% 提升到 55% 的目标。为了促使各区县切实履行造林职责，重庆将森林覆盖率作为约束性指标对每个区县进行统一考核，明确各地政府的主体责任。基于各区县自然条件、发展定位、生产生活生态空间存在差异，尤其部分区县国土绿化空间有限，重庆积极探索基于森林覆盖率指标交易的生态产品价值实现机制，并于 2018 年 10 月出台了《重庆市实施横向生态补偿提高森林覆盖率工作方案（试行）》，在全市启动实施横向生态补偿。通过建立地区间横向生态补偿机制，对完成森林覆盖率目标确有困难的地区，允许其购买森林面积指标，用于本地区森林覆盖率目标值的计算，让保护生态的地区得补偿、不吃亏，推动形成各区县共同担责、共建共享的国土绿化新格局，促进生态保护成本共担、生态效益共享，推动城乡自然资本加快增值，形成区域生态保护与经济社会发展的良性循环。

一　主要做法

（一）明确目标，分类实施

将全市 2022 年森林覆盖率达到 55% 的目标值作为每个区县的统一考核目标，促使各区县政府由被动完成植树造林任务，转变为主动加强国土绿化工作，切实履行提高森林覆盖率的主体责任。同时，根据全市的自然条件和主体功能定位，将 38 个区县到 2022 年底的森林覆盖率目标划分为三类：一是产粮大县或菜油主产区（不包括国家重点生态功能区县）的 8 个区县（包括万州区、黔江区、江津区、永川区、铜梁区、荣昌区、开州区、丰都县）森林覆盖率目标值不低于 50%；二是既是产粮大县又是菜油主产区（不包括国家重点生态功能区县）的 7 个区县（包括合川区、南川区、大足区、潼南区、梁平区、忠县、垫江县）目标值不低于 45%；三是其余 23 个区县的目标值不低于 55%。

（二）构建平台，自愿交易

构建基于森林覆盖率指标的交易平台，对达到森林覆盖率目标值确有实际困难的区县，允许其在市域内向森林覆盖率已超过目标值的区县购买森林面积指标，计入本区县森林覆盖率；但出售方扣除出售的森林面积后，其森林覆盖率不得低于 60%。需购买森林面积指标的区县与拟出售森林面积指标的区县进行沟通，根据森林所在位置、质量、造林及管护成本等因素，协商确认森林面积指标价格，原则上不低于 1000 元/亩；同时购买方还需要从购买之时起支付森林管护经费，原则上不低于每年 100 元/亩，管护年限原则上不少于 15 年，管护经费可以分年度或分 3~5 次集中支付。交易双方就购买指标的面积、位置、价格、管护及支付进度等达成一致后，在重庆市林业局见证下签订购买森林面积指标的协议。交易的森林面积指标仅用于各区县森林覆盖率目标值计算，不与林地、林木所有权等权利挂钩，也不与各级造林任务、资金补助挂钩。

2019 年 3 月，江北区为实现森林覆盖率 55% 的目标，与渝东南的国家级贫困县酉阳县签订了全国首个"森林覆盖率交易协议"，江北区向酉阳县购买 7.5 万亩森林面积指标，交易金额 1.875 亿元，按照 3：3：4 的比例分三年向酉阳县支付指标购买资金，专项用于酉阳县森林资源保护发展工作。2019 年 11 月，渝东北贫困县城口县与位于主城的九龙坡区签订了交易协议，完成了 1.5 万亩森林面积指标的交易，交易金额 3750 万元。2019 年 12

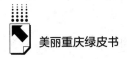
月，重庆市南岸区、经开区管委会共同向巫溪县购买 1 万亩森林面积指标，交易金额 2500 万元。截至 2021 年 11 月 30 日，全市共签约 8 单横向生态补偿协议，总交易森林面积指标 36.23 万亩、总成交金额 9.0575 亿元。

（三）定期监测，强化考核

协议履行后，由交易双方联合向市林业局报送协议履行情况。市林业局负责牵头建立追踪监测制度，印发了《重庆市国土绿化提升行动营造林技术和管理指导意见》，规范了检查验收、年度考核等制度，加强业务指导和监督检查，督促指导交易双方认真履行购买森林面积指标的协议，完成涉及交易双方的森林面积指标转移、森林覆盖率目标值确认等工作。市林业局定期监测各区县森林覆盖率情况，对森林覆盖率没有达到目标的区县政府，提请市政府进行问责追责。

二　经验启示

（一）探索林地跨地区交易机制

为缓解部分地区造林压力，在尊重生态功能区区划前提下，针对城市生活区、农业主产区和生态保护区分别确定合理的森林覆盖率指标。通过加快培育全国生态用地交易市场的方式解决区域间造林用地分布不平衡问题。缺乏造林用地区域可向相对富余地区购买造林用地指标，承认其在异地完成的造林任务。

（二）制定共享机制坚持生态保护

通过横向森林生态补偿，让重点生态功能区县从中获得生态资源红利，激发区县政府的造林绿化内生动力，充分调动了各区县政府保护和发展森林资源的积极性，促进生态保护成本共担、生态效益共享；激励各方更加主动地保护生态环境，形成了全社会广泛参与林业生态建设的局面。将"绿水青山就是金山银山"的生态优势转化为发展优势，逐渐形成了以不同地区政府间横向生态补偿为实施主体，以森林覆盖率为指标体系的生态产品价值实现机制，生态优先、绿色发展的路子越走越宽。

（三）注重生态美与百姓富协同推进

重庆众多经济欠发达区县地处大巴山区和武陵山区，森林覆盖率高，绿化潜力大，既是横向生态补偿森林面积指标的出售方，也是乡村振兴的主战场。通过建立地区间横向生态补偿机制，"富县"购买森林面积指标后，"穷县"不仅可以利用成交的生态补偿资金大力发展壮大特色经济林，进一步巩固脱贫攻坚成果，还能聘请护林"保姆"巡山护林，实现贫困户就近就业，增加收入。

附录三
案例3：广阳岛打造"长江风景眼、重庆生态岛"

广阳岛，又称广阳坝、广阳洲，位于重庆长江段铜锣山和明月山之间，枯水期面积约 10 平方公里，三峡大坝 175 米蓄水位线上面积约 6 平方公里，是重庆主城区现存陆域面积最大、生态最良好、景观最突出的岛屿，也是巴渝文化重要的承载地之一，更是长江上游面积最大的江心绿岛和不可多得的生态宝岛。2017 年以前，广阳岛的功能定位以住宅商业开发为主，持续的开发建设导致广阳岛生态环境遭到严重破坏。为深入践行习近平生态文明思想，贯彻习近平总书记关于推动长江经济带发展的重要讲话精神，重庆市委、市政府依托广阳岛珍贵的生态岛屿资源，围绕广阳岛打造"长江风景眼、重庆生态岛"，构建"山水林田湖草"生命共同体模式，挖掘岛屿生态产品价值，发挥广阳岛辐射带动作用，探索片区"生态+"系列转化模式，提升广阳岛及整个片区的生态价值、经济价值、文化价值，发挥广阳岛在推进长江经济带绿色发展中的示范作用，为其他区域乃至全国生态文明建设提供"生态样板"。

一 主要做法

（一）系统修复改善全岛生态环境

遵循"人的命脉在田，田的命脉在水，水的命脉在山，山的命脉在土，土的命脉在树"的生态系统逻辑，实施生态环境修复和治理，构建"山水林田湖草"生命共同体。2019 年 10 月，重庆市启动广阳岛生态修复一期项目，推进全岛生态环境系统改善，精心打造"长江风景眼、重庆生态岛"。一是坚持自然恢复。对广阳岛全岛实行封闭式管理，对兔儿坪天然湿地定期清漂，对坡岸山林中入侵性树种、藤蔓、杂草进行适度清理，加强树木病虫害治理，促进全岛自然恢复。二是推进生态修复。创新运用"护山、理水、营林、疏田、清湖、丰草"六大策略及多项生态技术，全面推广"三多三少"生态施工方法（多用自然的方法、少用人工的方法，多用生态的方法、少用工程的方法，多用柔性的方法、少用硬性的方法），探索"生态中医院""生态消落带"等系统修复做法，完成生态修复和环境整治 300 万平方米，自然恢复面积达到 67%，植物恢复到 380 余种，植被覆盖率达 80% 以上，发现国家一级重点保护动物中华秋沙鸭、黑鹳和国家二级保护动物游隼、短耳鸮、白琵鹭等，初步建成生动反映山水林田湖草生命共同体理念的"生态大课堂"。

（二）打造生态文明建设实验样本

认真贯彻"共抓大保护、不搞大开发"的要求，积极探索生态优先、绿色发展的创新模式，将广阳岛打造成巴渝版的现代《富春山居图》，形成长江生态文明建设的广阳岛实验标本。一是实施长江生态基因保存工程，建设"三基地一公园"，即中国长江流域珍稀濒危水生物物种保护基地、中国长江流域典型苗木及珍稀濒危植物种质保护基地、中国长江流域花卉种质培育保护基地，以及以广阳岛区域长江水域为主体的国家湿地公园；二是打造长江（广阳岛）生态环境保护展示中心，包括长江经济带（广阳岛）生态环境保护与绿色发展展示馆、长江生态环境保护科技创新国际学习共享中心，为世界大河文明的发展和构建人类命运共同体提供中国的生态解决方案；三是实施广阳岛区域生态综合修复工程，包括建设长江（广阳岛）"山水林田湖草"生命共同体自然生态系统修复实验基地、长江（广阳岛）山地海绵城市建设示范基地、绿色广阳科技系统；四是建设广阳岛水生态科技

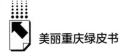

研发总部基地，集中打造长江水生态产业科技研发集聚区，培育绿色发展动能的新引擎；五是建设青少年生态文明国际教育体验基地，开设国际先进的成熟课程，展现重庆主题长江特色文化。

（三）推进长江文化传承交流

以世界大河文明交流基地、长江生态文明创新基地两大基地建设为引领，打造"生态达沃斯"，交流展示长江生态文明和中华大河文明的传承发展主脉。一是建设世界大河文明交流基地。筹办广阳岛论坛（春季）峰会世界大河文明论坛，推动世界大河文明联盟组织总部和国际交流中心永久落户广阳岛，建设大河文明馆和大河文明公园、世界大河文明国家数字图书馆，开设长江文化书院"一带一路"大讲堂等，推动广阳岛片区打造成为世界大河文明的交流展示中心、人类命运共同体的生态文明坐标基点、"一带一路"和长江经济带联结点的核心交流窗口。二是建设长江生态文明创新基地。筹办广阳岛论坛（秋季）年会长江生态文明创新发展大会，建设长江生态文明干部学院，建立长江经济带绿色发展研究院，组建长江生态文明创新发展基金会，推动广阳岛片区打造成为重庆生态优先绿色发展重点突破的示范性战略高地。

（四）推进生态+数字智慧应用

建设长江流域生态环境大数据平台和智慧广阳运营平台，打造重庆绿色发展新功能之芯，向世界提供生态文明可持续发展的中国智慧。一是构建长江流域生态环境大数据公共服务平台，建设长江流域生态环境大数据挖掘采集系统、长江流域生态环境大数据整理分析中心和长江流域生态环境大数据智慧云。二是建设长江流域生态环境大数据行业应用平台，建设长江流域生态环境大数据基础产业服务系统、长江流域交通物流物联网智能化管理应用系统、产业配套及大数据发展应用系统、长江流域（重庆）超级天气预报系统。三是建设长江流域生态环境大数据政务共享平台，建设长江水利信息重庆能力中心、长江生态综合分级监测系统、长江智慧河长信息共享平台和长江河长办公室协调机制重庆中心。四是建设智慧广阳运营平台，建设基于物联网、区块链数据及云计算平台，实现智慧出行、智能会展、智慧管理等的应用服务体系。

（五）带动片区生态+高质量发展

发挥生态环境优势，创新绿色发展模式，探索生态产品价值实现的新路径、新模式、新机制。一是着力打造生态经济高地。瞄准生态环保、生物科技、生命科学等方向开展生态创新研发，打造生态科技创新资源聚集地，推动生态环保相关产业集群化发展。二是培育消费型服务业与新经济，通过"生态+""品牌+""互联网+"创新商业模式，形成可复制、可推广的发展方式、生态技术与生态产品，推进生态产业化。三是着力打造数字经济高地。以大数据智能化为引领，建设长江流域生态环境大数据平台、智慧广阳运营系统，引领智能制造、现代物流等产业发展。四是促进产城景融合发展。完善产业园区生产和生活配套，促进产业园区与周边城市功能相互融合。五是开展生态农业观光与乡村体验活动，推动乡村振兴和城市提升融合发展。六是建立绿色家园。建设"岛、湾、城、山"协同发展的生态城市，倡导绿色生活方式，推动生活理念绿色化、消费行为绿色化。

二 经验启示

（一）坚持"绿水青山就是金山银山"理念

绿水青山既是自然财富、生态财富，又是社会财富、经济财富。"绿水青山就是金山银山"是总结正反两方面历史经验教训而得到的正确论断。广阳岛从"大开发"到"大保护"的转变，就是践行"两山"理念之路，在打造"长江风景眼、重庆生态岛"的过程中，重庆市积极挖掘广阳岛的生态产品价值和历史文化价值，探索"两山"转化的新路径、新模式、新

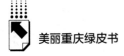

机制，把广阳岛良好的生态环境资源作为最大的财富和资本，发掘生态环境资源蕴含的经济价值，初步实现了环境效益、经济效益和社会效益的统一。

（二）坚持山水林田湖草系统治理

习近平总书记指出，山水林田湖草是生命共同体。生态保护修复就是从系统性、整体性和全局性出发寻求治理修复之道。要统筹考虑上下游、左右岸、水上水下、山上山下，整体施策、宏观管控、综合治理，全方位、全地域、全过程开展生态环境保护，促进生态系统平衡和稳定。广阳岛在生态岛建设中系统实施"护山、理水、营林、疏田、清湖、丰草"六大策略，坚持自然恢复和生态修复相结合，最大限度还原和保护了岛屿的生态环境系统。

（三）坚持构建"生态+"绿色发展新格局

推动区域绿色协调发展，努力实现经济社会发展和生态环境保护协同共进。广阳岛坚持推进产业生态化、生态产业化，建设绿色家园。利用丰富多样的自然环境发展现代生态农业、乡村生态旅游业和休闲康养产业，依托优越的生态环境吸引高端人才，聚焦知识创新经济，发展以智能制造、生态环保、新一代信息技术、数字经济等为核心的生态化产业体系，探索绿色高质量发展之路。

附录四

案例4：旅游产业助力武隆绿色崛起

武隆区位于重庆市东南部乌江下游，地处武夷山和大娄山峡谷地带，属于中国南方喀斯特高原丘陵地区，具有"七山一水二分田"的特殊地貌。全区辖区面积2901.3平方公里，辖4个街道、10个镇、12个乡，境内以山地荒坡为主，山高岭大，沟壑纵横，最低海拔160米，最高海拔2033米，立体气候明显，生态优良、旅游资源富集。1994年武隆被确定为国家贫困县，2002年被确定为国家扶贫开发工作重点县，2011年被确定为武陵山连片特困地区重点县。为扭转贫困现状，武隆立足地域特色，践行"绿水青山就是金山银山"的发展理念，将生态优势转变为发展优势，大力实施"绿色崛起、富民强县"战略，全力发展生态旅游，以加快建设"国家生态文明建设示范区"为目标，走出一条以生态旅游带动区域经济社会可持续发展的新路子。2017年1月13日，武隆"撤县设区"挂牌，在同年7月进行的退出贫困县国家验收评估中，评估组给予了高度评价，武隆成功摘掉了贫困县的"帽子"。2019年，武隆成为首批国家全域旅游示范区，2020年被生态环境部授予第四批国家生态文明建设示范市县称号。武隆现存的旅游资源单体多达700余处，被誉为"世界喀斯特生态博物馆"，被中央广播电视总台、《人民日报》誉为"绿色崛起"的典范地区。

一 主要做法

（一）立足生态优势、发展全域旅游，打造世界品牌

武隆区通过发展旅游业，源源不断地将生态优势转化为经济优势。实施全域旅游布局，围绕"深耕仙女山、错位拓展白马山、以点带面发展乡村旅游"的工作思路，以仙女山、白马山、芙蓉江、大溪河、桐梓山等主要贫困区域为重点，统筹规划密布全区的691处旅游资源开发利用，把武隆全境作为一个"大景区""大公园"进行开发打造。坚持"面上保护，点上开发"，因地制宜构建"一心一带四区一网"〔一心，山水园林旅游新城（武隆县城）；一带，乌江画廊旅游带；四区，仙女山国际旅游度假区、白马山森林养生度假区、芙蓉江亲水风情休闲区、后坪国际户外探险运动区；一网，乡村旅游休闲游憩网络〕生态旅游发展格局，着力把生态资源优势转化为旅游的核心竞争力，先后获评"全国森林旅游示范县"、"中国森林氧吧"、"中国绿色旅游示范基地"、"国家地质公园"、"中国户外运动基地"、"国家森林旅游示范区"和"全国生态文明示范工程试点县"等，成为全国极少同时拥有"世界自然遗产、国家5A级景区、国家级旅游度假区"称号的地区之一，还被联合国开发计划署授予"可持续发展城市范例奖"，获评为"中国最具投资潜力特色魅力示范区县200强"之一。随着多个金字招牌的带动和规划的逐一落实，"生态旅游做到哪里，老百姓就富裕到哪里"的发展效果逐步凸显。2020年，武隆旅游业增加值占GDP比重为7.3%，旅游业已成为武隆主导性产业之一。2021年，武隆接待游客4070万人次，是2008年的20倍；综合收入197.3亿元，是2008年的19.6倍。

（二）严守底线、夯实基础，彰显生态优势

一是严格落实国家大气、水、土壤污染防治三个"十条"，切实改善环境质量。强化"三线一单"对环境准入的硬约束硬管控，深化战略环评和

规划环评，发挥环境保护推动供给侧改革、倒逼转型升级作用，对区域流域以及建设项目严格执行环评和环境承载评估，确保发展不超载、底线不突破。严格环境准入底线，全面推动战略（规划）环评落地，切实执行生态保护红线制度和"八个一律不批"政策，打好"清水守护战"。二是大力实施农村人居环境整治三年行动计划，完成 150 个行政村环境连片综合整治。三是构建生态安全屏障，严格落实河长制，实现区—镇—村三级河长体系全覆盖，编制完成全区主要河湖"一河一策"，开展大溪河流域综合整治。全力保护好喀斯特世界自然遗产地、风景名胜区和白马山自然保护区，加快推进国家森林城市创建，全区森林覆盖率从 61% 提升到 62.6%。国家重点生态功能区县域生态环境质量连续多年"基本稳定"或"轻微变好"，在重庆市发展改革委生态文明示范工程试点年度考核评估中连续 3 年位居全市前列，不断增强生态环境承载力、可持续力，让生态优势成为武隆的发展优势、产业优势和竞争优势。

（三）产业带动、融合发展，激活山水灵性

一是与城镇建设融合，促进生态观光游向休闲度假游转变。推进休闲观光农业项目的提档升级，打造乡村旅游示范村（点）。依托农业生态资源优势发展休闲、度假和乡村旅游，促进第一和第三产业互动融合发展。已建成 10 个乡村旅游示范村（点），9 个美丽乡村示范村（其中市级示范村 8 个、国家级示范村 1 个），4 个中国传统古村落。全区乡村旅游直接和间接从业人员达到 2 万余人，乡村旅游接待户达到 4583 户。培育乡村旅游特色产业，坚持农旅融合、特色发展。二是与文化产业融合，丰富生态旅游的发展内涵。打造多元化的旅游文化载体。武隆区与印象"铁三角"张艺谋、王潮歌、樊跃联合打造的"印象武隆"被誉为"没有培育期的印象系列"，被评为"重庆市最具观赏价值的旅游重点项目"和"重庆市非物质文化遗产传承基地"。结合发展乡村旅游，在各乡镇策划独具特色的节庆活动。三是与商贸服务融合，加快延伸生态旅游的产业链条。狠抓节庆活动拉动，利用旅游活动和旅游度假旺季，围绕不同消费群体，让游客住

得舒适、吃得满意、玩得开心,做强旅游综合经济。针对工薪阶层的游客,发展商务旅馆、家庭公寓、农家乐等。开发具有地方特色的菜肴、风味小吃,打造饮食文化街,推出乌江鱼、武隆羊肉等特色菜肴。建设仙女山国际亚高山运动基地、户外运动基地、青少年营地以及室内滑雪场,丰富娱乐项目。

二 经验启示

(一)立足生态资源优势是实现富民兴区的根本道路

优美的景观资源既是自然财富、生态财富,又是社会财富、经济财富,绿水青山就是金山银山。但是,绿水青山不会自动变为金山银山,武隆区各级领导干部牢固树立"全心全意为人民服务"宗旨意识,秉持"人民对美好生活的向往就是我们的奋斗目标"思想观念,主动作为,开拓创新,打破原有的束缚和既定的框框,推动思想立人、机制促人、制度管人、考核催人,积极探索转化路径,实现生态资源向生态经济发展持久稳定的转化,带来源源不断的"金山银山",实现百姓富、生态美的统一。

(二)坚持一张蓝图干到底,保持战略定力,久久为功

紧紧围绕旅游资源、旅游产业推动脱贫攻坚,武隆将一张蓝图绘到底,一把手抓到底,一任接着一任干到底,不懈怠、不折腾、不动摇,矢志不移、锲而不舍地把旅游产业作为主导产业和富民产业,通过全路径规划、全社会参与、全产业融合,探索出廊道带动、集镇带动、景区带动、专业合作社带动四种"旅游+精准扶贫"增收模式,找到了激活绿水青山的致富密码,让曾经默默无闻的偏远区县脱胎换骨,成为重庆旅游业的"排头兵"和全国重要旅游目的地,交出了亮眼的旅游业成绩单。

社会科学文献出版社

皮 书

智库成果出版与传播平台

❖ 皮书定义 ❖

皮书是对中国与世界发展状况和热点问题进行年度监测，以专业的角度、专家的视野和实证研究方法，针对某一领域或区域现状与发展态势展开分析和预测，具备前沿性、原创性、实证性、连续性、时效性等特点的公开出版物，由一系列权威研究报告组成。

❖ 皮书作者 ❖

皮书系列报告作者以国内外一流研究机构、知名高校等重点智库的研究人员为主，多为相关领域一流专家学者，他们的观点代表了当下学界对中国与世界的现实和未来最高水平的解读与分析。

❖ 皮书荣誉 ❖

皮书作为中国社会科学院基础理论研究与应用对策研究融合发展的代表性成果，不仅是哲学社会科学工作者服务中国特色社会主义现代化建设的重要成果，更是助力中国特色新型智库建设、构建中国特色哲学社会科学"三大体系"的重要平台。皮书系列先后被列入"十二五""十三五""十四五"时期国家重点出版物出版专项规划项目；自2013年起，重点皮书被列入中国社会科学院国家哲学社会科学创新工程项目。

皮书网

（网址：www.pishu.cn）

发布皮书研创资讯，传播皮书精彩内容
引领皮书出版潮流，打造皮书服务平台

栏目设置

◆ **关于皮书**
何谓皮书、皮书分类、皮书大事记、
皮书荣誉、皮书出版第一人、皮书编辑部

◆ **最新资讯**
通知公告、新闻动态、媒体聚焦、
网站专题、视频直播、下载专区

◆ **皮书研创**
皮书规范、皮书出版、
皮书研究、研创团队

◆ **皮书评奖评价**
指标体系、皮书评价、皮书评奖

所获荣誉

◆ 2008年、2011年、2014年，皮书网均
在全国新闻出版业网站荣誉评选中获得
"最具商业价值网站"称号；
◆ 2012年，获得"出版业网站百强"称号。

网库合一

2014年，皮书网与皮书数据库端口合
一，实现资源共享，搭建智库成果融合创
新平台。

皮书网

"皮书说"
微信公众号

权威报告·连续出版·独家资源

皮书数据库
ANNUAL REPORT(YEARBOOK)
DATABASE

分析解读当下中国发展变迁的高端智库平台

所获荣誉

- 2022年，入选技术赋能"新闻+"推荐案例
- 2020年，入选全国新闻出版深度融合发展创新案例
- 2019年，入选国家新闻出版署数字出版精品遴选推荐计划
- 2016年，入选"十三五"国家重点电子出版物出版规划骨干工程
- 2013年，荣获"中国出版政府奖·网络出版物奖"提名奖

皮书数据库

"社科数托邦"
微信公众号

成为用户

　　登录网址www.pishu.com.cn访问皮书数据库网站或下载皮书数据库APP，通过手机号码验证或邮箱验证即可成为皮书数据库用户。

用户福利

- 已注册用户购书后可免费获赠100元皮书数据库充值卡。刮开充值卡涂层获取充值密码，登录并进入"会员中心"—"在线充值"—"充值卡充值"，充值成功即可购买和查看数据库内容。
- 用户福利最终解释权归社会科学文献出版社所有。

数据库服务热线：010-59367265
数据库服务QQ：2475522410
数据库服务邮箱：database@ssap.cn
图书销售热线：010-59367070/7028
图书服务QQ：1265056568
图书服务邮箱：duzhe@ssap.cn

社会科学文献出版社 皮书系列
SOCIAL SCIENCES ACADEMIC PRESS (CHINA)
卡号：252496857573
密码：

S 基本子库
UB DATABASE

中国社会发展数据库（下设 12 个专题子库）

紧扣人口、政治、外交、法律、教育、医疗卫生、资源环境等 12 个社会发展领域的前沿和热点，全面整合专业著作、智库报告、学术资讯、调研数据等类型资源，帮助用户追踪中国社会发展动态、研究社会发展战略与政策、了解社会热点问题、分析社会发展趋势。

中国经济发展数据库（下设 12 专题子库）

内容涵盖宏观经济、产业经济、工业经济、农业经济、财政金融、房地产经济、城市经济、商业贸易等 12 个重点经济领域，为把握经济运行态势、洞察经济发展规律、研判经济发展趋势、进行经济调控决策提供参考和依据。

中国行业发展数据库（下设 17 个专题子库）

以中国国民经济行业分类为依据，覆盖金融业、旅游业、交通运输业、能源矿产业、制造业等 100 多个行业，跟踪分析国民经济相关行业市场运行状况和政策导向，汇集行业发展前沿资讯，为投资、从业及各种经济决策提供理论支撑和实践指导。

中国区域发展数据库（下设 4 个专题子库）

对中国特定区域内的经济、社会、文化等领域现状与发展情况进行深度分析和预测，涉及省级行政区、城市群、城市、农村等不同维度，研究层级至县及县以下行政区，为学者研究地方经济社会宏观态势、经验模式、发展案例提供支撑，为地方政府决策提供参考。

中国文化传媒数据库（下设 18 个专题子库）

内容覆盖文化产业、新闻传播、电影娱乐、文学艺术、群众文化、图书情报等 18 个重点研究领域，聚焦文化传媒领域发展前沿、热点话题、行业实践，服务用户的教学科研、文化投资、企业规划等需要。

世界经济与国际关系数据库（下设 6 个专题子库）

整合世界经济、国际政治、世界文化与科技、全球性问题、国际组织与国际法、区域研究 6 大领域研究成果，对世界经济形势、国际形势进行连续性深度分析，对年度热点问题进行专题解读，为研判全球发展趋势提供事实和数据支持。

法律声明

"皮书系列"(含蓝皮书、绿皮书、黄皮书)之品牌由社会科学文献出版社最早使用并持续至今,现已被中国图书行业所熟知。"皮书系列"的相关商标已在国家商标管理部门商标局注册,包括但不限于LOGO(▇)、皮书、Pishu、经济蓝皮书、社会蓝皮书等。"皮书系列"图书的注册商标专用权及封面设计、版式设计的著作权均为社会科学文献出版社所有。未经社会科学文献出版社书面授权许可,任何使用与"皮书系列"图书注册商标、封面设计、版式设计相同或者近似的文字、图形或其组合的行为均系侵权行为。

经作者授权,本书的专有出版权及信息网络传播权等为社会科学文献出版社享有。未经社会科学文献出版社书面授权许可,任何就本书内容的复制、发行或以数字形式进行网络传播的行为均系侵权行为。

社会科学文献出版社将通过法律途径追究上述侵权行为的法律责任,维护自身合法权益。

欢迎社会各界人士对侵犯社会科学文献出版社上述权利的侵权行为进行举报。电话:010-59367121,电子邮箱:fawubu@ssap.cn。

社会科学文献出版社